普通高等教育智能制造系列教材

机器视觉技术及应用

孙学宏　张文聪　唐冬冬　编著

机 械 工 业 出 版 社

本书为理论与应用实践兼顾的机器视觉技术入门教材。全书共八章，包括机器视觉技术概述、数字图像处理基础、机器视觉系统硬件选型、机器视觉软件系统、机器视觉系统集成与应用、机器视觉系统二次开发、3D 机器视觉技术与深度学习、机器视觉系统项目实践。

书中内容引入大量行业应用案例和工程设计方法，力求避免内容枯燥空洞，贴近真实现场应用。其中，第 1、2 章为基础入门引导，将机器视觉技术的发展与前沿应用进行简单介绍，同时将后续章节涉及的数字图像处理相关理论知识进行铺垫。第 3 章至第 6 章以杭州海康机器人技术有限公司的视觉系统硬件模块和软件平台为基础，着重介绍机器视觉技术的硬件构成与原理、软件功能与开发以及相关企业系统集成案例分享。第 7 章作为行业前沿技术知识扩展，介绍了 3D 视觉相关技术与应用方案。本书的最后部分第 8 章以方源智能（北京）科技有限公司的机器人视觉系统实训平台为硬件载体，以典型行业应用为任务背景，将视觉技术与机器人技术相结合，系统地介绍了机器视觉技术的实践开发方法。

本书结构清晰、内容丰富，知识完整，理论部分通俗易懂，实践部分真实可操作，书中介绍了大量行业前沿案例，并配有程序说明，同时提供章节知识点与技能点的思考与练习。

本书可作为机器人、计算机、电子信息、自动化、机电一体化等专业的机器视觉技术课程教材，也可供高等院校相关比赛者、机器人与制造技术领域的科研工作者和工程技术人员参考。

图书在版编目（CIP）数据

机器视觉技术及应用/孙学宏，张文聪，唐冬冬编著. —北京：机械工业出版社，2021.11（2024.9 重印）
普通高等教育智能制造系列教材
ISBN 978-7-111-68907-2

Ⅰ.①机… Ⅱ.①孙… ②张… ③唐… Ⅲ.①计算机视觉-高等学校-教材 Ⅳ.①TP302.7

中国版本图书馆 CIP 数据核字（2021）第 163659 号

机械工业出版社（北京市百万庄大街 22 号 邮政编码 100037）
策划编辑：余 皞 责任编辑：余 皞
责任校对：樊钟英 封面设计：张 静
责任印制：张 博
河北宝昌佳彩印刷有限公司印刷
2024 年 9 月第 1 版第 8 次印刷
184mm×260mm · 13 印张 · 321 千字
标准书号：ISBN 978-7-111-68907-2
定价：39.80 元

电话服务
客服电话：010-88361066
010-88379833
010-68326294

网络服务
机 工 官 网：www.cmpbook.com
机 工 官 博：weibo.com/cmp1952
金 书 网：www.golden-book.com
机工教育服务网：www.cmpedu.com

前　言

机器视觉是人工智能范畴最重要的前沿分支之一，也是智能制造装备的关键零部件。当前，我国机器视觉行业正处于快速发展期，存在很大的发展空间，行业市场规模在不断扩大中。机器视觉技术已经在消费电子、汽车制造、光伏半导体等多个行业应用。

随着各行业自动化、智能化程度的加深，中国高精度制造及其相应的自动化生产线应用逐年增长，机器视觉正快速地取代常规的人工视觉，同时伴随而来的是更大的人才缺口，因为视觉行业的多组态、软件编程和非标的特性，导致门槛相较于其他自动化分支还是比较高，自然对从事机器视觉岗位的人才提出更高的要求。

本书共八章，除了对机器视觉核心的相机、镜头、光源等硬件进行详细介绍外，还包括视觉控制系统的软硬件、算法平台和3D视觉的前沿技术内容。书中大部分内容采用理论铺垫够用即可，强调技能的实际运用与提升，辅助以案例解析、项目实践，可使读者接触和掌握行业真实项目需求与解决方案，同时具备硬件选型、参数调试、软件设计、编程开发、算法应用的综合能力。

书中案例涉及的功能、源代码都在方源智能（北京）科技有限公司生产的机器人视觉系统实训平台设备上验证通过。

本书的编写得到杭州海康机器人技术有限公司、遨博（北京）智能科技有限公司北京研发中心、方源智能（北京）科技有限公司技术中心的大力帮助。编者在编写过程中参阅了大量的图书和互联网资料，在此一并表示衷心的感谢。

机器视觉技术的应用型教材建设目前还处于探索阶段，由于作者水平有限，且技术不断发展，书中难免会有不少疏漏和不足之处，恳请读者提出宝贵意见和建议。

编　者

目　录

第 1 章　机器视觉技术概述

知识目标

√ 了解机器视觉技术的发展和行业应用
√ 熟悉机器视觉系统的基本概念和特点
√ 掌握机器视觉系统的组成及各部分功能

技能目标

√ 能够理解和掌握机器视觉技术的相关概念
√ 能够理解和认知机器视觉相关工业应用

1.1　机器视觉行业背景

1.1.1　机器视觉的起源与发展

机器视觉的历史是从 20 世纪 50 年代初开始的，由 Larry Roberts 撰写的《Block World》，被公认为机器视觉的第一篇博士论文。在论文中，视觉世界被简化为简单的几何形状，目的是能够识别它们，重建这些形状，如图 1-1 所示。1966 年，麻省理工学院（MIT）开展了暑期视觉项目，为了构建视觉系统的重要组成部分，MIT 的视觉科学家 David Marr 提出了可以使计算机识别视觉世界的算法。他指出，为了获取视觉世界完整的 3D 图像，需要经历几个阶段：第一个阶段是原始草图，得到大部分边缘、端点和虚拟线条，这是受到了神经科学家的启发；第二阶段是“2.5 维草图”，即将表面、深度信息、不同的层次以及视觉场景的不连续性拼凑在一起；最后一个阶段是将所有的内容放在一起，组成一个 3D 模型。这是一个非常理想化的思想过程，这种思维方式实际上已经影响了计算机视觉领域几十年。也是一个非常直观的方式。

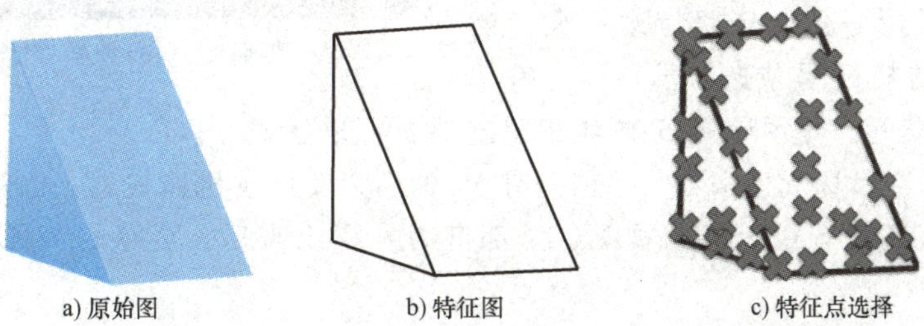

a) 原始图

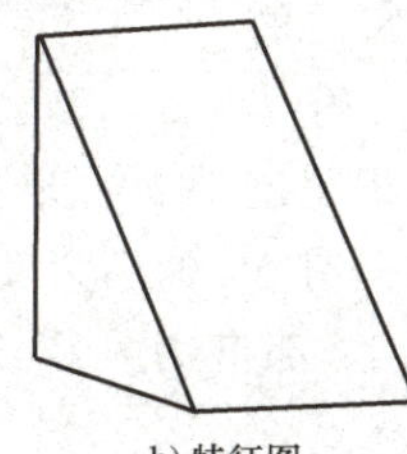

b) 特征图

c) 特征点选择

图 1-1　Block World 内容摘录

机器视觉发展史如图 1-2 所示，起源于 20 世纪 50 年代，早期研究主要是从统计模式识别开始，工作主要集中在二维图像分析与识别上，如光学字符识别 OCR、工件表面图片分析、显微图片和航空图片分析与解释。

20 世纪 60 年代的研究前沿是以理解三维场景为目的的三维机器视觉。1965 年，Roberts 从数字图像中提取出诸如立方体、楔形体、棱柱体等多面体的三维结构，并对物体形状及物体的空间关系进行描述，这种分析方法被称为“积木世界”。他的研究工作奠定了以理解三维场景为目的的三维机器视觉的研究基础。

1977 年，David Marr 教授在麻省理工学院提出了不同于“积木世界”分析方法的计算视觉理论，该理论在 80 年代成为机器视觉领域中的一个十分重要的理论框架。

20 世纪 80 年代到 20 世纪 90 年代中期，机器视觉获得蓬勃发展，新概念、新方法、新理论不断涌现。

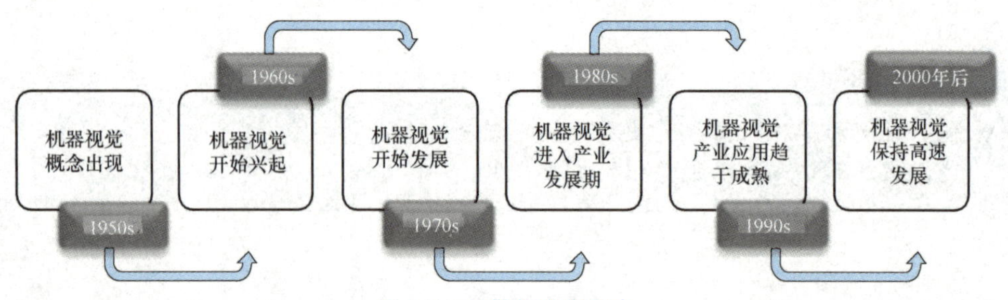

图 1-2　机器视觉发展史

在我国，视觉技术的应用开始于 20 世纪 90 年代，这之前在各行业的应用几乎一片空白。到 21 世纪，视觉技术在自动化行业应用日渐成熟，如华中科技大学在印刷在线检测设备与浮法玻璃缺陷在线检测设备上研发视觉技术的成功，打破了欧美在该行业的垄断地位。国内视觉技术已经日益成熟，真正高端的应用也正在逐步发展。

现代工业自动化技术日趋成熟，越来越多的制造企业考虑如何采用机器视觉来帮助生产线实现检查、测量和自动识别等功能，以提高效率并降低成本，从而实现生产效益最大化（图 1-3）。机器视觉作为新兴技术被寄予厚望，被认为是自动化行业一个具备光明前景的细分市场。机器视觉由于技术本身存在的优越性在许多领域有很好的发展前景。

图 1-3　机器视觉工业应用

从全球范围看，由于下游消费电子、汽车、半导体、医药等行业规模持续扩大，全球机器视觉市场规模呈快速增长趋势，2017 年已突破 80 亿美元，并预计到 2025 年将超过 192 亿美元（图 1-4）。

从长远的潜在市场规模来看，当前只有 5%的用户使用了机器视觉，也就是还有 95%的潜在用户需要但还没有用上机器视觉，全部潜力发挥出来后，全球的市场可达到 1200 亿美元。

国内方面，受益于配套基础设施不断完善、制造业总体规模持续扩大、智能化水平不断

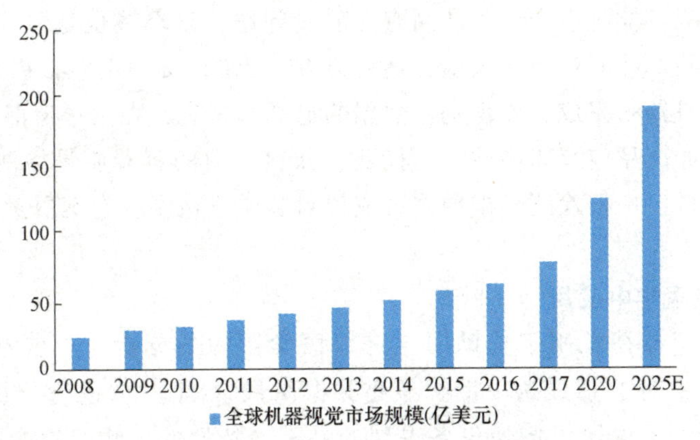

图 1-4 全球机器视觉市场规模情况

提高、政策利好等因素，中国机器视觉市场需求不断增长。2018 年中国机器视觉市场规模首次超过 100 亿元。随着行业技术提升、产品应用领域更广泛，未来机器视觉市场将进一步扩大，2019 年市场规模将近 125 亿元，2023 年将达到 197 亿元，2019~2023 年复合增长率超 12%，国内机器视觉市场规模预测如图 1-5 所示。

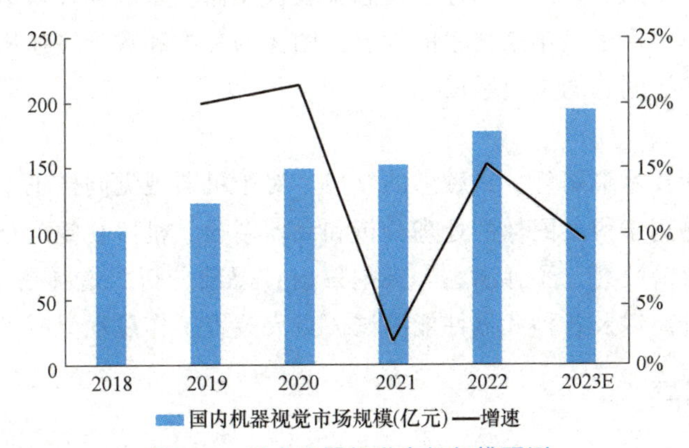

图 1-5 国内机器视觉市场规模预测

目前，全球机器视觉行业呈现两强对峙状态，日本基恩士、美国康耐视两大巨头几乎垄断了全球 50%以上的市场。总体来说，大型跨国公司在本行业占据了行业价值链的高端，拥有较为稳定的市场份额和利润水平；国内企业主要在中低端市场进行竞争，相对来说利润水平偏低，但是部分深耕细分领域的企业，依靠对客户需求的深刻理解和丰富的经验也拥有良好的生存发展空间。

1.1.2 机器视觉的行业应用

机器视觉不会有人眼的疲劳，有着比人眼更高的精度和速度，借助红外线、紫外线、X 射线、超声波等高新探测技术，机器视觉在探测不可视物体和高危险场景时，更具有其突出的优点。机器视觉技术现已得到广泛的应用。

1. 机器视觉在工业检测中的应用

目前，机器视觉已成功地应用于工业检测领域，大幅度地提高了产品的质量和可靠性，保证了生产的速度。主要有：①引导和定位：上下料使用机器视觉来定位，引导机械手臂准确抓取；②外观检测：检测生产线上产品有无质量问题，该环节也是取代人工最多的环节；③高精度检测：有些产品的精密度较高，达到 0.01~0.02mm，甚至 μ 级，是人眼无法检测出来的，必须使用机器来完成；④识别：数据的追溯和采集，在汽车零部件、食品、药品等领域应用较多。例如产品包装印刷质量的检测、饮料行业的容器质量检测、饮料填充检测、饮料封口检测、木材厂木料检测、半导体集成块封装质量检测、卷钢质量检测和水果分级检测等。

2. 机器视觉在医学中应用

在医学领域，机器视觉用于辅助医生进行医学影像的分析，主要利用数字图像处理技术、信息融合技术对 X 射线透视图、核磁共振图像、CT 图像进行分析或对其他医学影像数据统计和分析。不同医学影像设备得到的是不同特性的生物组织的图像。例如，X 射线反映的是骨骼组织，核磁共振影像反映的是有机组织图像，而医生往往需要考虑骨骼与有机组织的关系，因而需要利用数字图像处理技术将两种图像适当地叠加起来，以便于医学分析。

3. 图像自动解释应用

对放射图像、显微图像、医学图像、遥感多波段图像、合成孔径雷达图像、航天航测图像等的自动判读理解。由于近年来技术的发展，图像的种类和数量飞速增长，图像的自动理解已成为解决信息膨胀问题的重要手段。

4. 军事应用

军事领域是对新技术最渴望、最敏感的领域，对于机器视觉同样也不例外。最早的视觉和图像分析系统就是用于侦察图像的处理分析和武器制导。机器视觉广泛应用于航空器着陆姿势、起飞状态；火箭喷射、子弹出膛、火炮发射；爆破分析、炮弹爆炸分析、破片分析、爆炸防御；撞击、分离以及各种武器性能测试，点火装置工作过程分析等。

1.1.3 面临的问题

对于人的视觉来说，由于人的大脑和神经的高度发展，其目标识别能力很强。但是人的视觉也同样存在障碍。例如，即使具有敏锐视觉和高度发达头脑的人，一旦置身于某种特殊环境，其目标识别能力也会急剧下降。将人的视觉引入机器视觉中，机器视觉也存在着这样的障碍。它主要表现在三个方面：一是如何准确、高速（实时）地识别出目标；二是如何有效地增大存储容量，以便容纳下足够细节的目标图像；三是如何有效地构造和组织出可靠的识别算法，并顺利地实现。前两者相当于人的大脑这样的物质基础，这需要依靠高速的阵列处理单元，以及算法的新突破，用极少的计算量及高度的并行性实现。

另外，由于当前对人类视觉系统和机理、人的心理和生理的研究还不够，目前人们所建立的各种视觉系统绝大多数是只适用于某一特定环境或应用场合的专用系统，而要建立一个可与人类的视觉系统相比拟的通用视觉系统是非常困难的。正因为如此，赋予机器以人类视觉功能是几十年来人们不懈追求和奋斗的目标。

随着“中国制造 2025”的实施，我国将进一步深化产业结构调整，推进制造业的科技创新，提高智能制造水平，着力从要素驱动向创新驱动的根本转变。产业结构的转型升级和制造业的进一步智能化为机器视觉技术的发展应用带来了巨大的机遇和挑战。

1.2　机器视觉系统概念

机器视觉系统是通过机器视觉产品（即图像摄取装置）将被摄取目标转换成图像信号，传送给专用的图像处理系统，得到被摄目标的形态信息，再根据像素分布的亮度、颜色等信息，转变成数字化信号。图像系统对这些信号进行各种运算来抽取目标的特征，进而根据判别的结果来控制现场的设备动作。简单说来，机器视觉就是用机器代替人眼来做测量和判断。

机器视觉与人类视觉的对比见表 1-1。相对人类视觉，机器视觉在速度、感光范围、观测精度、环境要求等方面都存在显著优势，特别在有害环境下或重复性工作环境下。在一些不适于人工作业的危险工作环境或者人工视觉难以满足要求的场合，常用机器视觉来替代人工视觉。同时，在大批量重复性工业生产过程中，用机器视觉检测方法可以大大提高生产的效率和自动化程度。

表 1-1　机器视觉与人类视觉的对比

类别	人类视觉	机器视觉
精确性	差，64 级灰度，不能分辨微小目标	强，256 级灰度，可观测微米级的目标
速度性	慢，无法看清较快运动的目标	快，快门时间可达到 10μs
适应性	弱，很多环境对人体有害	强，可适应各种恶劣的环境
客观性	低，数量无法量化	高，数据可量化
重复性	弱，易疲劳	强，可持续工作
可靠性	易疲劳，受情绪波动	检测效果稳定可靠
效率性	效率低	效率高
信息集成	不容易信息集成	方便信息集成

机器视觉是机器人自主行动的前提，能够实现计算机系统对于外界环境的观察、识别以及判断等功能，对于人工智能的发展具有极其重要的作用，是人工智能范畴最重要的前沿分支之一，机器视觉技术在国内外人工智能企业应用技术中占比超过 40%，其中国内占比达到了 46%，机器视觉在人工智能领域应用占比情况如图 1-6 所示。

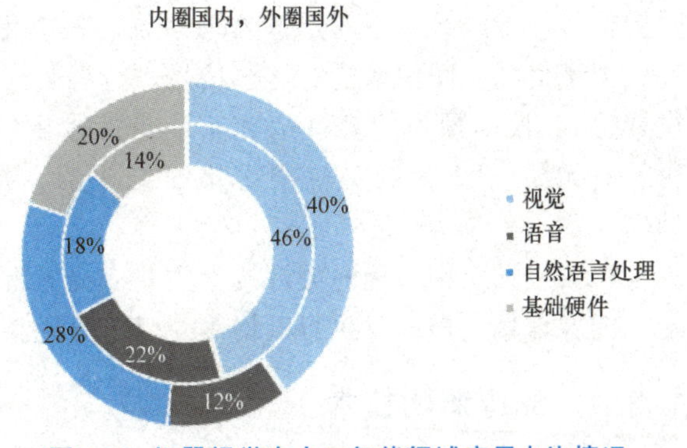

图 1-6　机器视觉在人工智能领域应用占比情况

作为人工智能技术的重要分支，机器视觉正在快速发展。其是实现自动化技术的重要的基础技术之一，能够实现仪器设备的精准控制，提升生产制造过程的自动化、智能化，极大提高工作效率和准确率，其应用范围不仅限于外界信息的输入，通常还扩展为信息的进一步处理以及执行机构（机械臂、传送带等）的联动控制。

1.3 机器视觉系统组成

机器视觉是一项综合性的技术，包含了光学、机械、电子、计算机软硬件等方面。一个典型的机器视觉系统的主要构成如图 1-7 所示，包括以下产品：相机、光源、图像采集卡/视觉处理器板、独立于硬件产品的视觉软件、接口、线缆和其他视觉配件。

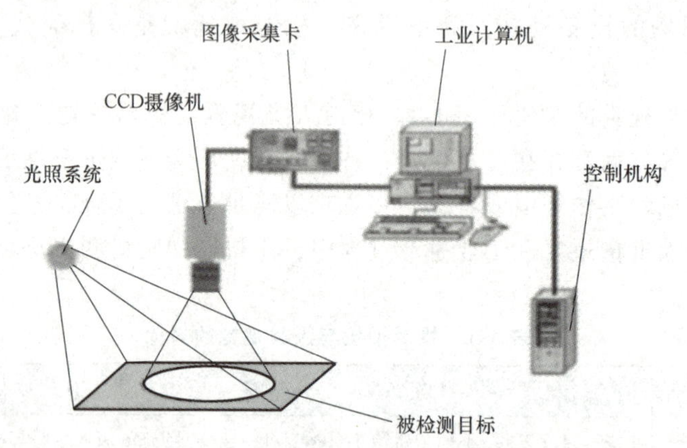

图 1-7 机器视觉系统的主要构成

以上视觉组件组合而成的视觉系统被称为“PC-Base”系统，系统形态为前置照明/成像部分，后置处理部分位于工业计算机内部。除此之外，还有以智能相机（如图 1-8 所示）为中心的机器视觉系统形态，将照明、成像、处理内置于相机内部，一台相机即可完成机器视觉系统的全部功能。

图 1-8 智能相机

视觉系统的输出并非图像视频信号，而是经过运算处理之后的检测结果，采用 CCD 摄像机将被摄取目标转换成图像信号。传送给专用的图像处理系统，根据像素分布和亮度、颜色等信息，通过 A-D 转变成数字信号；图像系统对这些信号进行各种运算来提取目标的特征（面积、长度、数量、位置等）；根据预设的容许度和其他条件输出结果（尺寸、角度、偏移量、个数、合格与否、有无等）。上位机实时获得检测结果后，指挥运动系统或 I/O 系统执行相应的控制动作。

机器视觉应用系统的关键技术主要有光源照明、光学镜头、摄像机（CCD）、图像采集卡、图像信号处理以及执行机构等。以下分别就各方面简单介绍。

1.3.1 光源照明技术

在目前的机器视觉应用系统中，好的光源与照明方案往往是整个系统成败的关键，起着非常重要的作用，并不是简单的照亮而已。光源与照明方案的配合应尽可能地突出物体特征量，在物体需要检测的部分与那些不重要部分之间应尽可能地产生明显的区别，增加对比度。同时还应保证足够的整体亮度，物体位置的变化不应该影响成像的质量。

在机器视觉应用系统中一般使用透射光和反射光。对于反射光情况应充分考虑光源和光学镜头的相对位置、物体表面的纹理、物体的几何形状等要素。

光源设备的选择必须符合所需的几何形状，照明亮度、均匀度，发光的光谱特性也必须符合实际的要求，同时还要考虑光源的发光效率和使用寿命。表 1-2 列出了几种主要光源的相关特性。

表 1-2 几种光源对比

光源	颜色	寿命/h	发光亮度	特点
卤素灯	白色，偏黄	5000~7000	很亮	发热多，较便宜
荧光灯	白色，偏绿	5000~7000	亮	较便宜
LED 灯	红，黄，绿，白，蓝	60000~100000	较亮	发热少，固体，能做成很多形状
氙灯	白色，偏蓝	3000~7000	亮	发热多，持续光
电致发光管	由发光频率决定	5000~7000	较亮	发热少，较便宜

由表 1-2 各种光源对比可以看出，LED 光源因其显色性好，光谱范围宽，能覆盖可见光的整个范围，且发光强度高，稳定时间长，近年来随着 LED 制造工艺和技术的不断成熟，价格逐步降低，其在机器视觉领域正得到越来越广泛的应用。

1.3.2 光学镜头

光学镜头一般称为摄像头或摄影镜头，简称镜头。光学镜头是机器视觉系统中必不可少的部件，直接影响成像质量的优劣，影响算法的实现和效果。其功能就是光学成像，相当于人眼的晶状体，在机器视觉系统中非常重要。

镜头的种类按焦距可分为广角镜头、标准镜头、长焦距镜头；按动作方式可分为手动镜头、电动镜头；按安装方式可分为普通安装镜头、隐蔽安装镜头；按光圈可分为手动光圈、自动光圈；按聚焦方式可分为手动聚焦、电动聚焦、自动聚焦；按变焦倍数可分为 2 倍变焦、6 倍变焦、10 倍变焦、20 倍变焦等。

镜头的主要性能指标有焦距、光圈系数、倍率、接口等。根据被测目标的状态应优先选用定焦镜头。镜头选择应注意：焦距、目标高度、影像高度、放大倍数、影像至目标的距离、中心点等。当然，镜头与摄像机的安装接口也是应考虑的一个重要因素。

1.3.3 CCD 摄像机

目前 CCD 摄像机以其小巧、可靠、清晰度高等特点在商用与工业领域都得到了广泛使用。CCD 摄像机按照其使用的 CCD 器件可以分为线阵式和面阵式两大类。线阵 CCD 摄像机一次只能获得图像的一行信息，被拍摄的物体必须以直线形式从摄像机前移过，才能获得完整的图像。它主要用于检测条状、筒状产品，例如布匹、钢板、纸张等。面阵摄像机可以一次获得整幅图像的信息。CCD 摄像机及图像采集卡共同完成对目标图像的采集与数字化。由于其具有灵敏度高、抗强光、畸变小、体积小、寿命长、抗振动等优点而得到了广泛的使用。

1.3.4 图像采集卡

图像采集卡又称为图像卡，它将摄像机的图像视频信号送到计算机的内存，供计算机处理、存储、显示和传输等使用。其主要模块组成及功能如下：①A-D 转换模块，将图像信号放大和数字化；②相机控制模块，负责提供相机的设置及实现异步重置拍照、定时拍照；③总线接口及控制模块，主要通过 PCI 总线完成数字图像数据的传输；④数字输入/输出模块，本模块允许图像采集卡通过 TTL 信号与外部装置进行通信，用于控制和响应外部事件。

有的图像采集卡同时还包括显示模块，负责高质量的图像实时显示，通信接口负责通信。一些高档图像采集卡还带有 DSP 数字处理模块，能进行高速图像预处理，适用于高档高速应用。

1.3.5 视觉传感器

基于 PC 的机器视觉系统结构没有模块化，安装不方便，可移植性差，特别是与工业上广泛使用的 PLC 共同使用比较麻烦。从软件和硬件开发两个方面来考虑，都需要一种更适合工业需求的机器视觉组件。目前国外已经开发出了一种称为视觉传感器的模块化部件，这种视觉传感器集成了光源、摄像头、图像处理器、标准的控制与通信接口，成为一个智能图像采集与处理单元，内部程序存储器可存储图像处理算法，并能连接 PC，利用专用组态软件编制各种算法下载到视觉传感器的程序存储器中。视觉传感器将 PC 的灵活性，PLC 的可靠性、分布式网络技术结合在一起。用这样的视觉传感器和 PLC 可以更容易地构成机器视觉系统。

1.3.6 图像信号处理

图像信号的处理是机器视觉系统的核心。视觉信息的处理技术主要依赖于图像处理方法，它包括图像变换、数据编码压缩、图像增强复原、平滑、边缘锐化、分割、特征抽取、图像识别与理解等内容。随着计算机技术、微电子技术以及大规模集成电路的发展，为了提高系统的实时性，图像处理的很多工作都可以借助硬件完成，如 DSP 芯片、专用图像信号处理卡等，软件主要完成算法中非常复杂、不太成熟或尚需不断探索和改进的部分。处理时间上，要求处理速度必须大于等于采集速度，才能保证目标图像无遗漏，完成实时处理。

1.3.7 执行机构

机器视觉系统的最终功能的实现还需执行机构来完成。不同的应用场合，执行机构可能不同，比如机电系统、液压系统、气动系统，无论哪一种，除了要严格保证其加工制造和装配的精度外，在设计时还应对动态特性，尤其是快速性和稳定性给予充分重视。

1.4 机器视觉系统的应用场景

机器视觉让机器拥有了像人一样的视觉功能，能更好地实现各种检测、测量、识别和判断功能。随着各类技术的不断完善，机器视觉应用领域也不断拓宽，从最开始主要用于电子装配检测，已发展到应用在识别、检测、测量和机械手引导等越来越广泛的领域。速度快、信息量大、功能多也日益成为机器视觉技术的主要特点，见表 1-3。

表 1-3 机器视觉应用领域分析

<table>
<tr><th>应用领域</th><th>示 例</th><th>主要应用行业</th></tr>
<tr><td rowspan="3">识别</td><td>标准一维码、二维码的解码</td><td rowspan="8">电子产品制造
汽车
消费品行业
食品和饮料业
物流业
包装业
医药业</td></tr>
<tr><td>光学字符识别(OCR)和确认(OCV)</td></tr>
<tr><td>色彩和瑕疵检测</td></tr>
<tr><td rowspan="2">检测</td><td>零件或部件的有无检测</td></tr>
<tr><td>目标位置和方向检测</td></tr>
<tr><td rowspan="2">测量</td><td>尺寸和容量测量</td></tr>
<tr><td>预设标记的测量,如孔位到孔位的距离</td></tr>
<tr><td>机械手引导</td><td>输出坐标空间,引导机械手准确定位</td></tr>
</table>

机器视觉可以说是工业自动化系统的灵魂之窗，从物件/条码辨识、产品检测、外观尺寸测量到机械手臂/传动设备定位，都是机器视觉技术可以发挥的舞台，因此它的应用范围十分广泛，行业应用领域更是多到令人眼花缭乱。

1. 图像识别应用

图像识别在机器视觉领域中最典型的应用就是二维码的识别，二维码就是我们平时常见的条形码中最为普遍的一种。将大量的数据信息存储在这小小的二维码中，通过机器视觉系统，可以方便对各种材质表面的二维码进行识别读取，大大提高了现代化生产的效率。

2. 图像检测应用

检测是机器视觉工业领域最主要的应用之一，几乎所有产品都需要检测，而人工检测存在着较多的弊端，人工检测准确性低，长时间工作的话，准确性更是无法保证，而且检测速度慢，容易影响整个生产过程的效率。因此，机器视觉在图像检测的应用方面也非常的广泛，如硬币边缘字符的检测。第五套人民币中，壹圆硬币的侧边增强了防伪功能，鉴于生产过程的严格控制要求，在造币的最后一道工序上安装了视觉检测系统。又如印刷过程中的套色定位以及校色检查、包装过程中饮料瓶盖的印刷质量检查，产品包装上的条码和字符识别等。

3. 视觉定位应用

视觉定位要求机器视觉系统能够快速准确地找到被测零件并确认其位置。在半导体封装领域，设备需要根据机器视觉取得的芯片位置信息调整拾取头，准确拾取芯片并进行绑定，这是视觉定位在机器视觉领域最基本的应用。

4. 物体测量应用

机器视觉应用于测量中最大的特点就是其非接触测量，同样具有高精度和高速度，但非接触无磨损，消除了接触测量可能造成的二次损伤隐患。常见的测量应用包括齿轮、接插件、汽车零部件、IC 元件管脚、麻花钻、螺纹检测等。

5. 物体分拣应用

实际上，物体分拣应用是建立在识别、检测之后的一个环节，通过机器视觉系统将图像进行处理，实现分拣。在机器视觉应用中常用于食品分拣、零件表面瑕疵自动分拣、棉花纤维分拣等。

1.4.1 PCB板锡膏缺陷检测

利用机器视觉系统检测PCB板上锡膏点面积的大小，每一块PCB板上大概有400个锡膏点，在涂锡后会有大小、位置上的缺陷（图1-9）。此工作若使用目检的话会降低效率、准确率。因此在这过程中使用了机器视觉系统进行检测。

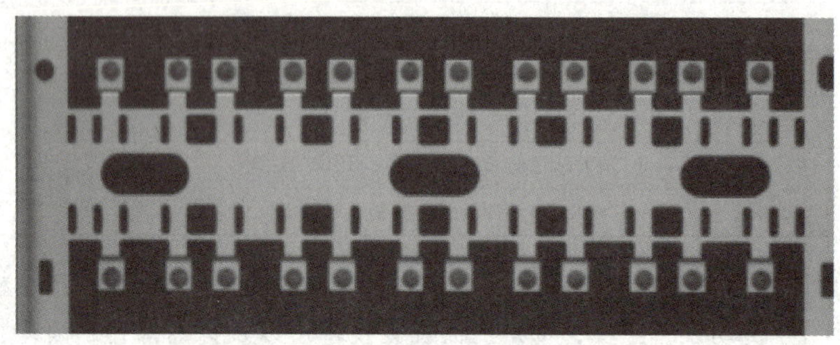

图1-9 料片局部图

该案例机器视觉系统软件采用定制开发，功能强大，包含数据库系统、用户分级管理、一键换型、图像拼接等功能，识别准确率达99.99%以上（图1-10）。

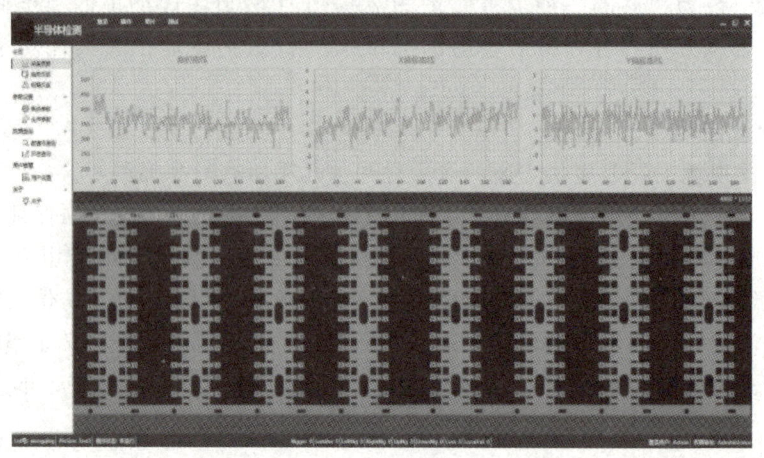

图1-10 视觉检测界面图

现场情况如图1-11所示。

1.4.2 电阻缺陷检测

电阻生产过程中会生成一些缺陷，包括丝印字符缺陷，电极宽度、高度不符合要求以及脏污等。

此类型视觉检测方案可扩展应用于电感、电容等被动元器件的缺陷检测，现场情况如图1-12所示，实际检测效果如图1-13所示。

1.4.3 牛奶包装识别

乳制品行业一般应用油墨来进行生产标签的喷印。喷码机会经常进行清洗更换，导致每

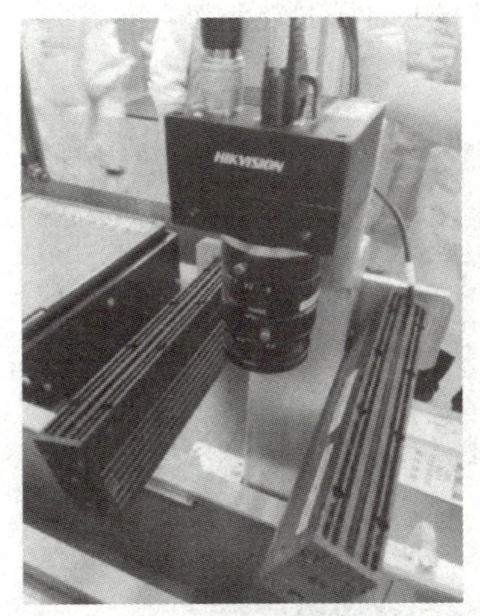

图 1-11　PCB 板锡膏缺陷检测现场

图 1-12　电阻缺陷检测现场

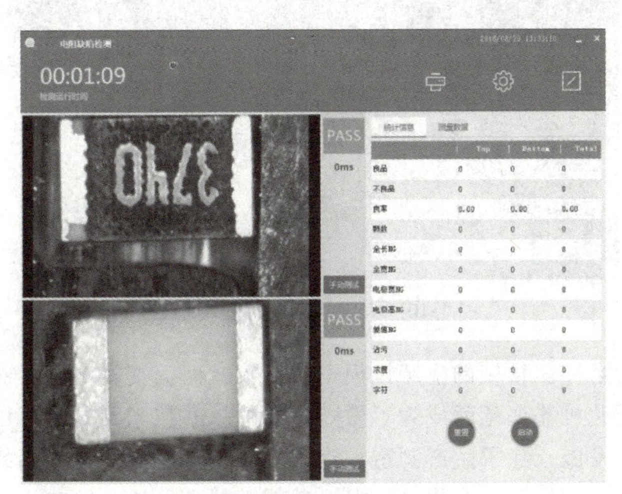

图 1-13　实际检测效果

次喷印的字符大小、形态、位置会发生变化，不同形态的字符如图 1-14 所示。字符位置的波动会导致字符打印在包装线、黑色喷码区域框上，传统方式难以适应包装线的变化，因此引用机器视觉的方式来解决行业难题。

采用机器视觉系统可以有效识别字符，定位字符，检测字符，实现行业的包装需求。

图 1-14　不同形态的字符

1.4.4　太阳能电池片定位与检测

不同形态的太阳能电池片如图 1-15 所示，其质量是影响太阳能电池组件发电效率的主要因素之一，所以加强对太阳能电池片质量的检测是生产中一个必不可少的环节。太阳能电池片在多个生产环节都需要定位，用于抓取电池片进行上下料、再加工等工序。同时还要检测是否存在崩边破角等现象，有些环节还需要测量栅线的尺寸或检测是否存在露白等，太阳能电池片检测场景如图 1-16 所示。

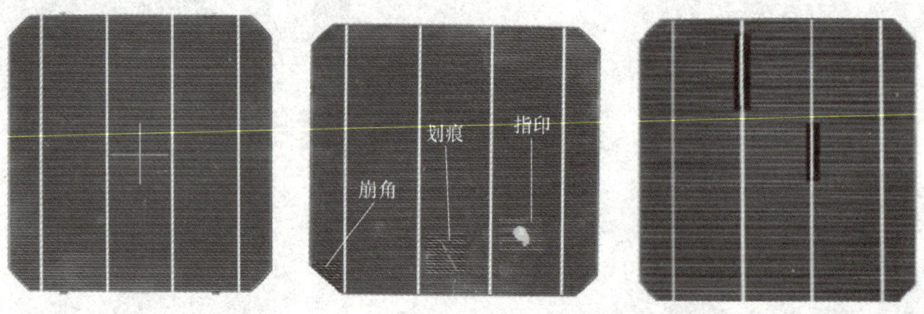

图 1-15 不同形态的太阳能电池片

图 1-16 太阳能电池片检测场景

近年来，电子与半导体领域的生产规模不断扩大，而消费类电子元器件尺寸很小，生产加工精度要求高，因此机器视觉就成为了微观检测的核心技术。同时，市场的需求也促进了机器视觉技术的迅猛发展。除了生产制造，汽车领域也是机器视觉应用的重要组成部分，越来越多的互联网公司与传统车企合作，开发自动驾驶技术，这一趋势也极大增加了机器视觉的需求量。劳动力成本持续增长，企业面对用人成本不断上升的压力，必然面临降本的抉择，尽早布局智能制造才能在激烈的行业竞争中脱颖而出，而机器视觉也必然能带来新的机遇。

思考与练习

1. 请简述机器视觉系统的典型组成以及各部分功能。
2. 相对人类视觉，机器视觉有哪些优势？
3. 机器视觉系统有哪些典型应用场景？请举例说明。

第 2 章　数字图像处理基础

知识目标

√ 掌握数字图像处理技术相关名词术语
√ 掌握图像采样、量化、增强等处理技术的常见方法
√ 熟悉数字图像处理相关的数学模型与公式

技能目标

√ 能够理解和掌握数字图像处理的主要技术和相应处理方法
√ 能够掌握一般图像处理的数学方程、计算方法与思路
√ 能够基于 Matlab 工具进行图像的简单处理

2.1　数字图像处理概述

1. 图像

“图”是物体投射或反射光的分布，“像”是人的视觉系统对图接受，并在大脑中形成的印象或反映。“图像”是客观和主观的结合。

2. 数字图像

数字图像是指由被称作像素的小块区域组成的二维矩阵。将物理图像行列划分后，每个小块区域称为像素（pixel）。每个像素包括两个属性：位置和灰度。

对于单色即灰度图像而言，每个像素的灰度用一个数值来表示，通常数值范围在 0 到 255 之间，即可用一个字节来表示，“0”表示黑、“255”表示白，而其他表示灰度级别。彩色图像可以用红、绿、蓝三元素的二维矩阵来表示。通常，三元素的每个数值也是在 0 到 255 之间，“0”表示相应的基色在该像素中取得最小值，而 255 则代表相应的基色在该像素中取得最大值，这种情况下每个像素可用三个字节来表示。

3. 数字图像处理

数字图像处理就是利用计算机系统对数字图像进行各种目的的处理：对连续图像 $f(x, y)$ 进行数字化；空间上，图像抽样；幅度上，灰度级量化。x 方向，抽样 M 行。y 方向，每行抽样 N 点。整个图像共抽样 $M\times N$ 个像素点，一般取 $M=N=2n=64$、128、256、512、1024、2048。数字图像常用矩阵来表示：$f(x,y)=0\sim255$，灰度级为 256，设灰度量化为 8bit，具体如图 2-1 所示。

数字图像处理总的来说就是对图像进行各种加工，以改善图像的视觉效果，强调图像之

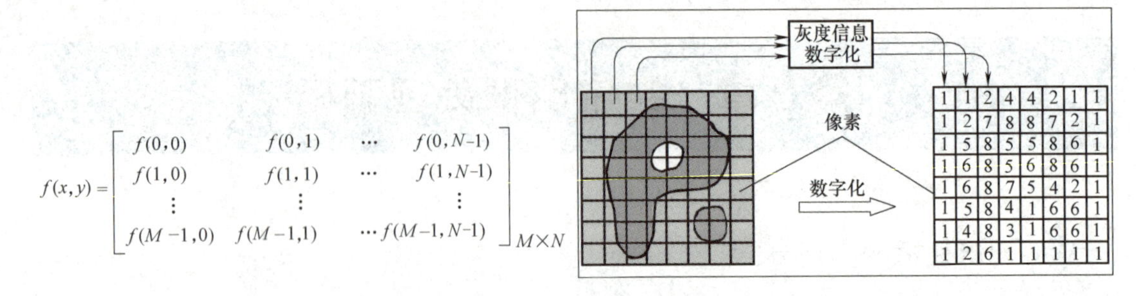

$$f(x,y)=\begin{bmatrix} f(0,0) & f(0,1) & \cdots & f(0,N-1) \\ f(1,0) & f(1,1) & \cdots & f(1,N-1) \\ \vdots & \vdots & & \vdots \\ f(M-1,0) & f(M-1,1) & \cdots & f(M-1,N-1) \end{bmatrix}_{M\times N}$$

图 2-1 数字图像矩阵

间进行的变换。图像处理是一个从图像到图像的过程。

4. 图像分析

图像分析是指对图像中感兴趣的目标进行提取和分割，获得目标的客观信息（特点或性质），建立对图像的描述。图像分析一般利用数学模型并结合图像处理的技术来分析底层特征和上层结构，从而提取具有一定智能性的信息。图像分析是一个从图像到数据的过程。

5. 图像理解

图像理解是指研究图像中各目标的性质和它们之间的相互联系，得出对图像内容含义的理解及原来客观场景的解释。图像理解以客观世界为中心，借助知识、经验来推理、认识客观世界，属于高层操作（符号运算）。

数字图像处理的三个层次如图 2-2 所示。

综上所述，图像处理、图像分析和图像理解处在三个抽象程度和数据量各有特点的不同层次上。图像处理是比较低层的操作，它主要在图像像素级上进行处理，处理的数据量非常大。图像分析则进入了中层，分割和特征提取把原来以像素描述的图像转变成比较简洁的非图像形式的描述。图像理解主要是高层操作，基本上是对从描述抽象出来的符号进行运算，其处理过程和方法与人类的思维推理有许多类似之处。

6. 数字图像处理系统

数字图像处理系统由图像数字化设备、图像处理计算机和图像输出设备组成。

输入及数字化设备：摄像机、鼓式扫描器、平台式光密度计、视频卡、扫描仪、数码相机、DV 等。

输出及记录设备：图像显示器、图像拷贝机、绘图仪、激光打印机、喷墨打印机等。具体如图 2-3 所示。

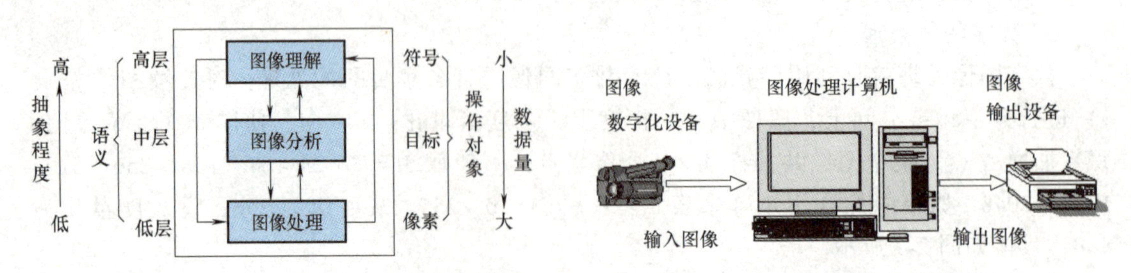

图 2-2 数字图像处理的三个层次

图 2-3 数字图像系统构成

7. 数字图像处理的主要研究内容

（1）图像变换　图像变换方法主要包含：傅立叶变换、沃尔什变换、离散余弦变换、小波变换。采用各种图像变换方法对图像进行间接处理，有利于减少计算量并进一步获得更有效的处理。

（2）图像压缩编码　图像压缩编码技术可以减少描述图像的数据量，以便节约图像存储的空间，减少图像的传输和处理时间。

图像压缩有无损压缩和有损压缩两种方式，编码是压缩技术中最重要的方法，在图像处理技术中是发展最早和应用最成熟的技术。主要方法包括熵编码、预测编码、变换编码、二值图像编码、分形编码。

（3）图像的增强和复原　图像增强和复原的目的是为了改善图像的视觉效果，如去除图像噪声，提高图像的清晰度等。图像增强不考虑图像降质的原因，突出图像中感兴趣的部分。图像复原要求对图像降质的原因有所了解，根据图像降质过程建立“退化模型”，然后采用滤波的方法重建或恢复原来的图像。主要方法包括灰度修正、平滑、几何校正、图像锐化、滤波增强、维纳滤波。

（4）图像分割　图像分割是数字图像处理中的关键技术之一。图像分割将图像中有意义的特征（物体的边缘、区域）提取出来，它是进行进一步图像识别、分析和图像理解的基础。

虽然目前已研究出了不少边缘提取、区域分割的方法，但还没有一种普遍适用于各种图像的有效方法。对图像分割的研究还在不断地深入中，是目前图像处理研究的热点方向之一。主要方法包括图像边缘检测、灰度阈值分割、基于纹理分割、区域增长。

（5）图像描述　图像描述是图像分析和理解的必要前提。图像描述是用一组数字或符号（描述子）来表征图像中被描述物体的某些特征。主要方法包括二值图像的几何特征、简单描述、形状数、傅立叶描述、纹理描述。

（6）图像识别　图像识别是人工智能的一个重要领域，是图像处理的最高境界。一副完整的图像经预处理、分割和描述提取有效特征之后，进而由计算机系统对图像加以判断分类。

（7）图像隐藏　图像隐藏是指将秘密信息隐藏在图像格式文件中，使其在貌似正常的图像文件的掩饰下，达到秘密信息的保存和传递。常见的方法有数字水印、图像的信息伪装等。

8. 技术发展趋势

1）网络图像技术，结合网络和 Internet 技术需求而发展起来的新技术，比如网上图像、视频的传输、点播和新的浏览、查询手段。

2）高级图像处理技术，结合最新的数学进展，诸如小波、分形、形态学等技术。

3）智能化，包括图像自动分析、识别与理解。

2.2 图像的感知和获取

人类感知只限于电磁波谱的视觉波段，成像机器则可以覆盖几乎全部电磁波谱。各类图像都是由“照射”源和形成图像的“场景”元素对光能的反射或吸收相结合而产生的。

人眼看到室外绿色的四叶草：太阳就是“照射源”，它是发光体。四叶草就是“场景元素”，它既是吸收体又是反光体。之所以人眼看到四叶草是绿色的，是因为它把其他人眼可捕捉频率的电磁波都吸收了，只有绿光谱被它反射了，如图 2-4 所示。

第一张伦琴射线照片：阴极射线管就是“照射源”，他是 X 射线的发射体。伦琴夫人的手就是“场景元素”，它是吸收体。X 射线穿过手组织，打到了感光底片上。手掌中的骨骼和其他组织对 X 射线的吸收率不同，导致最终到达感光底片的 X 射线的量不同形成图像。具体如图 2-5 所示。

图 2-4　人眼看到绿色的四叶草

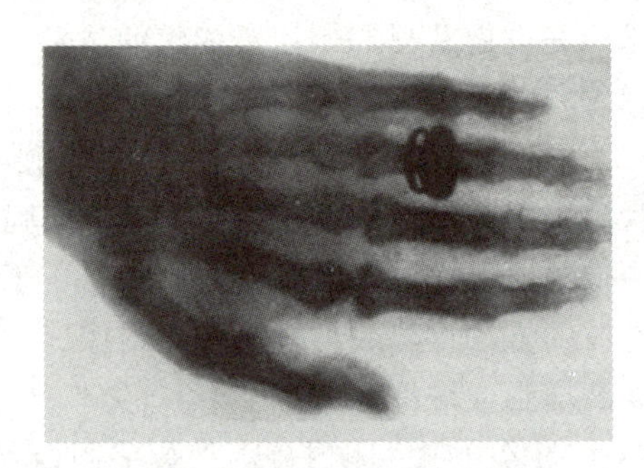

图 2-5　第一张伦琴射线照片

抛开“照射源”和“场景元素”，还有一个重要的感知元素，获取图像的传感器。如上面两个例子中，图像传感器分别是人眼和感光胶片。

图像传感器或称感光元件，通过将输入的电能和对特殊能源敏感的传感器材料相结合，把输入能源变成电压。输出电压波形是传感器的响应，通过把传感器响应数字化，从每一个传感器得到一个数字量。

简单理解就是可以把输入的模拟能量转化成数字信号的装备，这里面有两个步骤。光（输入能量）→传感器（光电转换）→A-D 转换（采样、量化）。具体如图 2-6 所示。

图像传感器的结构主要有 CCD 与 CMOS 两种，CCD 是电荷耦合器件（Charge Coupled Device）的简称，而 CMOS 是互补金属氧化物半导体（Complementary Metal Oxide Semiconductor）的简称。其基本差异为像素单元的电荷读取方式不同。CCD 光电成像器件存储的电荷信息，需要在二相、三相或四相时钟驱动脉冲的控制下，一位一位地实施转移后逐行顺序读取，CCD 读取如图 2-7 所示。而 CMOS 光电成像器件的光学图像信息经光电转换后产生电流或电压信号，这个电信号不需要像 CCD 那样逐行读取，而是从 CMOS 晶体管开关阵列中

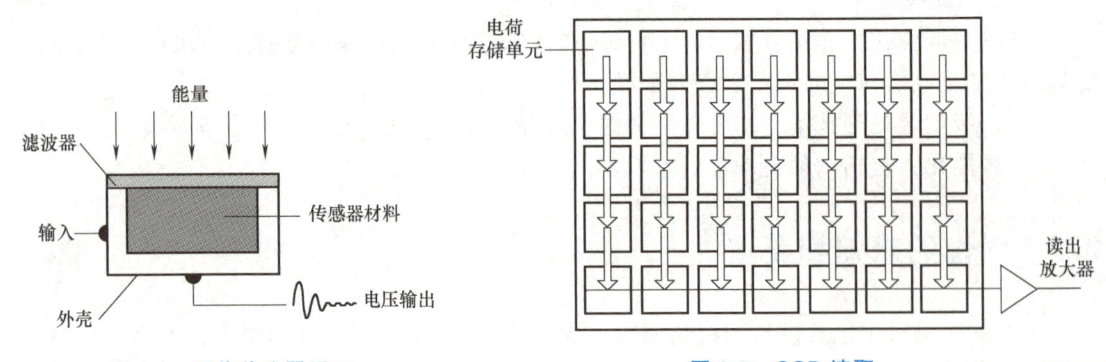

图 2-6　图像传感器原理

图 2-7　CCD 读取

直接读取的，可增加取像的灵活性，CMOS转换后读取如图2-8所示。而CCD无此功能。

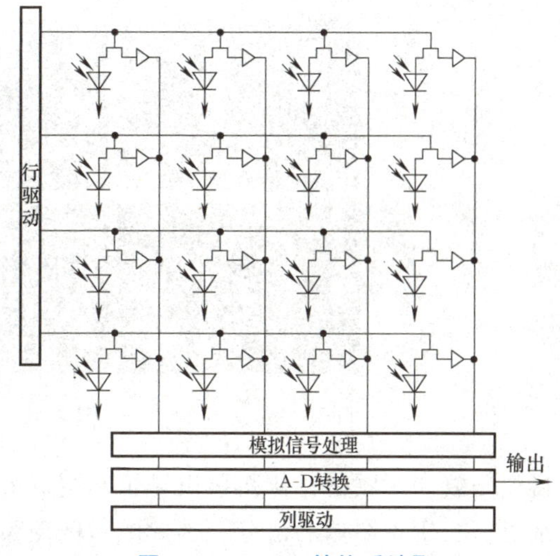

图2-8　CMOS转换后读取

CCD需在同步信号控制下由三组不同的电源相配合才能输出和转移电荷信息，整个电路较为复杂而且速度较慢。而CMOS传感器经光电转换后直接产生电流（或电压）信号，信号读取十分简单，还能同时处理各单元的图像信息，速度也比CCD快很多。CCD制作技术起步早，技术成熟，采用PN结构或二氧化硅（SiO_2）隔离层隔离噪声，成像质量相对CMOS有一定优势。由于CMOS集成度高，各光电传感元件、电路之间距离很近，相互之间的光、电、磁干扰较严重，噪声对图像质量影响很大。近几年，随着CMOS电路消噪技术的不断发展，CMOS的性能已经可以与CCD媲美了。

2.3　图像的采样和量化

1. 图像采样

在取样时，若横向的像素数（列数）为M，纵向的像素数（行数）为N，则图像总像素数为$M \times N$个。

一般来说，采样间隔越大，所得图像像素数越少，分辨率低，质量差，严重时出现马赛克效应；采样间隔越小，所得图像像素数越多，分辨率高，图像质量好，但数据量大。具体如图2-9、图2-10所示。

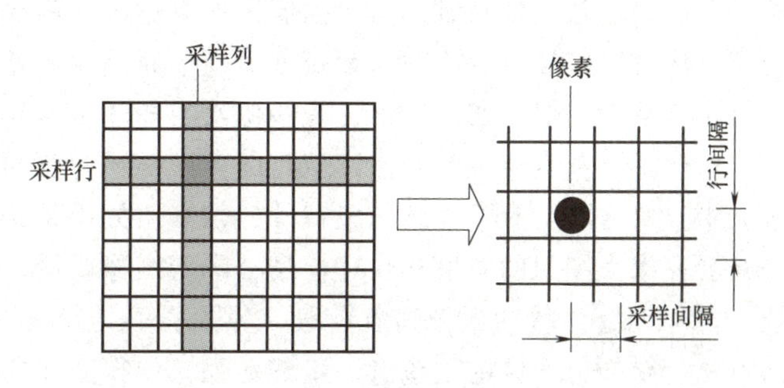

图2-9　采样示意图

2. 图像采样分类

（1）下采样　缩小图像，或称为下采样（subsampled）或降采样（downsampled）的主要目的有两个：一个是使得图像符合显示区域的大小；另一个是生成对应图像的缩略图。

下采样原理：对于一幅图像尺寸为$M \times N$，对其进行s倍下采样，即得到$(M/s) \times (N/s)$尺寸的分辨率图像，当然s应该是M和N的公约数才行，上述可理解为把原始图像$s \times s$窗口内的图像或者s^2个像素点变成一个像素，这个像素点的值可以为该窗口内所有像素的均值、最大值或随机值等。对应卷积网络提取技术中的平均值采样（mean-pooling）、最大值采样（max-pooling）、随机区域采样和区域采样等方法。

（2）上采样　放大图像，或称为上采样（upsampling）或图像插值（interpolating）的主

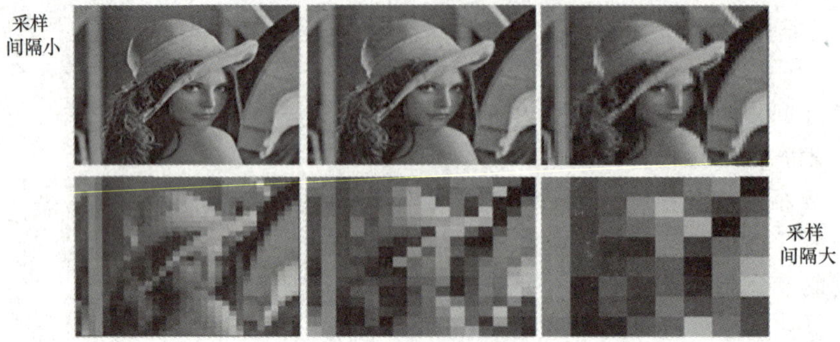

采样间隔小

采样间隔大

图 2-10 采样实例

要目的是放大原图像，从而可以显示在更高分辨率的显示设备上。对图像的缩放操作并不能带来更多关于该图像的信息，因此图像的质量将不可避免地受到影响。然而，确实有一些缩放方法能够增加图像的信息，从而使得缩放后的图像质量超过原图质量。

上采样原理：图像放大几乎都是采用内插值方法，即在原有图像像素的基础上在像素点之间采用合适的插值算法插入新的元素。

3. 图像插值算法

无论缩小图像（下采样）还是放大图像（上采样），采样方式有很多种。可简略的将插值算法分为传统插值、基于边缘的插值和基于区域的插值 3 类。

（1）传统插值算法　在传统图像插值算法中，邻插值较简单，容易实现，早期的时候应用比较普遍。但是，该方法会在新图像中产生明显的锯齿边缘和马赛克现象。双线性插值法具有平滑功能，能有效地克服邻插值的不足，但会退化图像的高频部分，使图像细节变模糊。在放大倍数比较高时，高阶插值，如双三次和三次样条插值等比低阶插值效果好。这些插值算法可以使插值生成的像素灰度值延续原图像灰度变化的连续性，从而使放大图像浓淡变化自然平滑。但是在图像中，有些像素与相邻像素间灰度值存在突变，即存在灰度不连续性。这些具有灰度值突变的像素就是图像中描述对象的轮廓或纹理图像的边缘像素。在图像放大中，对这些具有不连续灰度特性的像素，如果采用常规的插值算法生成新增加的像素，势必会使放大图像的轮廓和纹理模糊，降低图像质量。

（2）基于边缘的图像插值算法　为了克服传统方法的不足，提出了许多边缘保护的插值方法，对插值图像的边缘有一定的增强，使得图像的视觉效果更好，边缘保护的插值方法可以分为两类：基于原始低分辨率图像边缘的方法和基于插值后高分辨率图像边缘的方法。首先，基于原始低分辨率图像边缘的方法：检测低分辨率图像的边缘，然后根据检测的边缘将像素分类处理，对于平坦区域的像素，采用传统方法插值；对于边缘区域的像素，设计特殊插值方法，以达到保持边缘细节的目的。其次，基于插值后高分辨率图像边缘的方法：采用传统方法插值低分辨率图像，然后检测高分辨率图像的边缘，最后对边缘及附近像素进行特殊处理，以去除模糊，增强图像的边缘。

（3）基于区域的图像插值算法　首先将原始低分辨率图像分割成不同区域，然后将插值点映射到低分辨率图像，判断其所属区域，最后根据插值点的邻域像素设计不同的插值公式，计算插值点的值。

4. 图像的量化

量化就是把采样点上对应的亮度连续变化区间转换为单个特定数值的过程。量化后，图像就被表示成一个整数矩阵。每个像素具有两个属性：位置和灰度。位置由行、列表示。灰度表示该像素位置上亮暗程度的整数。此数字矩阵 $M \times N$ 就作为计算机处理的对象了。灰度级一般为 0~255（8bit 量化）。灰度等级具体如图 2-11 所示。

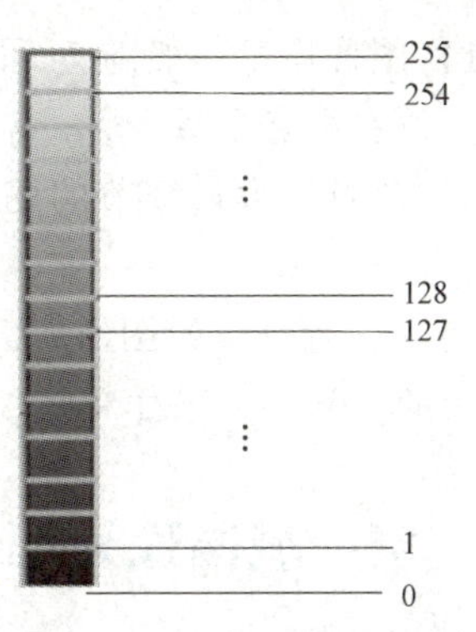

图 2-11　灰度等级图

在现实生活中，采集到的图像都需要经过离散化变成数字图像后才能被计算机识别和处理。具体如图 2-12 所示。

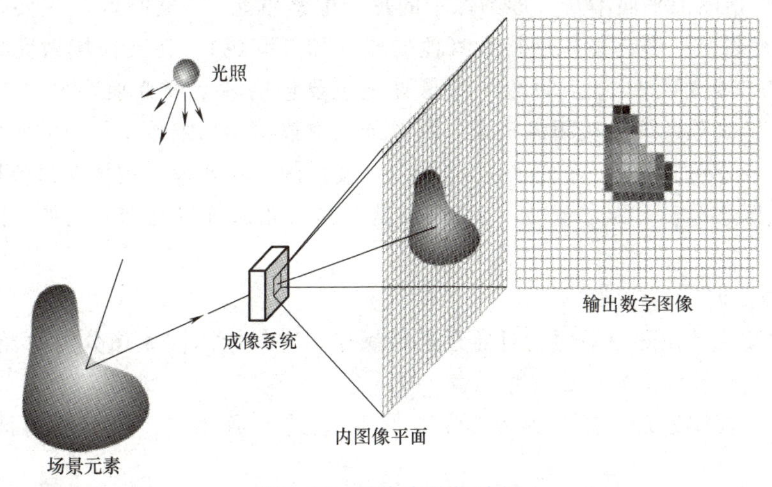

图 2-12　图像离散化过程

图像空间分辨率（采样）N：随着空间分辨率的下降图像会出现马赛克效果。

图像幅度分辨率（灰度级）k：随着幅度分辨率的下降会出现“虚假轮廓效应”。一般出现在过渡比较平滑的区域。具体如图 2-13 所示。

图 2-13　图像质量与 N、k 参数

1）图像质量一般随 N 和 k 的增加而增加。在极少情况下对于固定的 N，减少 k 能改进质量。最有可能是减少 k，常可增加图像看起来的反差（对比度增加）——二值化处理。

2）对具有大量细节的图像常只需很少的灰度级数就可较好地表示——人眼分辨能力有限。

3）b（存储一幅图像所需的位数 bit：$b=M\times N\times k$）为常数的一系列图像主观看起来可以有较大的差异——采样和灰度级之间存在某种合理的分配。

2.4 空间域图像处理

1. 空间域的概念

"空间域"指图像平面本身，即图像中的每个像素单元。"空间域"主要是为了区别于"变换域"，"变换域"是将图像转换到其他的域（如频率域），在变换域做完处理之后再通过反变换的方式转换回来。"空间域"图像处理主要包括"灰度变换"和"空间域滤波"。滤波名词出自于信号系统，从图像来说，图像是二维数据，二维数据传输的时候是逐行传输的，对应于信号处理，就是一个连续的波形，对波形做一些处理，按预期过滤掉波形中的某些成分，所以形象地表示为"滤波"。所谓滤波就是对图像进行处理，比如：降噪、平滑等操作。

2. 空间域滤波

空间域滤波就是在图像平面上对像素进行操作。空间域滤波大体分为两类：平滑滤波、锐化滤波。

平滑滤波：模糊处理，用于减小噪声，实际上是低通滤波，典型的滤波器是高斯滤波器。

锐化滤波：提取边缘，突出边缘及细节，弥补平滑滤波造成的边缘模糊。实际上是高通滤波。

空间域滤波处理可由下式表示：

$$g(x,y)=T[f(x,y)] \tag{2-1}$$

式中，$f(x,y)$ 是输入图像，$g(x,y)$ 是处理后的图像，T 是在点（x,y）的邻域上定义的关于 f 的一种算子，算子可应用于单幅图像或图像集合。

空间滤波器由一个邻域（通常是一个较小的矩形）和对该邻域所包围图像像素执行的预定义操作组成。滤波产生一个新像素，新像素的坐标等于邻域中心的坐标，像素的值是滤波操作的结果。滤波器的中心访问输入图像中的每个像素后，就生成了滤波后的图像。如果在图像像素上执行的是线性操作，则该滤波器称为线性空间滤波器，否则，滤波器就称为非线性空间滤波器。

一般来说，使用大小为 $m\times n$ 的滤波器对大小为 $M\times N$ 的图像进行线性空间滤波，可由下式表示：

$$g(x,y)=\sum_{s=-a}^{a}\sum_{t=-b}^{b}w(s,t)f(x+s,y+t) \tag{2-2}$$

式中，x 和 y 是可变的，以便 w 中的每个像素可访问 f 中的每个像素。如图 2-14 所示，使用大小为 3×3 的滤波器模板的线性空间滤波过程。

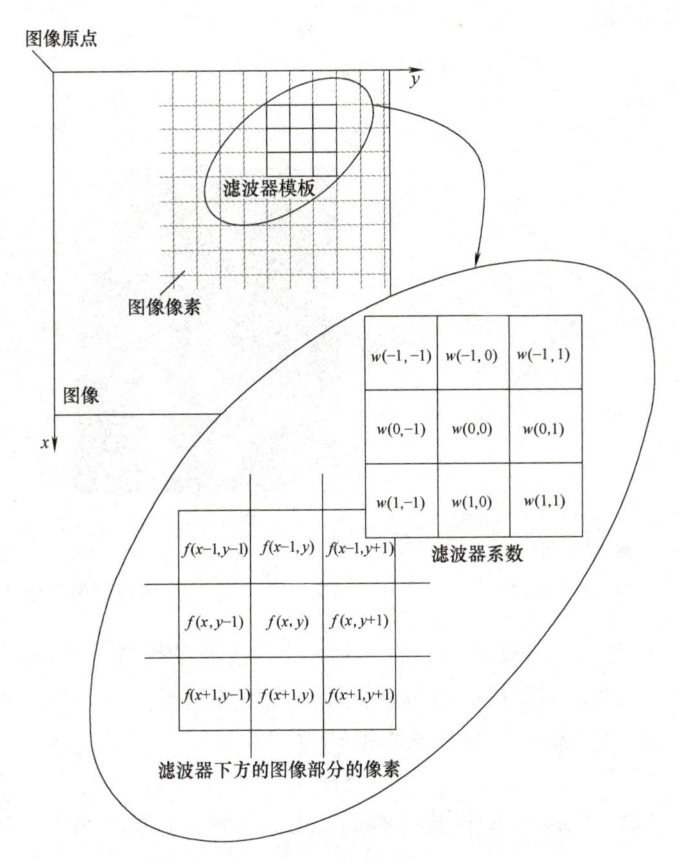

图 2-14　线性滤波器机理

3. 常见的灰度变换

式（2-1）中的 T 可写成一个灰度（也称为灰度级或映射）变换函数：

$$s=T(r) \tag{2-3}$$

式中，为表达方便，令 r 和 s 分别表示变量，即 g 和 f 在任意点（x,y）处的灰度。以下讨论的图像灰度级范围为［0，$L-1$］，其中 $L-1$ 归一化为 1。

（1）图像翻转　使用图 2-15 所示的反转变换，可得到灰度级范围为［0，$L-1$］的一副图像的反转图像，该反转图像由下式给出：

$$s=L-1-r \tag{2-4}$$

使用这种方式反转一副图像的灰度级，可得到等效的照片底片，图像翻转效果如图 2-16 所示。

（2）对数变换　对数变换的通用形式为

$$s=c\log_{v+1}(1+vr) \tag{2-5}$$

反对数变换的形式为

$$r=c\log_{v+1}(1+vs) \tag{2-6}$$

式中，c 是常数，并假设 $r\geqslant 0$。图中对数曲线的形状表明，该变换将输入中范围较窄的低灰度值映射为输出中范围较宽的灰度值，或将输入中范围较宽的高灰度值映射为输出中范围较窄的灰度值。我们使用这种类型的变换来扩展图像中的暗像素值，同时压缩更高灰度级的值。具体如图 2-17 所示。

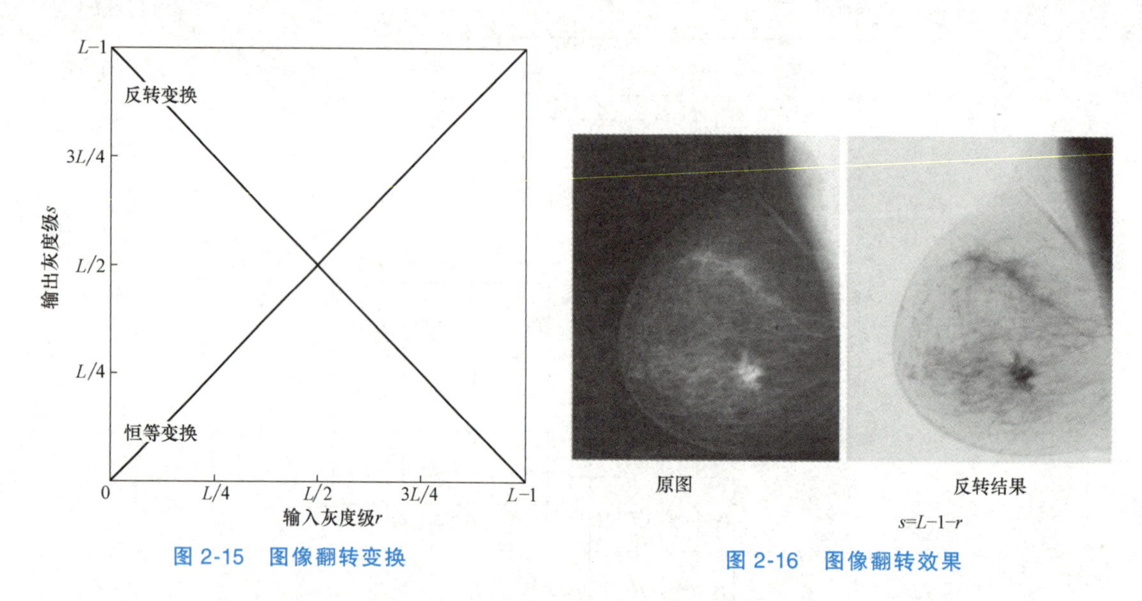

图 2-15　图像翻转变换

图 2-16　图像翻转效果

从图 2-17 中我们可以很直观看出，由于对数本身上凸的性质，它可以把低灰度（较暗）部分的亮度提高，v 越大，灰度提高越明显，即图像越来越亮。

（3）Gamma 变换　Gamma 变换的基本形式为

$$s=cr^{\gamma} \tag{2-7}$$

式中，c 和 γ 为正常数。Gamma 变换其实就是幂指数校正，目的是将灰度较窄的区域拉伸为较宽的区域。

具体如图 2-18 所示。

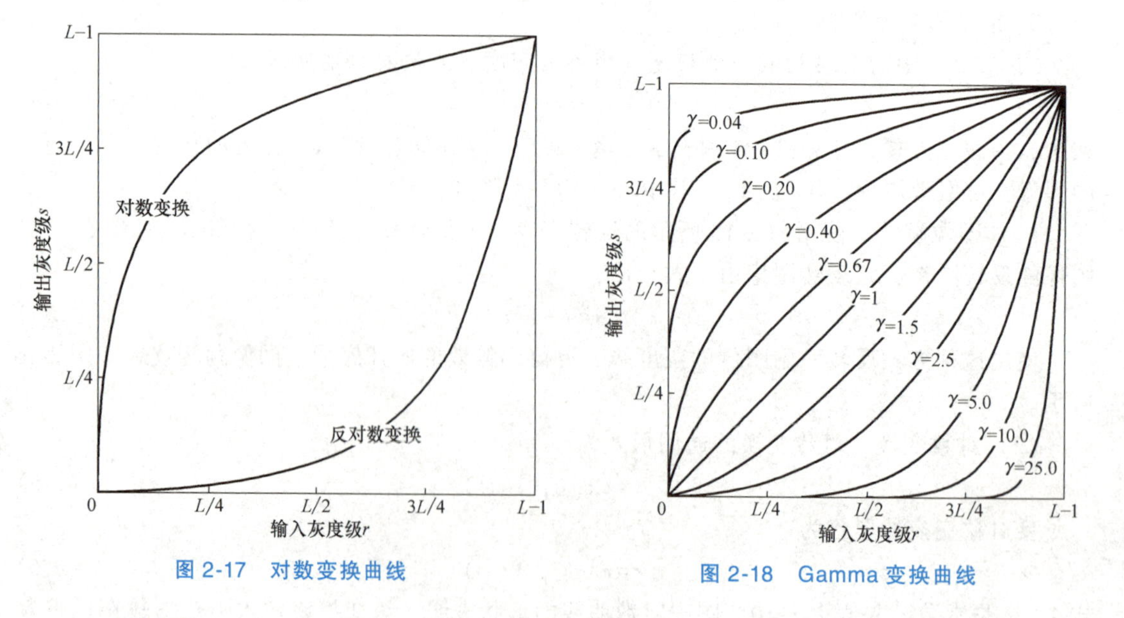

图 2-17　对数变换曲线

图 2-18　Gamma 变换曲线

4. 直方图

直方图是图像的一个信息，就是将像素的分布以图的形式展现出来，即每一个灰度级别有多少个像素值。比如，一幅图像有100个灰度为200的点，那么在灰度为200的直方图的值就为100。将每一个灰度值所包含的点集进行加和就得到了直方图。

直方图的用处还是比较多的，图像的增强就是其中的一个领域。由于数据的传输可能会导致图像对比不清晰，原因也很简单，例如，本来255的灰度可能传过来就变成250了。为了解决这个问题，直方图均衡化处理是一个很好的方法。

直方图均衡化的原理就是将本来分布较为分散的灰度值进行均匀化，使每个级别的像素所含有基本的像素点。如图2-19、图2-20所示分别是对灰度图像均衡化前和均衡化后的直方图。

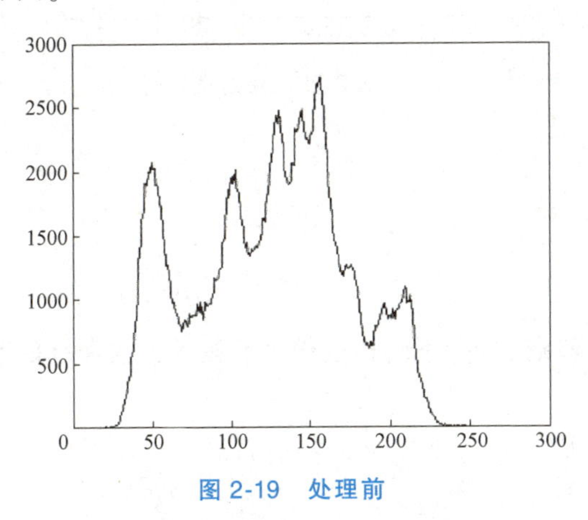

图2-19　处理前

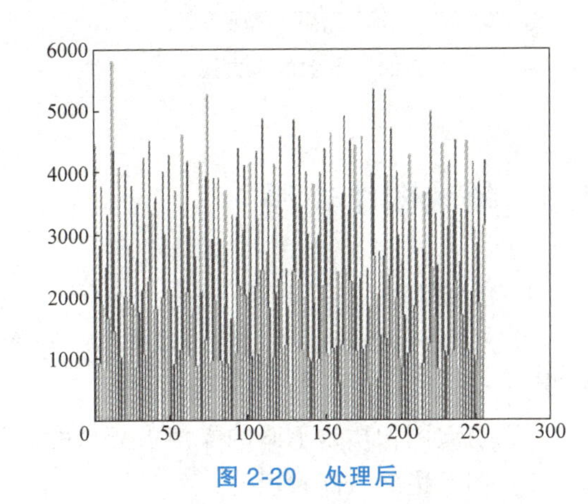

图2-20　处理后

可以看出灰度值的分布明显均衡了很多，如图2-21、图2-22所示是做均衡化前后的图像的对比，可以看出图像清晰了很多。

图2-21　处理前

图2-22　处理后

此外，直方图还用在图像识别领域中，它表示了图像的一定信息。比如相同大小图像的一个十字和一个圆（图2-23）的识别，具体如图2-24、图2-25所示。

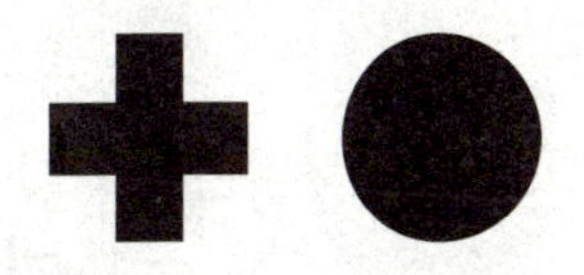

图2-23　示例图

由直方图可以看出在灰度值为255时圆的像素点没有十字的多，所以可以进行分类，其他复杂图像也可以应用这个特性进行分类。将圆和十字的直方图输入分类器，如BP神经网络，就可以得到图像到底是圆还是十字了。

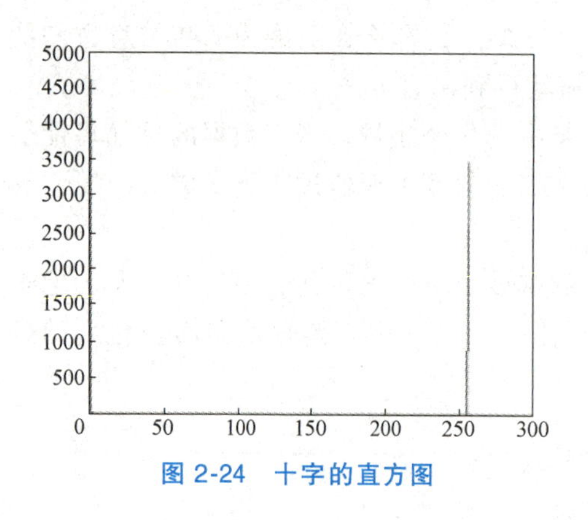

图 2-24　十字的直方图

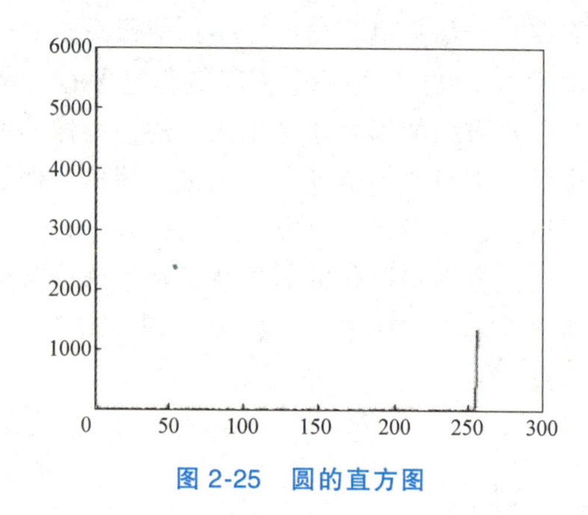

图 2-25　圆的直方图

2.5　频域图像处理

1. 频域处理

频域处理是指根据一定的图像模型，对图像频谱进行不同程度修改的技术，通常有如下假设：

1）引起图像质量下降的噪声占频谱的高频段。

2）图像边缘占高频段。

3）图像主体或灰度缓变区域占低频段。

基于这些假设，可以在频谱的各个频段进行有选择性地修改。

在频率域研究图像增强的考虑（图 2-26）：

1）可以利用频率成分和图像外表之间的对应关系。一些在空间域表述困难的增强任务，在频率域中变得非常普通。

2）滤波在频率域更为直观，它可以解释空间域滤波的某些性质。

3）可以在频率域指定滤波器，做反变换，然后在空间域使用结果滤波器作为空间域滤波器的指导。

4）一旦通过频率域试验选择了空间滤波，通常实施都在空间域进行。

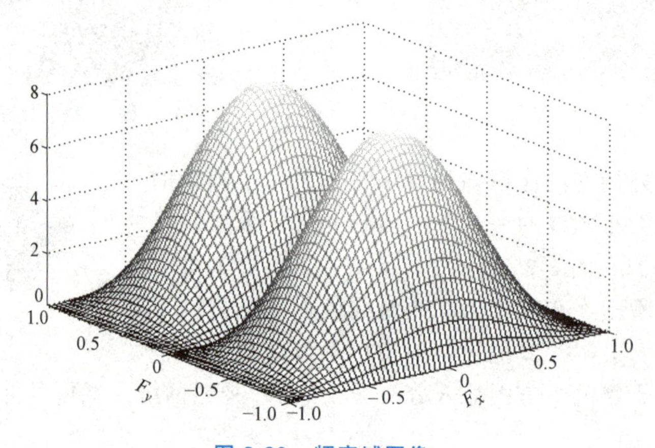

图 2-26　频率域图像

2. 二维傅里叶变换

图像的频率是表征图像中灰度变化剧烈程度的指标，是灰度在平面空间上的梯度。设f是一个能量有限的模拟信号，则其傅立叶变换就表示f的谱。从纯粹的数学意义上看，傅立叶变换是将一个函数转换为一系列周期函数来处理的。从物理效果看，傅立叶变换是将图像从空间域转换到频率域，其逆变换是将图像从频率域转换到空间域。换句话说，傅立叶变换的物理意义是将图像的灰度分布函数变换为图像的频率分布函数，傅立叶逆变换是将图像的频率分布函数变换为灰度分布函数。

（1）二维连续傅里叶变换　如果二维连续函数$f(x,y)$满足狄里赫莱条件，则将有下面的傅立叶变换对存在：

$$F(u,v)=\int_{-\infty}^{+\infty}\int_{-\infty}^{+\infty}f(x,y)\mathrm{e}^{-\mathrm{j}2\pi(ux+vy)}\mathrm{d}x\mathrm{d}y \tag{2-8}$$

$$f(x,y)=\int_{-\infty}^{+\infty}\int_{-\infty}^{+\infty}F(u,v)\mathrm{e}^{\mathrm{j}2\pi(ux+vy)}\mathrm{d}u\mathrm{d}v \tag{2-9}$$

与一维傅立叶变换类似，二维傅立叶变换的傅立叶谱和相位谱为

$$F(u,v)=|F(u,v)|\mathrm{e}^{\mathrm{j}\varphi(u,v)} \tag{2-10}$$

$$|F(u,v)|=\sqrt{R^2(u,v)+I^2(u,v)} \tag{2-11}$$

$$\varphi(u,v)=\arctan\frac{I(u,v)}{R(u,v)} \tag{2-12}$$

$$E(u,v)=|F(u,v)|^2=R^2(u,v)+I^2(u,v) \tag{2-13}$$

式中，$F(u,v)$ 是幅度谱；$\varphi(u,v)$ 是相位谱；$E(u,v)$ 是能量谱。

（2）二维离散傅立叶变换　一个$M\times N$大小的二维函数$f(x,y)$，其离散傅立叶变换对为

$$f(x,y)=\sum_{u=0}^{M-1}\sum_{v=0}^{N-1}F(u,v)\exp[\mathrm{j}2\pi(ux/M+vy/N)] \tag{2-14}$$

其中，$x=0$，1，…，$M-1$，$y=0$，1，…，$N-1$。

$$F(u,v)=\frac{1}{MN}\sum_{u=0}^{M-1}\sum_{v=0}^{N-1}f(x,y)\exp[-\mathrm{j}2\pi(ux/M+vy/N)] \tag{2-15}$$

其中，$u=0$，1，…，$M-1$，$v=0$，1，…，$N-1$。

在数字图像处理中，图像一般取样为方形矩阵，即$N\times N$，则其傅立叶变换及其逆变换为

$$\mathfrak{I}\{f(x,y)\}=F(u,v)=\frac{1}{N^2}\sum_{x=0}^{N-1}\sum_{y=0}^{N-1}f(x,y)\exp\left(-\mathrm{j}2\pi\frac{ux+vy}{N}\right) \tag{2-16}$$

$$\mathfrak{I}^{-1}\{F(u,v)\}=f(x,y)=\sum_{u=0}^{N-1}\sum_{v=0}^{N-1}F(u,v)\exp\left[\mathrm{j}2\pi\left(\frac{ux+vy}{N}\right)\right] \tag{2-17}$$

（3）二维离散傅立叶变换的性质　离散傅立叶变换主要有以下性质：平移性质、分配律、尺度变换（缩放）、旋转性、周期性和共轭对称性、平均性、可分性、卷积、相关性。这里主要简述周期性。离散傅立叶变换有如下周期性性质：

$$F(u,v)=F(u+M,v)=F(u,v+N)=f(u+M,v+N) \tag{2-18}$$

反变换也是周期性的：

$$f(x,y)=f(x+M,y)=f(x,y+N)=f(x+M,y+N) \tag{2-19}$$

频谱也是关于原点对称的：

$$|F(u,v)|=|F(-u,-v)| \tag{2-20}$$

这些等式的有效性是建立在二维离散傅立叶变换公式基础上的。图像的周期性在图像处理中有非常重要的作用，下面会在卷积部分继续阐述周期性的相关内容。

3. 卷积相关知识介绍

卷积特性是傅立叶变换性质之一，共分二个定理：时域卷积定理、频域卷积定理。

（1）时域卷积定理　给定两个时间函数：$f_1(t)$、$f_2(t)$。

已知：

$$f_1(t)\xrightarrow{\text{FT}}F_1(w)$$

$$f_2(t)\xrightarrow{\text{FT}}F_2(w)$$

则

$$f_1(t)\times f_2(t)\xrightarrow{\text{FT}}F_1(w)\cdot F_2(w)$$

即两个时间函数卷积的频谱等于各个时间函数频谱的乘积。

（2）频域卷积定理　给定两个时间函数：$f_1(t)$、$f_2(t)$。

已知：

$$f_1(t)\xrightarrow{\text{FT}}F_1(w)$$

$$f_2(t)\xrightarrow{\text{FT}}F_2(w)$$

则

$$F_1(w)\times F_2(w)\xrightarrow{\text{IFT}}\frac{1}{2\pi}f_1(t)\cdot f_2(t)$$

即两个时间函数频谱的卷积等效于各个时间函数的乘积乘以系数 $1/(2\pi)$。

2.6 彩色图像处理

1. 彩色基础

彩色定义：彩色是物体的一种属性，他依赖于以下三个方面的因素。

1）光源。照射光的谱性质或谱能量分布。

2）物体。被照射物体的反射性质。

3）成像接收器（眼睛或成像传感器）。光谱能量吸收性质。

2. 模型

（1）模型分类

1）彩色模型。彩色模型也称彩色空间或彩色系统，是用来精确标定和生成各种颜色的一套规则和定义，它的用途是在某些标准下用通常可接受的方式简化彩色规范。彩色模型通常可以采用坐标系统来描述，而位于系统中的每种颜色都可由坐标空间中的单个点来表示。

2）RGB 模型。RGB 模型是工业界的一种颜色标准，通过对红绿蓝三个颜色亮度的变化以及它们相互之间的叠加来得到各种各样的颜色，该标准几乎包括了人类视觉所能感知的所有颜色，是目前运用最广的颜色模型之一。

3）CMY 模型。CMY 模型采用青、品红、黄三种基本原色按一定比例合成颜色的方法。由于色彩的显示不是直接来自于光线的色彩，而是光线被物体吸收掉一部分之后反射回来的剩余光线所产生的，因此 CMY 模型又称减色法混合模型。

4）HSI 模型。HSI 模型是从人的视觉系统出发，直接使用颜色三要素：色调（hue）、饱和度（sturation）和亮度（intensity，有时也翻译作密度或灰度）来描述颜色。

5）HSV 模型。HSV 模型是人们用来从调色板或颜色轮中挑选颜色（例如颜料、墨水等）所采用的彩色系统之一。HSV 表示色调、饱和度和数值。该系统比 RGB 更接近于人们的经验和对彩色的感知。

6）YUV 模型。YUV 模型中 Y 代表亮度、U、V 代表色差，是构成彩色的两个分量。采用 YUV 模型的一个主要优势是它的亮度信号 Y 和色度信号 U、V 是分离的。如果只有 Y 信号分量而没有 U、V 分量，那图像就是黑白灰度图。

7）YIQ 模型。YIQ 模型是北美 NTSC 彩色制式，主要用于美国的电视系统。这种形式和欧洲的 YUV 模式有相同的优势：灰度信息和彩色信息是分离的。其中亮度表示灰度，而色调和饱和度则存储彩色信息。

8）Lab 模型。Lab 模型是由 CIE（国际照明委员会）制定的一种彩色模式，这种模型与设备无关，它弥补了 RGB 模型和 CMY 模型必须依赖于设备颜色特性的不足。此外，自然界中任何色彩都可在 Lab 空间表达出来，这就意味着 RGB 以及 CMY 所能描述的颜色信息在 Lab 中都能得以映射。其中 L 代表亮度；a 的正数代表红色，负端代表绿色；b 的正数代表黄色，负端代表蓝色。

（2）基本属性

1）亮度。亮度是指人感觉光的明暗程度。光的能量越大，亮度越大。

2）色调。色调是彩色最重要的属性，决定颜色的本质，由物体反射光线中占优势的波长来决定，不同的波长产生不同的颜色感觉。

3）饱和度。饱和度是指颜色的深浅和浓淡程度，饱和度越高，颜色越深。饱和度的深浅和白色的比例有关，白色比例越多，饱和度越低。

（3）模型间的转换

1）RGB 与 CMY 之间的转换。在 Matlab 中可以通过 imcomplement（）函数方便的实现 RGB 和 CMY 之间的相互转换。示例代码如下：

```
cmy = imcomplement( rgb) ;
rgb = imcomplement( cmy) ;
```

2）从 RGB 到 HSI 的彩色转换及其实现。示例代码如下：

```
figure;
  subplot(1,2,1) ;
  rgb = imread('plane. bmp') ;
  imshow( rgb) ;title('RGB') ;
  subplot(1,2,2) ;
  hsi = rgb2hsi( rgb) ;
  imshow( hsi) ;title('HSI') ;
```

运行效果如图 2-27 所示。

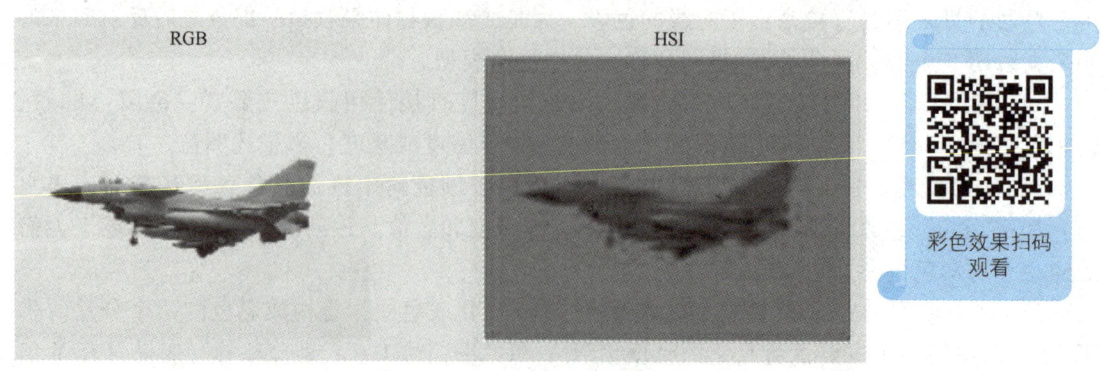

图 2-27　从 RGB 到 HSI 的彩色转换

3）从 HSI 到 RGB 的彩色转换及其实现。示例代码如下：

```
figure
    subplot(1,2,1);
    hsi=imread('plane.bmp');
    imshow(hsi);title('HSI');
    subplot(1,2,2);
    rgb=hsi2rgb(hsi);
    imshow(rgb);title('RGB');
```

运行效果如图 2-28 所示。

图 2-28　从 HSI 到 RGB 的彩色转换

4）从 RGB 到 HSV 的转换及其实现。输入的 RGB 图像可以是 uint8、uint16 或 double 类型的，输出图像 HSV 为 $M×N×3$ 的 double 类型。

3. 全彩色图像处理基础

全彩色图像处理技术可以分为两大类：

1）对 3 个平面分量单独处理，然后将分别处理过的三个分量合成彩色图像，对每个分量的处理技术可以应用到对灰度图像处理的技术上。

2）直接对彩色像素进行处理。因为全彩色图像至少有 3 个分量，彩色像素实际上是一个向量，直接处理就是同时对所有分量进行无差别的处理。

4. 彩色补偿及其 Matlab 实现

有些图像处理任务的目标是根据颜色分离出不同类型的物体。但由于常用的彩色成像设备具有较宽且相互覆盖的光谱敏感区，加之待拍摄图像的颜色是变化的，所以很难在 3 个分量图中将物体分离出来，这种现象称为颜色扩散。彩色补偿的作用就是通过不同的颜色通道提取不同的目标物。示例代码如下：

```
im=double(imread('plane.bmp'));
subplot(1,2,1);
imshow(uint8(im));
title('原始图');
[m,n,p]=size(im);
[h1,k1]=min(255-im(:,:,1)+im(:,:,2)+im(:,:,3));
[j1,minx]=min(h1);
i1=k1(j1);%提取图像中最接近红色的点,其在 im 中的坐标为 i1,j1
r1=im(i1,j1,1);
g1=im(i1,j1,2);
b1=im(i1,j1,3);
R=0.30*r1+0.59*g1+0.11*b1;
[h2,k2]=min(255-im(:,:,2)+im(:,:,1)+im(:,:,3));
[j2,minx]=min(h2);
i2=k2(j2);%提取图像中最接近绿色的点,其在 im 中的坐标为 i2,j2
r2=im(i2,j2,1);
g2=im(i2,j2,2);
b2=im(i2,j2,3);
G=0.30*r2+0.59*g2+0.11*b2;
[h3,k3]=min(255-im(:,:,3)+im(:,:,1)+im(:,:,2));
[j3,minx]=min(h3);
i3=k3(j3);%提取图像中最接近绿色的点,其在 im 中的坐标为 i2,j2
r3=im(i3,j3,1);
g3=im(i3,j3,2);
b3=im(i3,j3,3);
B=0.30*r3+0.59*g3+0.11*b3;
A1=[r1 r2 r3
    g1 g2 g3
    b1 b2 b3];
A2=[R 0 0
    0 G 0
    0 0 B];
C=A1*inv(A2);
for i=1:m
    for j=1:n

        imR=im(i,j,1);
```

```
            imG=im(i,j,2);
            imB=im(i,j,3);
            temp=inv(C) * [imR;imG;imB];
            S(i,j,1)=temp(1);
            S(i,j,2)=temp(2);
            S(i,j,3)=temp(3);
        end
    end
    S=uint8(S);
    subplot(1,2,2);
    imshow(S);
    title('补偿后');
```

运行效果如图 2-29 所示。

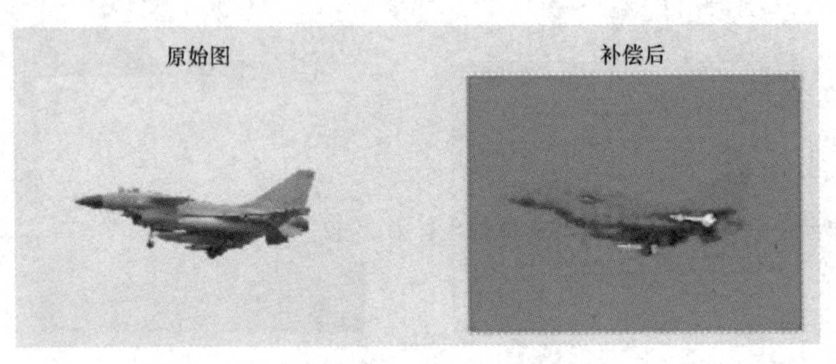

彩色效果扫码观看

图 2-29　彩色补偿

5. 彩色平衡及其 Matlab 实现

一幅彩色图像数字化后，在显示时颜色经常看起来有些不正常。这是颜色通道的不同敏感度、增光因子和偏移量等原因导致的，称其为三基色不平衡。将之校正的过程就是彩色平衡。

示例代码如下：

```
im=double(imread('plane.bmp'));
[m,n,p]=size(im);
F1=im(1,1,:);
F2=im(1,2,:);
F1_(1,1,1)=F1(:,:,2);
F1_(1,1,2)=F1(:,:,2);
F1_(1,1,3)=F1(:,:,2);
F2_(1,1,1)=F1(:,:,2);
F2_(1,1,2)=F1(:,:,2);
F2_(1,1,3)=F1(:,:,2);
K1=(F1_(1,1,1)-F2_(1,1,1))/(F1(1,1,1)-F2(1,1,1));
K2=F1_(1,1,1)-K1 * F1(1,1,1);
```

```
L1=(F1_(1,1,3)-F2_(1,1,3))/(F1(1,1,3)-F2(1,1,3));
L2=F1_(1,1,3)-L1*F1(1,1,3);
for i=1:m
    for j=1:n
        new(i,j,1)=K1*im(i,j,1)+K2;
        new(i,j,2)=im(i,j,2);
        new(i,j,3)=L1*im(i,j,3)+L2;
    end
end
im=uint8(im);
new=uint8(new);
subplot(1,2,1);
imshow(im);
title('原始图');
subplot(1,2,2);
imshow(new);
title('平衡后');
```

运行效果如图 2-30 所示。

图 2-30　彩色平衡

2.7　形态学图像处理

形态学图像处理（简称形态学）是指一系列处理图像形状特征的图像处理技术。基本思想是用具有一定形态的结构元素去度量和提取图像中的对应形状以达到对图像分析识别的目的。

形态学图像处理的数学基础和所用语言是集合论，其应用可以简化图像数据，保持它们基本的形状特性，并除去不相干的结构。形态学图像处理的基本运算有：膨胀、腐蚀、开操作和闭操作。

1. 膨胀

膨胀是在二值图像中“加长”或“变粗”的操作。这种特殊的方式和变粗的程度由一个称为结构元素的集合控制。实际就是将结构元素的原点与二值图像中的 1 重叠，将二值图像中重叠部分不是 1 的值变为 1，完成膨胀。

公式：

A 和 B 是两个集合，A 被 B 膨胀定义为

$$A \oplus B=\{z \mid (\hat{B})_z \cap A \neq \phi\} \tag{2-21}$$

公式解释：

1）B 的反射进行平移与 A 的交集不为空。

2）B 的反射：相对于自身原点的镜像。

3）B 的平移：对 B 的反射进行位移。

具体如图 2-31 所示。

其中：

1）膨胀运算只要求结构元素的原点在目标图像的内部平移，换句话说，当结构元素在目标图像上平移时，允许结构元素中的非原点像素超出目标图像的范围。

2）膨胀运算具有扩大图像和填充图像中比结果元素小的成分的作用，因此在实际应用中可以利用膨胀运算连接相邻物体和填充图像中的小孔和狭窄的缝隙。

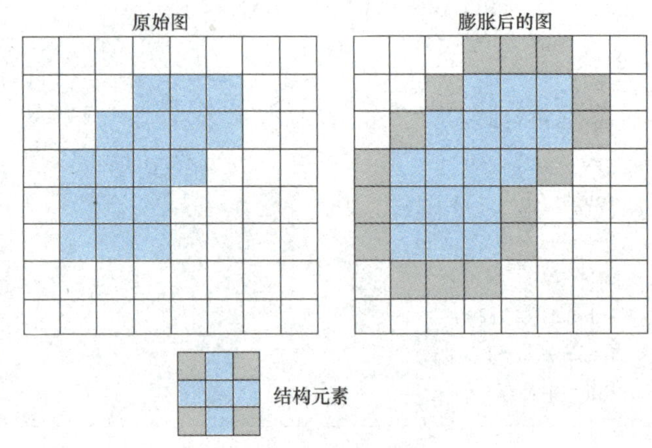

图 2-31　膨胀示意图

代码示例如下：

```
A = imread('D:\数字图像处理\Fig0906(a).tif');
B = [0 1 0; 1 1 1; 0 1 0];  %指定结构元素由 0 和 1 组成的矩阵
A2 = imdilate(A, B);        %二值图像
subplot(1,2,1), imshow(A);title('原始图');
subplot(1,2,2), imshow(A2);title('膨胀后的图');
```

结果如图 2-32 所示。

图 2-32　膨胀结果

2. 腐蚀

与膨胀相反，对二值图像中的对象进行“收缩”或“细化”。实际上是将结构元素的原点覆盖在每一个二值图像的 1 上，只要二值图像上有 0 和结构元素的 1 重叠，那么与原点重

叠的值为 0，同样由集合与结构元素完成。具体如图 2-33 所示。

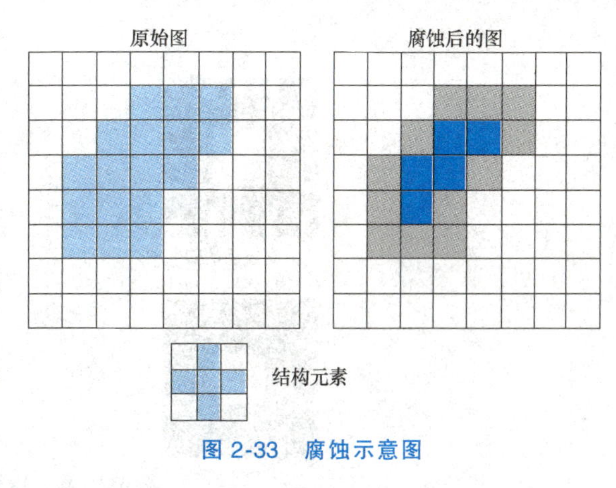

图 2-33　腐蚀示意图

公式：

A 和 B 是两个集合，A 被 B 腐蚀定义为

$$A\Theta B=\{z\mid(B)_z\subseteq A\} \qquad (2\text{-}22)$$

其中：

1）被 B 腐蚀是包含在 A 中的 B 由 z 平移的所有点 z 的集合。

2）B 包含在 A 中的声明相当于 B 不共享 A 背景的任何元素。

其中：

1）当结构元素中原点位置不为 1（也即原点不属于结构元素时），也要把它看作是 1，也就是说，当在目标图像中找与结构元素 B 相同的子图像时，也要求子图像中与结构元素 B 的原点对应的那个位置的像素的值是 1。

2）腐蚀运算要求结构元素必须完全包括在被腐蚀图像内部：换句话说，当结构元素在目标图像上平移时，结构元素中的任何元素不能超过目标图像范围。

3）腐蚀运算的结果不仅与结构元素的形状选取有关，而且还与原点位置的选取有关。

4）腐蚀运算具有缩小图像和消除图像中比结构元素小的成分的作用，因此在实际应用中，可以利用腐蚀运算去除物体之间的粘连，消除图像中的小颗粒噪声。

代码示例如下：

```
f = imread('D:\数字图像处理\Fig0908(a).tif');
se = strel('disk', 10);
g = imerode(f, se);
se = strel('disk', 5);
g1 = imerode(f, se);
g2 = imerode(f, strel('disk', 20));
subplot(2,2,1), imshow(f);title('(a)原图像');
subplot(2,2,2), imshow(g);title('腐蚀后的图(结构元素半径为 5)');
subplot(2,2,3), imshow(g1);title('腐蚀后的图(结构元素半径为 10)');
subplot(2,2,4), imshow(g2);title('腐蚀后的图(结构元素半径为 20)');
```

代码运行结果如图 2-34 所示。

3. 开操作和闭操作

开操作和闭操作都是由膨胀和腐蚀复合而成，开操作是先腐蚀后膨胀，闭操作是先膨胀后腐蚀。一般来说，开操作使图像的轮廓变得光滑，断开狭窄的连接和消除细毛刺。闭操作同样使得轮廓变得光滑，但是与开操作相反，它通常能够弥合狭窄的间断，填充小的孔洞。

如图 2-35 所示，分别是原始图、闭运算后、开运算后。

其他一些基本的形态学变换算法，例如平滑、边界提取、孔洞填充、凸壳、连通提取等，就不再详细介绍了。

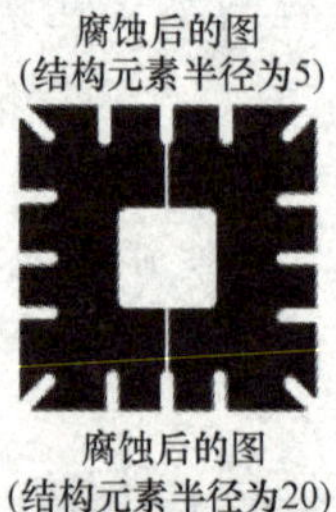

图 2-34　腐蚀结果

图 2-35　开操作和闭操作

思考与练习

1. 什么是图像？什么是数字图像？
2. 请简要描述图像分析的过程。
3. 在图像采样的过程中怎样提高图像质量？
4. 图像采样可以分为哪几类？分别简述其原理。
5. 什么是图像的量化？
6. 直方图有哪些分类？

第3章　机器视觉硬件系统

知识目标

√ 熟悉机器视觉系统的主要硬件构成
√ 掌握机器视觉系统主要硬件的工作原理与性能
√ 掌握机器视觉系统硬件解决方案的选型

技能目标

√ 能够对相机、镜头、光源的硬件选型进行性能指标的公式计算
√ 学会对一般工业应用进行视觉系统硬件方案选型

3.1　工业相机介绍

3.1.1　引言

机器视觉系统是由图像采集、图像处理以及信息综合分析处理三个模块构成。而工业相机则是机器视觉系统当中图像采集模块的核心部件，对于机器视觉系统选型来说是至关重要的。在工业相机选型时，也会涉及相机的类型、定位、参数、传输接口、光学接口等多方面的信息和内容。

3.1.2　工业相机简介

一般来说，工业相机主要由图像传感器、内部处理电路、数据接口、IO 接口、光学接口等几个基本模块组成，如图 3-1 所示。当相机在进行拍摄时，光信号首先通过镜头到达图像传感器，然后被转化为电信号，再由内部处理电路对图像信号进行算法处理，最终按照相关标准协议通过数据接口向上位机传输数据。IO 接口则提供相机与上下游设备的信号交互，如可以使用输入信号触发相机拍照，相机输出频闪信号控制光源亮起等。

结合工业相机构成的几大基本模块及不同的选型维度来看，工业相机一般可按以下标准分类：

1）传感器类型。面阵相机、线阵相机，彩色相机、黑白相机，CCD 相机、CMOS 相机等。

2）数据接口类型。网口相机、USB 3.0 相机、万兆网口相机、Camera Link 相机、CoaXPress 相机等。

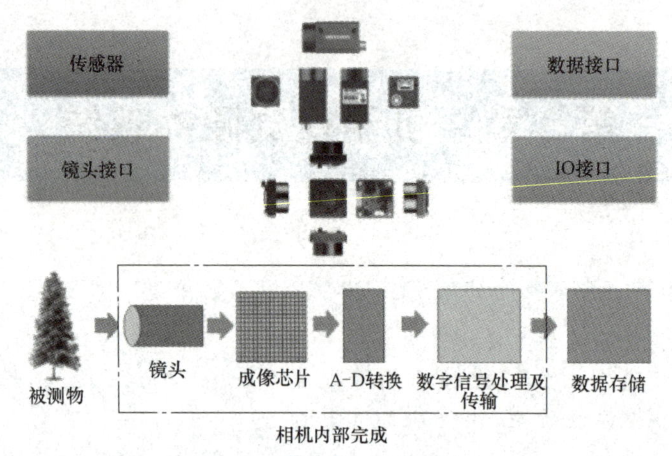

图 3-1　典型的工业相机构成

3）光学接口类型。C 口相机、CS 口相机、M12 口相机、F 口相机、M58 口相机等。

3.1.3　传感器介绍

目前，市面上主流的传感器厂商包括 Sony、ONSemi、Gpixel、AMS 等。机器视觉系统制造商将图像传感器与各具特色的硬件电路集成起来，开发了图像处理功能，为用户提供了丰富的选择。依据不同的分类标准，行业也针对不同类型的传感器做出了技术区分。

1. 传感器类型

一般来说，相机传感器按元器件类型不同，可分为 CCD（Charged Coupled Device，电荷耦合元件）和 CMOS（Complementary Metal-Oxide Semiconductor，金属氧化物半导体元件）两类。

其中，CCD 的工作原理是将光信号转换成电信号，并按顺序传送到一个共同输出结构，然后把电荷转换成电压，接着再将这些信号送到缓冲器并存储。

CCD 图像传感器中的像素最主要的结构为金属氧化物半导体电容，由 P 型半导体和二氧化硅组合而成，其中二氧化硅为绝缘体。

CCD 摄像机在工作范围内是线性的。由于热噪声（这就是天文学家冷却相机的原因），它们对零输入的响应很小，但不是零（这就是为什么天文学家会冷却相机），它们对非常明亮的刺激会饱和。CCD 相机通常含有电子设备，可以将其输出进行转换，使其表现得更像胶片。移动不变性也是近似的，因为透镜倾向于扭曲图像边界附近的响应。

而 CMOS 芯片是将光信号转化成电信号，并直接集成在芯片上，因此电子元件能够快速地读取成像数据。一般来说，CMOS 读取速度比 CCD 更快。

CMOS 图像传感器的像素结构可以分为有源像素和无源像素，有源指的是像素内部有信号放大功能，反之则是无源。

CCD 与 CMOS 在不同的应用场景下各有优势，见表 3-1。CCD 由于其特有的工艺，具备低照度效果好、信噪比高、通透感强、色彩还原能力佳等优点，可广泛应用在屏幕检测、交通、医疗等高端领域中。但同时由于其成本高、功耗大也制约了其市场发展的空间。随着 CMOS 工艺和技术的不断提升，以及高端 CMOS 价格的不断下降，在机器视觉行业中，CMOS 将占据越来越重要的地位。

表 3-1　CCD 和 CMOS 的对比一览表

对比项	CCD	CMOS
设计技术	单一感光器	感光器连接放大器
灵敏度	较高	感光开口小，灵敏度低
成本	电路品质影响程度高，成本高	CMOS 整合集成，成本低
解析度	连接复杂度低，解析度高	具有极高的解析度
噪点比	单一放大，噪点低	百万放大，噪点高
功耗比	需外加电压，功耗高	直接放大，功耗低
信息读取方式	需要外部电压控制，复杂	直接读取电流信号，简单
信息读取速度	较慢	是 CCD 的 10 倍以上
曝光方式	全局快门	卷帘、全局快门均有

2. 快门类型

快门是一种用于控制感光元件或胶片曝光时间的机械装置。快门的工作原理如图 3-2 所示，为了保护相机内的感光元件或胶片不至于曝光，快门总是关闭的。设定好快门速度后，只要按下相机的快门释放钮，在快门开启与闭合的时间内，通过镜头的光线会使相机内的感光元件或胶片获得正确的曝光。

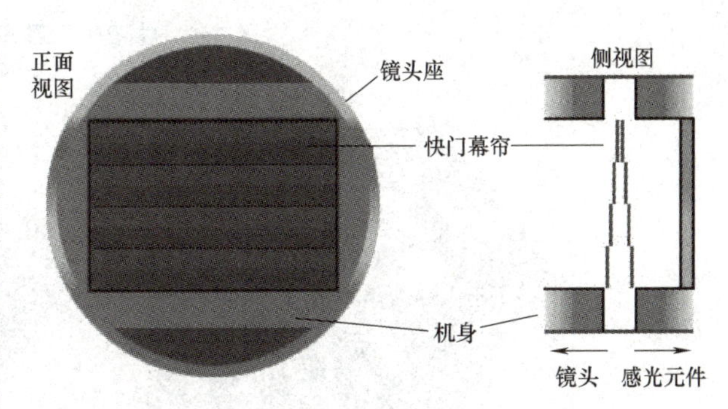

图 3-2　快门的工作原理

传感器按曝光形式不同，分为全局快门（Global Shutter）和卷帘快门（Rolling Shutter）。一般来说，CCD 传感器都是全局快门，CMOS 传感器有全局快门和卷帘快门两种。

全局快门是指整个芯片的每行像素全部同时进行曝光，每一行像素的曝光开始和结束时间相同。曝光完成后，数据开始逐行读出。相机传感器曝光、数据读出的时间长度一致，但结束数据读出的时刻不一致，如图 3-3 所示。

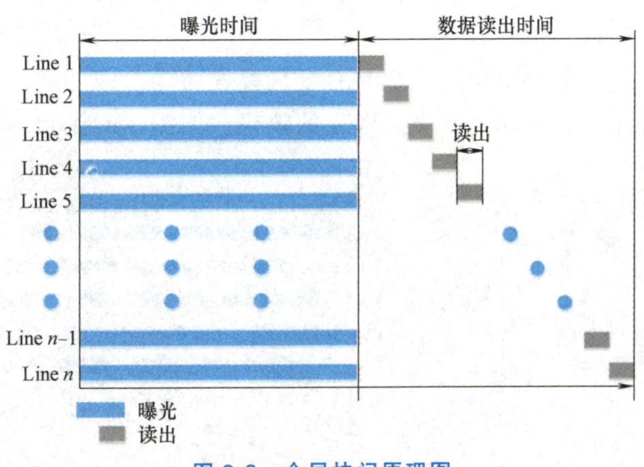

图 3-3　全局快门原理图

卷帘快门是指芯片开始曝光的时候，每行均按照顺序依次开始曝光。第一行曝光结束后，便立即开始读出数据，数据完全读出后，下一行再开始读出数据，如此循环。不同行的像素曝光开始和结束时间不同，如图 3-4 所示。

在拍摄运动物体时，全局快门和卷帘快门的效果有较大差异。若采用全局快门方式曝光，所有像素在同一时间段内曝光，会将物体“冻结”拍摄。而采用卷帘快门时，由于不同行像素曝光的开始时间和结束时间均有差异，则会出现图像弯曲变形的现象，如图 3-5 所示。

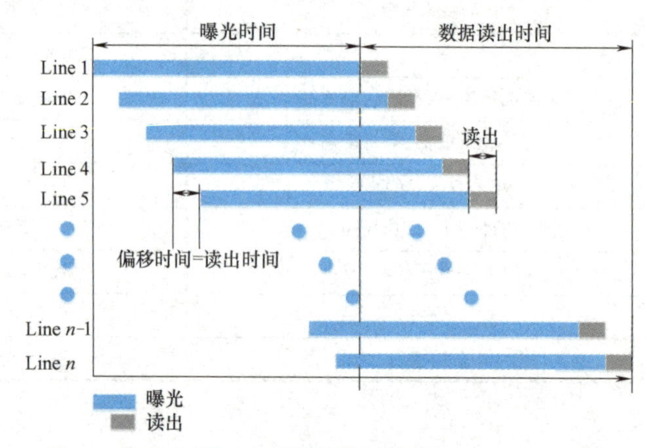

图 3-4　卷帘快门原理图

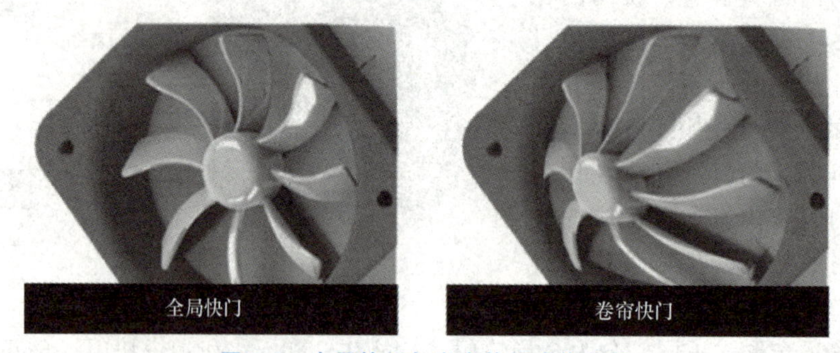

图 3-5　全局快门与卷帘快门成像差异

因此，卷帘快门相机主要应用于静态或者低速场合，全局快门则常常应用于动态场合，如高速飞拍等。

部分卷帘快门相机具有全局模式功能，该功能通过将图像各行的曝光时间点控制到同一起始点，从而达到全局曝光的效果，如图 3-6 所示。

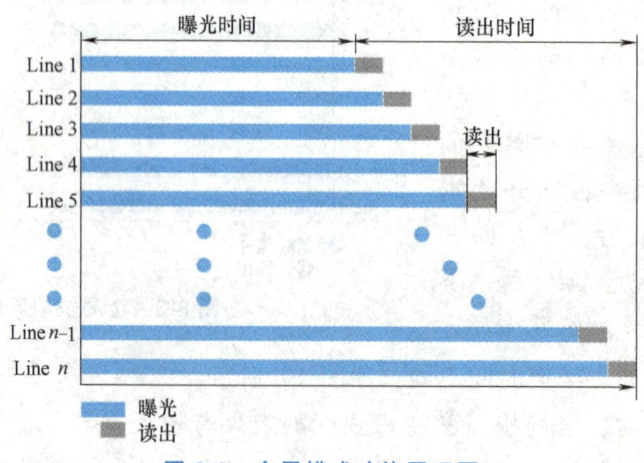

图 3-6　全局模式功能原理图

3.1.4　数据接口介绍

工业相机按数据接口类型可分为千兆网（GigE）、万兆网（10GigE）、USB 3.0、Camera Link、CoaXPress 等多种类型的数据传输接口。不同的数据接口有不同的特性，用户可以从线缆长度、传输速度、延迟、架设复杂度、成本等多方面的对比来进行选择。

1. 千兆网接口

千兆以太网作为高速以太网技术之一，目前已成为工业图像处理中的一项成熟技术。作为目前通用的数字接口，节省了大量的系统成本。千兆网接口工业相机遵循 GigE Vision 协议，可与千兆以太网标准定义的物理接口协同工作，清晰的逻辑设计可以使相机轻松集成到图像处理程序中，如图 3-7 所示。

图 3-7　GigE 接口及对应相机示意图

GigE Vision 千兆以太网特性如下。

1）速度：1Gbit/s。

2）电缆长度：数据无损失情况下，无中继传输最远可达 100m，传输效率高。

3）线缆：超五类或六类网线。

GigE Vision 是由 AIA 制定的通信协议，用来实现在机器视觉领域利用千兆以太网接口进行图像的高速传输。该标准基于 UDP 协议，与普通网络数据包不同之处在于应用层协议，应用层协议采用 GVCP（GigE Vision 控制协议）和 GVSP（GigE Vision 流传输协议），分别用来对相机进行配置和数据流的传输。图像采集系统软件的实现就是基于这两种协议。图 3-8 所示为 OSI 协议、TCP/IP 协议和 GigE Vision 协议的对比。

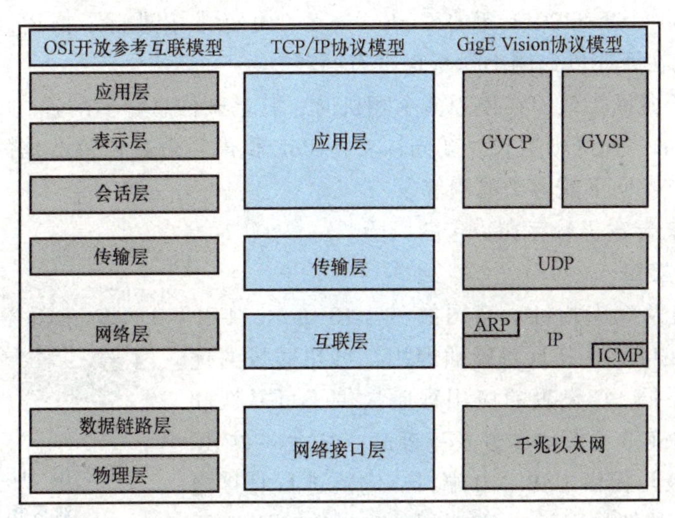

图 3-8　三种网络协议模型比较

优点：①千兆网可以匹配 PC 硬件上的标准网络接口。②在使用多个相机时，基础信息较为容易配置。③传输距离长，可以满足绝大部分机器视觉应用场景。④具备一种特殊的供电方式—PoE 供电，可在传输数据的同时，为相机提供直流供电，无需另接电源线，更加方便。⑤同样的架设环境下，只需更换网卡和网线就可实现千兆到万兆网的升级。

局限性：①带宽<1Gbit/s，高分辨率的相机在千兆网环境下，帧率十分受限。②UDP 传输存在丢包的风险。

2. 万兆网接口

除了传统的千兆网以外，万兆网接口（10GigE Vision）也在以太网为基础的传输环境中有应用，在搭配万兆网采集卡和线缆环境后，整套环境能够提供 10 倍于千兆网的带宽，可以满足市场高分辨率、高帧率的需求。与千兆网相同，用户在不更改应用程序软件的情况下，可以将一台兼容 GigE Vision 的相机进行更替，使软件兼容更多型号相机，减少开发和维护成本，万兆网接口及对应相机示意图如图 3-9 所示。

图 3-9　万兆网接口及对应相机示意图

GigE Vision 万兆以太网特性：

1）速度：10Gbit/s。

2）电缆长度：图像无损失情况下，无中继传输最远可达 100 米，传输效率高。

3）线缆：超六类网线。

万兆网接口标准允许在主流工业图像处理中使用高分辨率传感器和非常高的帧速率。通过将带宽提高 10 倍至 1.1Gbit/s，已建立的通用 GigE Vision 标准仍然支持下一代应用。10GigE Vision 比 Camera Link Full 快 35%。除了高带宽外，延迟（即从主机请求到响应到达之间的延迟）也得到了显著改善，提高至 5~50μs。

万兆以太网在大型数据中心已经建立多年，技术成熟。许多供应商可提供高质量且经过测试的网络组件，如交换机和适配卡。这种常见的产品可以直接在工业图像处理环境中使用。10 GigE Vision 已经在 2011 年的 GigE Vision 2.0 标准中进行了描述，符合 GigE Vision 1.0 标准的摄像机在万兆以太网上运行也没有问题。

优点：①与千兆网类似，在使用多个相机时，其基础信息容易配置。②传输距离长，无中继传输可达 100m，光纤则更长。③同样支持 PoE 供电，可在传输数据的同时，还能为相机提供直流供电。④向下兼容千兆网等。

局限性：UDP 传输仍然存在丢包的风险。

3. USB 3.0 接口

USB 3.0 接口及对应相机示意图如图 3-10 所示。USB 3.0 理想带宽是 5Gbit/s，其具备即插即用，可热插拔的优势，这为依赖于不同 PC 设置的应用程序提供了可靠性和灵活性。同时，USB 3.0 的硬件普及率极高，从大多数 PC 至微型嵌入式主板均提供 USB 3.0 端口。它能进行直接内存访问（DMA），能够将用于数据传输的 CPU 负载降至最低，这意味着将有更多的计算空间提供给数据库和 SDK 软件。此外，USB 3.0 可向下兼容 USB 2.0。

图 3-10　USB 3.0 接口及对应相机示意图

USB 3.0 特性：

1）速度：5Gbit/s。

2）电缆长度：图像无损失情况下，最长可达 3m，5m 以上的 USB 线缆建议用光纤线。

3）线缆：Micro USB 3.0（B 型）线缆。

优点：①USB 3.0 是 PC 上标准的硬件接口，无需另配采集卡，即插即用，便于使用。②具备低 CPU 负载，信号延迟和抖动（实时功能），以及低能耗和挂起模式的能源管理等功能。③采用一根线缆解决方案（通过 USB 3.0 电缆供电）。

局限性：①USB 3.0 信号在线缆较长时会有衰减，一般建议使用 3m 内线缆，5m 以上的 USB 线缆建议用光纤线。②普通线缆的抗干扰能力比较弱。

4. CameraLink 接口

CameraLink 是高速、高稳定性的数据接口，它能够提供最高 6.8Gbit/s 的数据带宽。此外，它还具备高数据安全性的特点。CameraLink 解决方案中的所有组件（线缆、采集卡等）都必须遵守 CameraLink 标准。符合此标准的线缆、连接器和图像采集卡通常不用于除图像处理以外的应用程序。其接口示意图如图 3-11 所示。

图 3-11　CameraLink 接口及对应相机示意图

CameraLink 协议是一种专门针对机器视觉应用领域的串行通信协议，它使用低压差分信号（LVDS）进行数据的传输和通信。CameraLink 标准是在 ChannelLink 标准的基础上多加了 6 对差分信号线，其中 4 对用于并行传输相机控制信号，另外 2 对用于相机和图像采集卡之间的串行通信（本质就是 UART 的两根线）。CameraLink 标准由美国自动化工业学会（AIA）定制、修改并发布，其解决了接口高速传输的问题，标准的相机控制信号如图 3-12 所示。

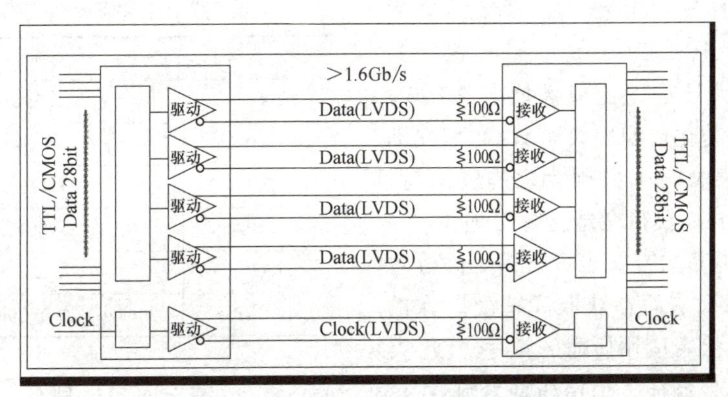

图 3-12　CameraLink 标准的相机控制信号

相机电源并不是由 CameraLink 连接器提供的，而是通过一个单独的连接器提供。

目前，CameraLink 具备 Base、Medium、Full、80-bit 等配置模式。不同配置模式下可提供的最大带宽如下：

Base：双通道，2.04Gbit/s。

Medium：四通道，4.08Gbit/s。

Full：八通道，5.44Gbit/s。

80-bit：十通道，6.8Gbit/s。

该接口可使用 1 或 2 根 CameraLink 线传输数据。使用 2 根时，CameraLink 线缆长度需保持一致。使用采集卡时，建议使用 PCIE×8 及以上插槽。在 Medium、Full 或 80-bit 模式下，2 根 CameraLink 线型号要保持一致，否则图像数据会有异常。

表 3-2 为 CameraLink 接口 4 种常见的配置模式下的对比。

表 3-2 CameraLink 的不同配置模式

配置	支持的端口	芯片	接口数目	有效的数据带宽
Base	A,B,C	1	1	85M×8×3＝ 2. 04Gbit/s
Medium	A,B,C,D,E,F	2	2	85M×8×6＝ 4. 08Gbit/s
Full	A,B,C,D,E,F,G,H	3	2	85M×8×8＝ 5. 44Gbit/s
80-bit	A,B,C,D,E,F,G,H,I,J	3	2	85M×10×8＝6. 8Gbit/s

优点：①CameraLink 接口协议稳定、标准，且具备高数据流。②采用一根线缆解决方案（CameraLink 供电）。③有三种不同尺寸的连接件可供选择，直连图像数据延迟低。

局限性：①需要搭配 CameraLink 的图像采集卡，外围设备价格较高（采集器和线缆）。②线缆长度受限，通常使用的线缆长度仅为 7m。③综合环境架设复杂度较高。

5. CoaXPress 接口

CoaXPress 是一种非对称的高速点对点串行通信数字接口标准，是专为机器视觉行业开发的一种数字接口规范。对于需要高分辨率成像以及图像快速传输到主机的机器视觉应用，该标准的高速高带宽数据传输能力可谓理想的解决方案。该标准允许设备（如数字相机）通过单根同轴电缆连接到主机（如个人电脑中的数据采集设备），以高达 6. 25Gbit/s 的速度传输数据。

CoaXPress 于 2009 年推出，多年发展后于 2015 年发布 4x CXP-6 版本，见表 3-3。CoaXPress 标准由日本工业成像协会（JIIA）管理。JIIA 由自动化成像协会（AIA）和欧洲机器视觉协会（EMVA）共同为之提供支持。2011 年，CoaXPress 获得全球化标准地位。

表 3-3 CoaXPress 拥有的版本

版本名	比特率
CXP-1	1. 25Gbit/s
CXP-2	2. 5Gbit/s
CXP-3	3. 125Gbit/s
CXP-4	5Gbit/s
CXP-5	6. 25Gbit/s
4x CXP-6	25Gbit/s(6. 25Gbit/s 每条线路)

CoaXPress 更高的带宽也可支持更高分辨率的传感器应用，从而在获取高精度图像的同时，仍可满足给定应用所需的帧率。此类成像系统的应用示例如：采用快速移动无人机（UAV）拍摄大面积区域的航拍和监控，或高速列车铁轨及电力线检测系统。CoaXPress 的超低延迟也可在智能交通系统（ITS）应用中进行车辆跟踪和公路控制。基于低延迟和高分辨率图像的医疗应用（如远程外科手术系统）也可因 CoaXPress 相机受益，如图 3-13、图 3-14 所示。

CoaXPress 接口特性：

1）速度：CXP-6 单通道最大传输速率可达到 6. 25Gbit/s，CXP-12 可以升级到 12. 5Gbit/s。

2）长度：一般传输距离在 35～105m，但不同供应商、线缆传输距离会有不同。

3）线缆：CXP-6、CXP-12 线缆，线缆的相机端采用 DIN 接口，采集卡端的接口需要根据采集卡型号来配套选择。可使用 1、2、4 根 CoaXPress 线传输数据。

优点：①一线多用，包括图像数据传输、相机信号控制、触发信号以及电源供电等。②支持热插拔，具备灵活的多相机方案，易用性和可靠性很高。③同时拥有高带宽和远距离传输的优点。④抗干扰能力强。

图 3-13　CoaXPress 相机

图 3-14　CoaXPress 接口

局限性：①需要搭配特定的 CoaXPress 图像采集卡，需搭配比 CameraLink 更高价的外部设备（采集器和线缆）。②综合环境架设复杂度较高。

6. 数据接口对比

目前，工业相机的数字接口多种多样，以上的介绍仅为常用的几个接口，但是可以肯定的是，随着视觉技术的发展，更高的分辨率和更高采集速率的需求，某些接口会因其局限性而逐渐被取代（如 USB2.0、FireWire 等），具体数据接口对比见表 3-4。

表 3-4　数据接口对比

接口项目	千兆	万兆	USB 3.0	CameraLink	CoaXPress
速度/(Gbit/s)	0.1	1	0.3	0.64	2.56(4 根)
距离/m	100(双绞线) >100(光纤)	100(双绞线) >100(光纤)	5(标准无源电缆) >5(光纤)	10	45(CXP-6) 35(CXP-12)
成本	低	中	低	高	高
优点	1. 拓展性好 2. 性价比高 3. 可管理维护性好 4. 广泛适用性好	1. 带宽高 2. 拓展性好 3. 可管理维护性好 4. 架设方案简单	1. 支持热插拔 2. 使用便捷 3. 可连接多个设备 4. 相机可通过线缆供电	1. 高速率 2. 抗干扰能力强 3. 功耗低	1. 数据传输量大 2. 传输距离长 3. 可选择传输距离和传输量 4. 价格低廉,易集成 5. 支持热插拔
缺点	1. CPU 占用率高 2. 对主机的配置要求高	1. CPU 占用率高 2. 对主机的配置要求高	1. 稳定性较差 2. 距离短	1. 价格高 2. 需单独供电	1. 成本高 2. 架设复杂度高

3.1.5　相机主要参数

在工业相机选型当中会涉及许多参数，此部分将主要针对工业相机应用中比较重要的参数，如分辨率、帧率、曝光时间等进行概念普及和功能介绍。

1. 分辨率

分辨率是工业相机最关键的参数之一，主要用于描述相机对被摄物的分辨能力。一般情况下，面阵相机的分辨率是指相机感光芯片的像素个数（pixels），目前主流工业面阵相机涵盖从 0.3MP 到 151MP 级别的分辨率。对于线阵相机而言，其像元排布与面阵相机不同，芯片排布以横向为主，纵向为单行或数行，主流工业线阵相机包含 2k、4k 以及 8k 分辨率，能够满足多样化的市场需求。

2. 像元尺寸与靶面尺寸

像元尺寸指芯片像元阵列上每个像元的实际物理尺寸，通常情况下，芯片的像元尺寸越大，单个像元能够接收到的光子就越多，该芯片的感光性能也就越强。在同样的光照条件和曝光时间下，大像元尺寸的芯片可以产生更多的电荷数量，可以使得图像的亮度更高。主流工业相机所采用的感光芯片的像元尺寸有 1.67μm、2.2μm、3.75μm、6.45μm、7μm、9μm、10μm 等。

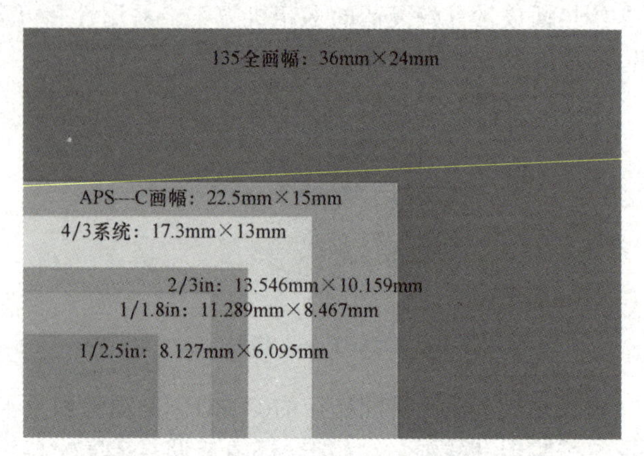

图 3-15 典型图像传感器靶面尺寸

靶面尺寸通常指相机图像传感器的感光面积，一般用对角线的长度来标识，单位为 in（英寸），工业相机领域内（成像领域历史上形成的特殊计量方式）1in = 16mm。

靶面大小与成像质量息息相关，通常情况下，当像元尺寸等其他条件一定时，靶面越大，相机的分辨率越高，成像清晰度越好，常见的相机靶面尺寸有：1/4in、1/3in、1/2.5in、1/2in、1/1.8in、2/3in、1in 等，如图 3-15 所示。

3. 帧率/行频

帧率/行频指相机采集和传输图像的速率，对于面阵相机来说，一般用每秒采集的帧数（fps），即帧率来表征；而线阵相机通常用每秒采集的行数（单位 Hz），即行频来衡量。

$$帧率(行频)=\frac{相机每秒出图数(帧或行)}{单帧(行)出图所耗时间(s)} \tag{3-1}$$

相机帧率/行频的选择取决于现场对拍摄速率的要求，并非越高越好。帧率/行频很大程度上受限于相机的数据传输接口和硬件网络环境。

4. 像素位深

像素位深指单个像素数据的位数，一般常用的为 8bit，一般工业相机还可提供 10bit、12bit 以及 16bit 等。像素位深也被称为图像深度，当像素位深越大时，其表示单个像素的位数越大，它能表达的灰阶范围就越大，所显示出的图像深度就越深。而像素位深越大，所占用的存储空间也就越大。因此，像素位深的选用需要视实际算法需求而定。

5. 曝光时间

曝光时间即为像元感光的时间，也称为快门时间。在相同外部条件下，曝光时间越长，图像亮度越高，但相应的帧率/行频会降低。不同的相机曝光上下限不同。在一些飞拍应用中，曝光不够短会导致图像拖影，因此需要工业相机具备在极短的曝光时间内成像的特性。目前的主流工业相机部分型号支持超短曝光模式，可以达到 1μs 的最小曝光，适合飞拍需求。

例如 MV-CA004-10GM/C 相机采用了 CMOS 全局快门的 IMX287 传感器，40 万像素，靶面大小为 1/2.9in 的 CMOS 千兆以太网工业面阵相机，最小曝光时间可达 1μs，满足飞拍等需要超短曝光时间的应用。

6. 光谱响应

光谱响应特性是指芯片对于不同波段光线的响应能力，通常用光谱响应曲线来表征。以海康机器人工业相机 MV-CA060-11GM 和 MV-CA050-10GC 的光谱响应曲线为例，如图 3-16、图 3-17 所示，横轴为波长范围，纵轴是芯片在给定波长下的光谱响应。在选用工业相机时，通常需要根据实际应用场景光源的波段来选择芯片以达到最好的成像效果。

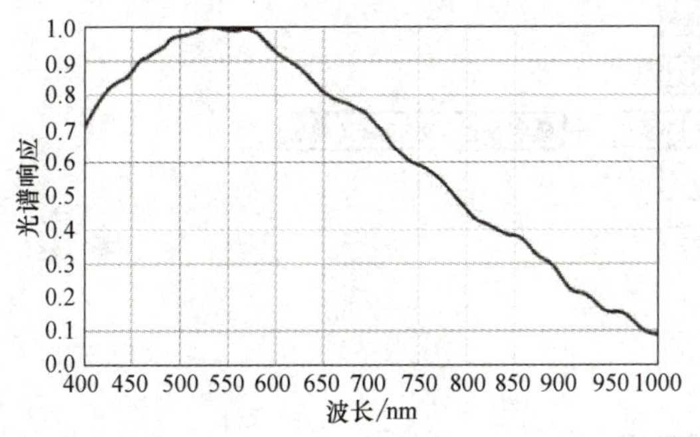

图 3-16 黑白相机光谱响应曲线示意图

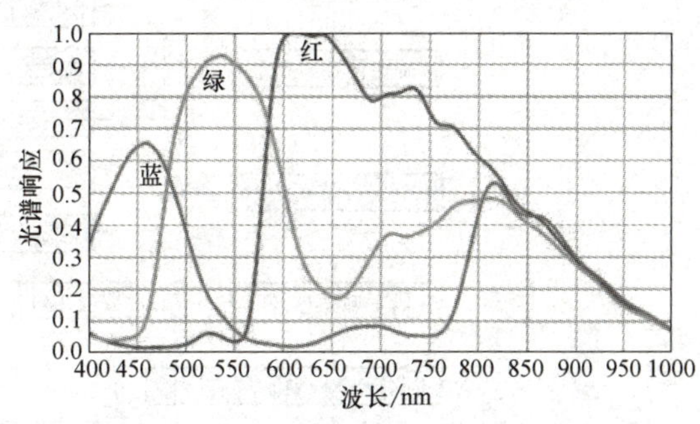

图 3-17 彩色相机光谱响应曲线示意图

图 3-16 表明，黑白相机在光波波长为 5300nm 的时候，芯片的响应效率最高；图 3-17 表明，彩色相机在不同的波段对于红绿蓝色光的响应能力不同，如在 650nm 的光波波长时，芯片对于红色光的响应效率最高。

7. 动态范围

动态范围反映了工业相机探测光信号的范围，动态范围越大，相机对于图像上亮处和暗处的细节展现越明显。在线性响应区域，动态范围可由如下公式计算，其中满阱容量是指像元势阱中能够存储的最大信号电荷量，噪声信号是由芯片本身工艺和设计决定的。

$$\text{动态范围}=\frac{\text{像元的满阱容量}}{\text{等效噪声信号}} \tag{3-2}$$

8. 信噪比

信噪比是指图像中信号与噪声的比例，通常以 SNR 表示，单位为分贝（dB）。图像信噪比越高，图像质量越好。通常，相机中噪声有热噪声、固有噪声（读出噪声，采样噪声和信号处理过程中产生的噪声）等。

9. 光学接口

工业相机与镜头之间的接口为光学接口，一般有 C 口、CS 口、M12 口、M42 口、F 口、M58 口、M72 口等。

相机安装面到传感器的光学距离称为法兰距。不同的接口有不同的法兰距标准，可参考表 3-5，镜头选型时需要注意相机接口法兰距与镜头法兰距的匹配。

表 3-5 不同的光学接口的法兰距

接口类型	法兰距	口径及螺纹
C 口	17.526mm	1-32UNF
CS 口	12.5mm	1-32UNF
F 口	46.5mm	内径 47mm
M12、M42、M58、M72 口	无固定标准	M12×P0.5、M42×P1.0、M58×P0.75、M72×P0.75

3.1.6　工业相机选型方式

工业相机参数丰富，如何进行相机的选型成为视觉系统应用方案的首要任务，如图3-18所示为相机选型过程中需要考虑的流程和因素。

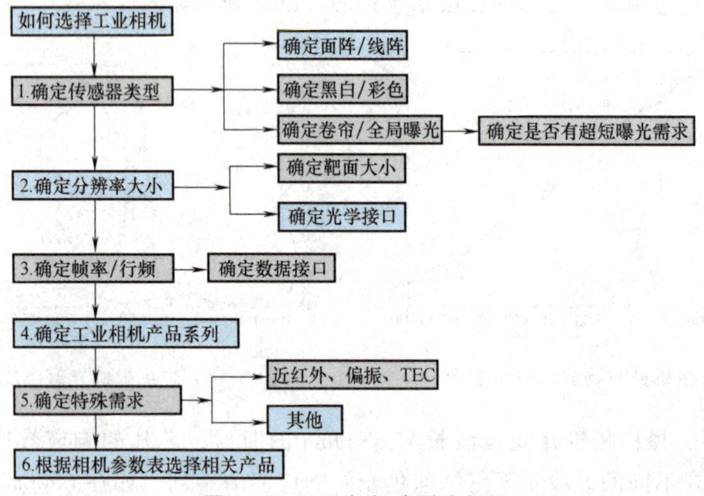

图3-18　工业相机选型流程图

一般来说，在实际应用当中，会按照以上流程表来确认需求，再将需求转化为实际的相机参数或特性。如根据视野范围和检测精度确定拍摄的最小分辨率，根据帧率/行频来预估带宽和数据接口类型等。再一步步根据流程缩小选择范围，最终选取最为合适的相机。

3.1.7　工业相机选型案例

1. 面阵相机选型示例

需求：现有视野大小为12mm×9mm，单像素精度为0.01mm；靶面需要大于等于1/2in；被测物为中速流水线传送状态；客户要求检测区域内方块面上有无脏污，无色彩要求；最高需要在一秒内拍35张图片；无其他特殊需求。

选型方案：

1）确定传感器类型。按照图3-18所示的流程图，可先确定传感器类型。该用户需要测试固定视野大小的产品，因此选用面阵相机，排除CL系列。检测脏污有无，无色彩要求，选择黑白相机。被测物为中速流水线传送状态，需要选择全局曝光相机，无需具备超短曝光功能。

2）确定分辨率。在确定好相机的传感器类型以后，确认应用所需分辨率。

实际视野范围为12mm×9mm，单像素精度为0.01mm，则此时所需相机最小分辨率为 $\frac{12\text{mm}}{0.01\text{mm}}\times\frac{9\text{mm}}{0.01\text{mm}}=1200\times900$，锁定160万、200万、230万以及320万像素四种分辨率。

靶面大小要求大于等于1/2in，排除CE、CH系列。小面阵相机均匹配标准C镜头接口。

3）确定帧率/行频。用户要求一秒内最高拍摄 35 张图片，即在满分辨率下，帧率需 ≥35fps。在 100 万～300 万像素分辨率，保证帧率的前提下，为了节省成本和降低方案复杂度，选用千兆网以太网接口。

4）确定工业相机产品系列。因用户无嵌入式相机需求，排除 CB，因此可以锁定 CA 系列。

无其他特殊要求，可锁定 CA 系列分辨率为 160 万、200 万、230 万以及 320 万的全局曝光黑白工业面阵相机，即 MV-CA020-10GM、MV-CA020-20GM、MV-CA023-10GM 以及 MV-CA032-10GM 四款相机。

由于是检测脏污有无，可以选取 MV-CA023-10GM，其采用了 Sony IMX249 全局曝光图像传感器，分辨率为 1920×1200，像素大小 5.86μm，靶面尺寸为 1/1.2in。另外，还需要搭配 6pin 电源线、12V1A 的电源适配器以及千兆网线各一根（若采用 PoE 供电则不需要电源线）。

注意：在实际应用当中，分辨率的选择还会根据应用不同而发生变化，如尺寸测量与检测脏污相同，需要双倍分辨率，而面板检测则需要三倍分辨率才能更加精准地测量等。

2. 线阵相机选型示例

需求：现有均速流水线彩色布匹缺陷检测需求，其实际横向视野大小为 400mm，客户要求精度为 0.2mm；流水线速度为恒定 1.5m/s；无其他特殊需求。

选型方案：

1）确定传感器类型。同样按照流程图，先确定相机传感器类型。该用户需求为连续的布匹检测需求，故选用线阵相机。彩色布匹缺陷检测，选用彩色相机。线阵相机仅为单行或数行，不存在卷帘和全局曝光的区分。

2）确定分辨率大小。

计算横向分辨率。实际横向视野大小为 400mm，客户要求精度为 0.2mm，然而实际检测中，需要双倍分辨率来保证检测质量，则单像素精度为 0.1mm，此时所需相机最小横向分辨率为 $\frac{400\text{mm}}{0.1\text{mm}}=4000$，锁定 4k、8k 线阵相机。4k 靶面为 20.48mm，8k 为 40.96mm。4k 系列为 M42 接口，可接转接环连接 C 接口镜头；8k 系列为 M72 接口，可接转接环连接 F 口镜头。

3）确定帧率/行频。

流水线速度为恒定 1.5m/s，行频为 1500mm/s÷0.1mm＝15000Hz。可锁定带无损压缩的千兆网口 4k 相机，以及 CameraLink 接口的 4k、8k 相机。

4）确定工业相机产品系列。线阵相机锁定为 CL 系列工业相机。

无其他特殊要求，可在 4k 网口相机 MV-CL042-90GC、4k CameraLink 接口相机 MV-CL042-90CC 以及 8k CameraLink 接口相机 MV-CL086-90CC 三款相机中选择。

出于节约成本考虑，可确定选择 4k 彩色千兆网接口工业线阵相机，型号为 MV-CL042-90GC。采用 Gpixel CMOS 4k 彩色线阵图像传感器，分辨率为 4096×2，像素大小 7μm，无损压缩后行频可达 29kHz。另外还需搭配 12pin 电源线，12V2A 的电源适配器以及千兆网线各一根（若采用 PoE 供电则不需要电源线）。

注意：特殊情况下，如希望有更高的行频或具备 TDI 功能等更好的成像质量要求，可切换为 CameraLink 接口的 4k 或 8k 彩色线阵相机。

3.2 镜头介绍

3.2.1 镜头简介

机器视觉系统的性能越来越受到开发工程师的关注，镜头作为系统关键光学器件，其品质好坏直接影响成像质量，对于定位、缺陷检测等应用，起到决定性作用。镜头包含许多性能参数，如焦距、光圈、畸变、相对照度、靶面等，这些参数直接决定了光学系统的成像质量。在接下来的内容中将重点介绍如何把实际的应用需求转化为镜头的光学性能参数，并对重要参数进行详细说明。

3.2.2 成像系统的基本参数

成像系统基本参数如图 3-19 所示。了解成像系统（镜头和相机）的视场、工作距离、分辨力、传感器尺寸、光学倍率等基本参数，可以为镜头的简单选型提供依据。

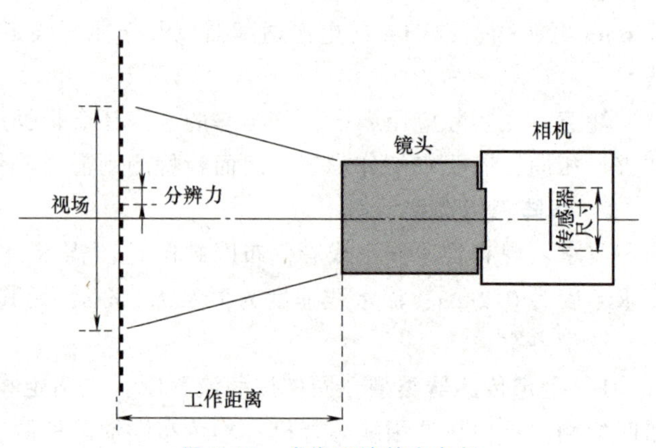

图 3-19 成像系统基本参数

1）视场（FOV）：在图像传感器上可以观察到的被检测物体的可视区域。

2）工作距离（W_D）：被检测物体到镜头前端机械面的距离。

3）分辨力：能够通过成像系统分辨物体的最小特征尺寸。

4）传感器尺寸：图像传感器有效区域的尺寸，该参数直接决定着相机能够观察到的视野范围。

5）光学倍率：传感器尺寸与被测物体视场的比值。

3.2.3 焦距和视场

机器视觉的镜头一般由若干个具有一定厚度的透镜组成。但是在大多数情况下，可以将整个镜头等效为一片薄透镜来进行参数计算，并作为镜头选型的依据，镜头的光路结构如图 3-20 所示。

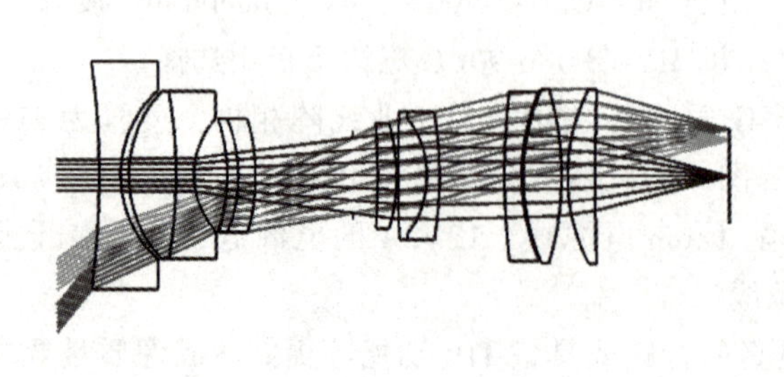

图 3-20 镜头的光路结构

对于简单的薄凸透镜头，焦距可以定义为镜头对无限远目标成像时，镜头到图像平面的距离。固定焦距镜头是机器视觉系统中最常用的一种镜头，该类镜头具有固定的视场角（AFOV，通常是指传感器水平尺寸对应的视场角），如图 3-21 所示。

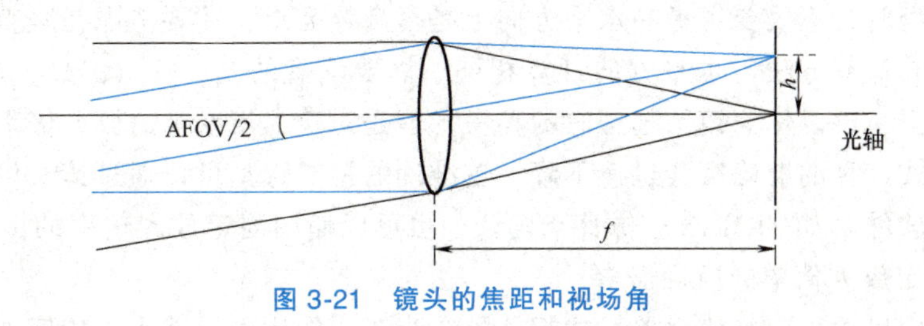

图 3-21　镜头的焦距和视场角

成像系统的视场角 AFOV（°）、镜头的焦距 f（mm）和传感器的水平尺寸（mm）之间满足式（3-3）所示的关系。

$$\mathrm{AFOV} = 2\times\tan^{-1}\left(\frac{h}{f}\right) \tag{3-3}$$

根据式（3-3）可以看出，要想获得较大的视场，可以采用以下三种方法：

第一种，直接将被测物体远离镜头来增大工作距离，成像系统的视场也会随之增大。

第二种，使用焦距更短的镜头，通过增大视场角来增大视场。

第三种，选用尺寸更大的图像传感器。

3.2.4　镜头初步选型

在许多工作场景下，能够允许的工作距离和所需的视场都是已知的。可以认为镜头在物方空间对被测物体的张角与在像方空间对传感器的张角（见图 3-22）是相等的。通过式（3-4）来确认镜头的视场角，W_D 为被观测物体到镜头前端的距离，AFOV 为镜头的水平视场角，HFOV 为水平视场。

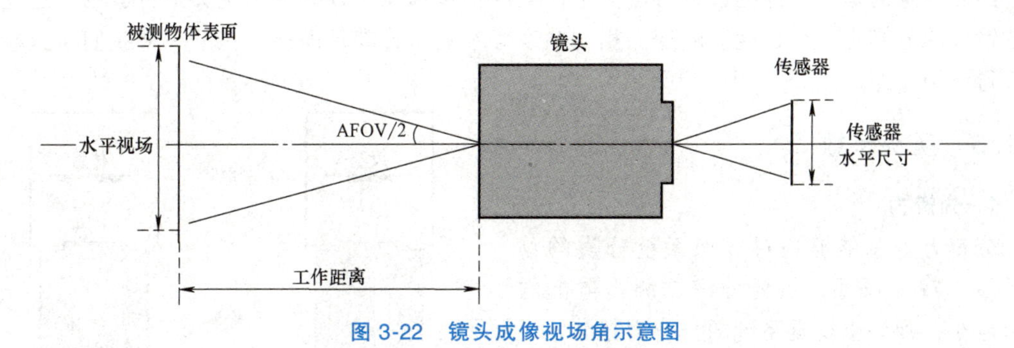

图 3-22　镜头成像视场角示意图

$$\mathrm{AFOV}(°) = 2\times\tan^{-1}\left(\frac{\mathrm{HFOV}}{2\times W_D}\right) \tag{3-4}$$

如果图像传感器的尺寸已经选定，可以进一步通过式（3-5）确定所需镜头的焦距 f 和成像系统的光学放大倍率 β。

$$f=\frac{h\times W_D}{\mathrm{HFOV}} \tag{3-5}$$

$$\beta=\frac{f}{W_D} \tag{3-6}$$

式中，h 为图像传感器水平尺寸。

在镜头选型时，不仅要考虑在水平方向上是否满足需求，还要考虑在竖直方向上视野是否满足需求，其计算方法与水平方向计算相同。需要注意的是，式（3-3）~式（3-6）都是一种近似值计算，可以作为镜头选型时的参考。但是对于大于0.1的放大倍率和较近的工作距离，上述公式计算的准确度会迅速下降。更准确的镜头选型可以通过镜头供应商的规格表或者使用光学软件（如ZEMAX）仿真来确认，也可以使用固定放大倍率的镜头（如远心镜头）来满足指定放大倍率的应用需求。

镜头的靶面尺寸也应与传感器尺寸相适配。当镜头的靶面尺寸小于传感器尺寸时，会产生传感器的边缘解像不良和边缘相对照度过低的问题；当镜头的设计像高尺寸远大于传感器尺寸时，会导致镜头性能的浪费。常用传感器的尺寸见表3-6。

表3-6　常用传感器的尺寸

传感器类型	对角线长度/mm	传感器宽度/mm	传感器高度/mm
1/3in	6.000	4.800	3.600
1/2.5in	7.182	5.760	4.290
1/2in	8.000	6.400	4.800
1/1.8in	8.933	7.176	5.319
2/3in	11.000	8.800	6.600
1in	16.000	12.800	9.600
4/3in	22.500	18.800	13.500
全画幅35mm	43.300	36.000	24.000

注：影像参数中1in=16mm。

需要注意的是，上述的选型方法只是镜头的初步选型，判断一个镜头是否适用，还应该考虑镜头的分辨力、对比度、畸变、相对照度等参数是否满足需求，在下一节我们对这些参数进行详细介绍。

3.2.5　镜头参数

1. 分辨力

分辨力表示能够通过成像系统分辨的物体的最小特征尺寸，需要分辨被测物体上的细节越小，则要求视觉系统的分辨力越高。

如图在白色背景上有两个相邻的线条，如果这两个线条距离过近，成像到传感器两个相邻的像素列上，则传感器无法分辨这两个线条（如图3-23a所示）。为了区分像面上的两个方块，需要在他们之间至少留出一个像素的距离（如图3-23b所示），这一最小距离就是系统的极限分辨力。

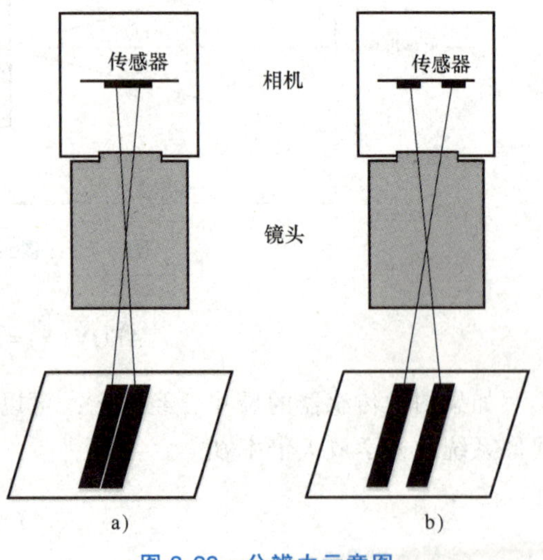

图3-23　分辨力示意图

我们将这种黑白交替的线条描述为线对，并以线对的空间频率，即每毫米线对数（lp/mm）来表征系统的分辨力。在对比镜头性能和确定传感器应用的最佳选择时，以 lp/mm 作为分辨力单位十分方便。传感器能够解析的最高空间频率（也称为系统的像方空间频率）定义为奈奎斯特频率，其对应着两个像素或者一个线对，可用式（3-7）来表示。可以看出像素尺寸较小的传感器极限分辨力较高；像素尺寸较大的传感器极限分辨力较低。

$$\text{传感器极限分辨力(lp/mm)}=\text{像方分辨力(lp/mm)}=\frac{1000\mu\text{m/mm}}{2\times\text{像素大小}(\mu\text{m})} \tag{3-7}$$

通过镜头的光学放大倍率 PMAG，可以进一步计算出物方分辨力，即物方的可分辨的极限空间频率。

$$\text{物方极限分辨力(lp/mm)}=\text{像方分辨力(lp/mm)}\times\beta \tag{3-8}$$

式中，β 为传感器尺寸与视场大小的比值。

$$\beta=\frac{\text{传感器长边尺寸/短边尺寸(mm)}}{\text{长边视场/短边视场(mm)}} \tag{3-9}$$

在实际应用中，系统的分辨力一般以系统可分辨的最小线度表征，单位为微米（μm）。

$$\text{物方极限分辨力}(\mu\text{m})=\frac{\text{像素大小}}{\beta} \tag{3-10}$$

需要注意的是，上述公式计算的是系统极限分辨力，这些公式能够帮助用户在相机和镜头选择上提供一个较好的帮助。而系统的实际分辨力往往低于极限分辨力，需要考虑镜头性能和对比度等因素的影响。

示例，以 SONY IMX 183 为例。

已知参数：

像素大小 = 3. 45μm

像素个数 = 2448×2048

物方视场（水平）：200mm

传感器极限分辨力：

$$\text{像方极限分辨力（lp/mm）}=\frac{1000\mu\text{m/mm}}{2\times3.45\mu\text{m}}=145\text{lp/mm}$$

$$\text{传感器尺寸（mm）}=\frac{3.45\mu\text{m}\times2448}{1000\mu\text{m/mm}}=8.44\text{mm}$$

$$\text{光学放大倍率}\ \beta=\frac{8.44\text{mm}}{200\text{mm}}=0.0422$$

$$\text{物方极限分辨力（lp/mm）}=145\text{lp/mm}\times0.0422=6.12\text{lp/mm}$$

$$\text{物方极限分辨力（μm）}=\frac{3.45\mu\text{m}}{0.0422}=81.8\mu\text{m}$$

需要注意的是，上例计算的分辨力仅为相机的理论分辨力，在镜头的像方分辨力优于 3. 45μm 时才可以实现。

2. 对比度和调制传递函数

对比度是指给定的物体分辨力下，黑色线条与白色线条区分的程度。明暗线条之间的强度差异越大，对比度越高，如图 3-24 所示。对比度可以使用式（3-11）来表征，其中，I_{max}

为最大强度（如果使用相机成像，通常采用灰度值表示），I_{min} 为最小强度。

$$\text{Contrast(对比度)}=\frac{(I_{max}-I_{min})}{(I_{max}+I_{min})}\times 100\% \tag{3-11}$$

调制传递函数（MTF）反映镜头在空间频率变化时再现对比度的能力，大小为一定空间频率下像方对比度与物方对比度之比，如式（3-12）。

$$\text{MTF}=\frac{\text{Contrast}_{像}}{\text{Contrast}_{物}} \tag{3-12}$$

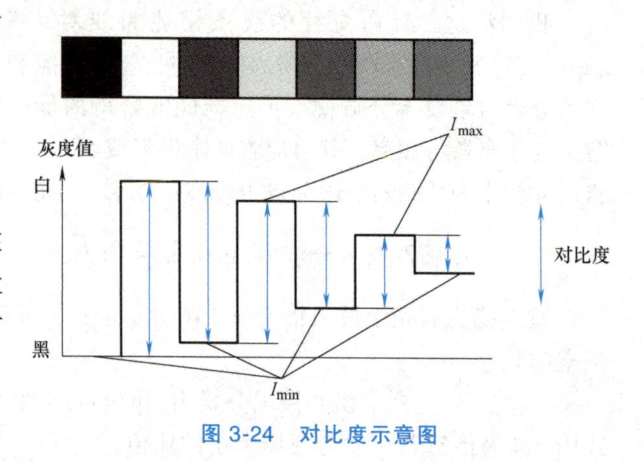

图 3-24　对比度示意图

我们可以通过判断不同空间频率对应的黑白线对经过镜头成效后对比度的下降程度，来评估镜头的性能。图 3-25 是常见的镜头 MTF 曲线示意图。

1）图 3-25 中横坐标是像方空间频率，可以代表不同空间频率的黑白线对，纵坐标为 MTF 值，可以代表黑白线对的对比度。

2）图 3-25 中黑色曲线为镜头的衍射极限，表示镜头的性能极限。由于镜头自身像差的存在，不管如何设计优化镜头，都不会超过这个极限。

3）图 3-25 中彩色曲线为镜头 MTF 曲线，不同颜色的曲线代表不同的视场高度，每种颜色的线都会有两种：虚线和实线，分别代表子午方向（T）和弧矢方向（S）。

4）黑色虚线对应的横坐标代表常见的像素尺寸（4.8μm、3.45μm、2.4μm 等）的奈奎斯特频率。

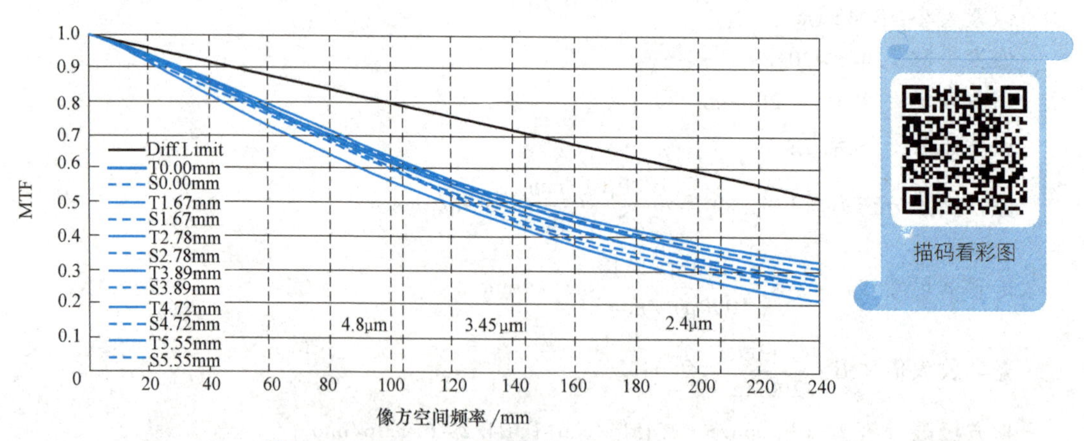

图 3-25　镜头 MTF 曲线示意图

镜头的 MTF 与实际性能有如下的相互关系：

1）MTF 曲线越高越好，与坐标轴围成的面积越大，代表整体的分辨力和对比度越好。

2）不同颜色的曲线越接近越好，代表着中心视场和边缘视场成像的一致性越好。

实线和虚线越接近越好，代表子午方向和弧矢方向成像的一致性越好。

3. F/#

镜头的 F/#定义为镜头的有效焦距（EFL）和入瞳直径之间（D_{EP}）的比值。

$$F/\# = \frac{EFL}{D_{EP}} \tag{3-13}$$

机器视觉镜头大多可以通过转动光圈调节环，开合镜头里面的光阑件来调节镜头的F/#。镜头的光通量与F/#的平方成反比，可以通过调低F/#的值增加镜头的光通量，在较短的曝光时间内在传感器上积累足够的能量来成像，因此高速镜头的F/#往往比较小。

F/#不仅影响光通量，还与镜头的极限分辨力、景深有着直接的联系（见表3-7）。同时F/#的大小还直接影响着镜头的设计难度，相同条件下F/#较小的镜头设计难度往往较高。

表3-7 F/#对镜头性能的影响

F/#	衍射极限的分辨力	景深	光通量	相对照度
↓	↑	↓	↑	↓
↑	↓	↑	↓	↑

需要注意的是，式（3-13）中所计算的F/#是在工作距离为无限远，即放大倍率为0下定义的。而在大部分机器视觉应用场景中，物体和镜头之间的距离是远远小于无限远的，可以将F/#更精确地表示为$(F/\#)_w$。

$$(F/\#)_w = (1+|\beta|)\times F/\# \tag{3-14}$$

4. 畸变

畸变是指光学系统对物体所成的像相对于物体本身而言的失真程度。根据图像变形的方向可分为枕形畸变和桶形畸变。对角线向外延长（畸变值为正）的变形为枕形畸变，枕形畸变在长焦镜头成像时较为常见；对角线向内缩短（畸变值为负）的变形为桶形畸变，桶形畸变在短焦距的镜头成像时较为常见。

根据不同计算方法，畸变还可以分为光学畸变（Optical Distortion，如图3-26）和TV畸变（如图3-27）。光学畸变以理想像高y'与实际像高y偏差的百分比来表示。

$$OP.\ Dist(\%) = \frac{y'-y}{y}\times 100\% \tag{3-15}$$

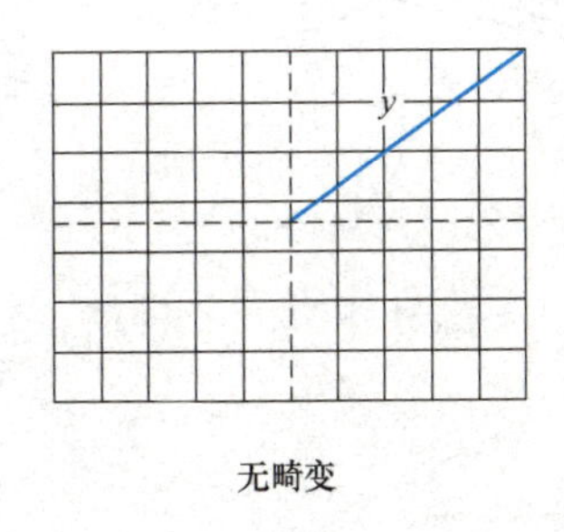

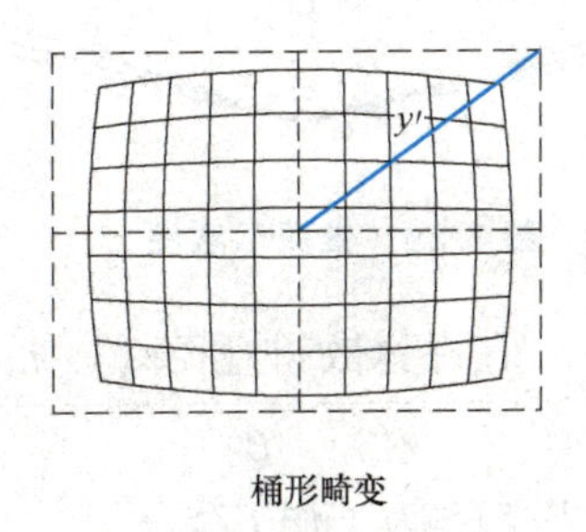

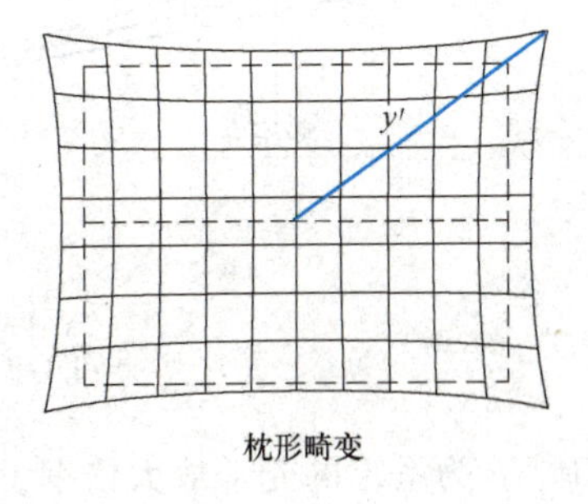

图3-26 光学畸变

TV畸变指的是实际拍摄图像时，图像自身的变形程度。可表示为

$$TV.\ Dist(\%) = \frac{H_1-H_2}{H}\times 100\% \tag{3-16}$$

不同于镜头的其他像差，畸变只引起像的变形，对像的清晰度并无影响。但对于高精度测量应用，图像畸变的影响就非常重要，它直接影响测量精度。一般情况下，改善畸变有两种办法。一种是通过软件算法把镜头的畸变系数计算出来并校正；另一种就是通过光路设

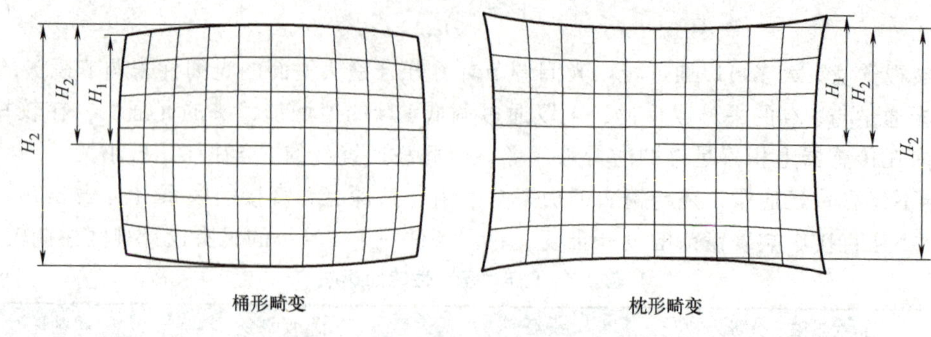

图 3-27 TV 畸变

计，从镜头本身减小畸变的影响，如采用畸变值很小的远心镜头。

5. 景深

景深（DOF）定义为在传感器上获得清晰像的物空间深度。在光学系统中，物平面（对焦平面）上的点在与之共轭的像平面（感光平面）上成点像，在其他平面上在像平面所成的像均为一定直径的弥散斑。而传感器的像素都是有一定尺寸的，只要弥散斑的直径足够小，弥散斑可以落在一个像素内，传感器就会将弥散斑误认为是一个点，则认为弥散斑对应的物方平面成像也是清晰的。

景深示意图如图 3-28 所示，对焦平面上的点在传感器上成像为一个点，而平面 1 和平面 2 上的点在传感器上成的像为直径大小可以接受的弥散斑。平面 1 和平面 2 之间的距离就是该镜头的景深。镜头景深可以通过式（3-17）来计算。

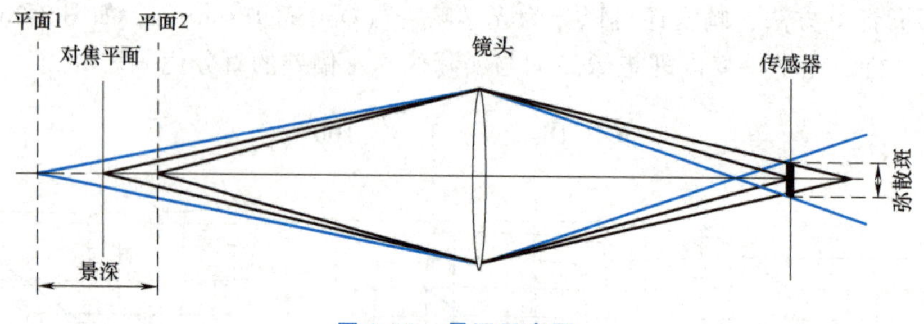

图 3-28 景深示意图

$$\mathrm{DOF}=2\times\frac{\text{允许弥散圆直径}\times(\mathrm{F}/\#)_w}{\beta^2} \tag{3-17}$$

式中，β 为系统的光学放大倍率，$(\mathrm{F}/\#)_w$ 为工作 F/#。

根据上方公式，使用固定焦距镜头时有以下三种方法增大景深。第一种，调节镜头光圈调节环来增大 F/#；第二种，增大工作距离来获得较小放大倍率；第三种，直接更换使用短焦距的镜头（相同工作距离下，短焦距的镜头的放大倍率一般较小）。

6. 相对照度

相对照度定义为像平面不同坐标点的照度和中心点照度之比，用于量化传感器内的照度分布。典型的相对照度曲线如图 3-29a 所示，横坐标表示传感器中某一点到传感器中心的距离，纵坐标表示该点的照度值与中心照度的比值（一般用灰度值表示），图 3-29b 所示为在传感器上的实际照度分布。

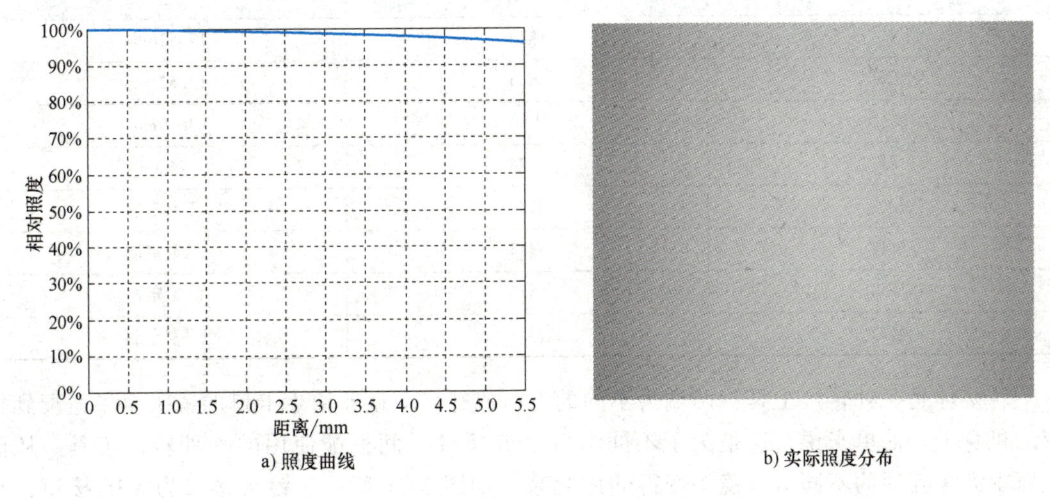

图 3-29　传感器照度分布示意

影响镜头相对照度的主要有以下几个因素：

1）镜头设计靶面是否和传感器尺寸相适配。当镜头的设计靶面小于传感器尺寸时，传感器的边缘照度会显著降低。

2）镜头的 F/#。当镜头 F/#较小（光圈较大）时，镜头边缘视场成像更容易出现渐晕现象，导致边缘照度降低。

3）像方主光线角度 θ（像方主光线与光轴的夹角）。对于无渐晕的镜头，镜头的相对照度还受主光线角度的限制。可以通过镜头设计来减小主光线角度，当主光线角度为 0°时，即像方远心光路，镜头能够产生均匀的照明。

4）传感器对主光线角度较大的光束接收效率较低，导致图像的相对照度曲线会低于镜头的相对照度曲线。

7. 镜头接口、转接环和延长环

法兰距是镜头和相机接口的一个重要参数。对镜头而言，法兰距是指镜头对无限距离对焦时，镜头卡口平面到镜头理想像平面之间的距离。对机身而言，法兰距是指卡口到传感器的距离（如图 3-30 所示）。

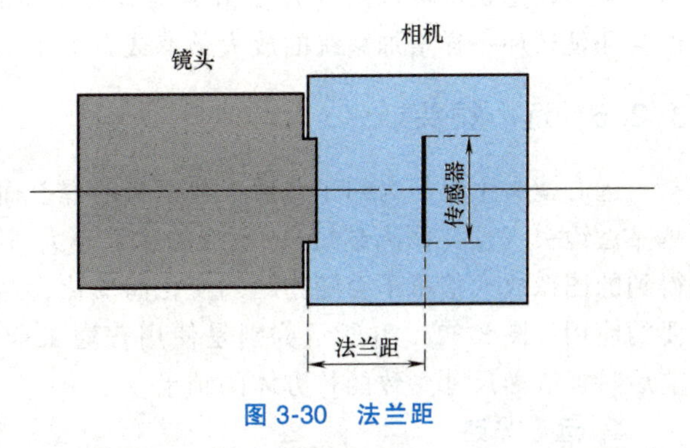

图 3-30　法兰距

法兰距决定了镜头的转接性能，小法兰距卡口相机可以转接大法兰距镜头，反之则不行（会出现无限远不合焦的问题）。在选型时还要考虑镜头与相机的接口对应问题，应保持相机与镜头的接口一致或者选择合适的转接环，不然就无法安装。接口类型的不同和工业镜头性能及质量并无直接关系。工业镜头和工业相机之间的接口有许多不同的类型，工业相机常用的包括 C 接口、CS 接口、F 接口、V 接口、EF 接口、M42 接口等，配合接口参数见表 3-8。

表 3-8 典型接口参数

接口名称	固定结构	法兰距
C	螺口	17.526mm
CS	螺口	12.526mm
F	卡口	46.5mm
EF	卡口	44mm
V	卡口	厂家定制
M42	螺口	厂家定制
M58	螺口	厂家定制
M72	螺口	厂家定制

转接环是一种转接工具，两端为不同的卡口或螺口，让非原生卡口的镜头得以适配到相应的机身上。简单来说，这是为了不同卡口（或螺口）间适配使用的一种转接工具。从而让原本无法互通的不同卡口镜头变得通用起来，如图 3-31 所示，镜头接口为 V38 接口，相机接口为 M58 接口，可以通过 V38 转 M58 的转接环将镜头和相机配合使用起来。

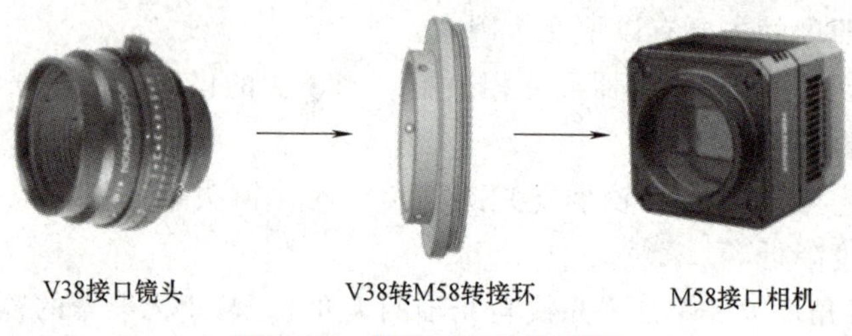

图 3-31 转接环工作示意图

延长环是一种增加镜头和相机之间连接距离的器件，两端为相同的卡口或（螺口），两端作用一般是增大成像系统的光学放大倍率或者缩小工作距离。延长环的长度可以是固定的，也可以是长度可调的（方便精确调节到需要的放大倍率）。转接环自身有一定的长度，也会和延长环一样增加系统的放大倍率或者缩小工作距离。

3.2.6 远心镜头

远心镜头主要是为纠正普通工业镜头的视差而特殊设计的镜头。普通工业镜头目标物体越靠近镜头（工作距离越短），所成的像就越大。而远心镜头可以在一定的物距范围内，使得到的图像放大倍率不会随物距的变化而变化，这对被测物不在同一物面上的情况是非常重要的应用。图 3-32a、b 所示分别是使用普通工业镜头和远心镜头测量一个具有一定深度、前后特征表面尺寸一致的长方体的结果。

1. 远心光路

远心镜头的光路类型可为物方远心光路、像方远心光路和双侧远心光路。

在物方远心光路中，孔径光阑位于前组镜片的像方焦平面上，物方主光线平行于光轴且交点位于物方无限远，如图 3-33 所示。这意味着物方远心光路的入瞳在无限远处，镜头的视场恒定且视场角为 0°，且在一定工作距离范围内，光学放大倍率不会随着工作距离改变。如图 3-33 所示，A_1 平面和 A_2 平面位置同等高度的物体在传感器上的成像高度也是相等的。

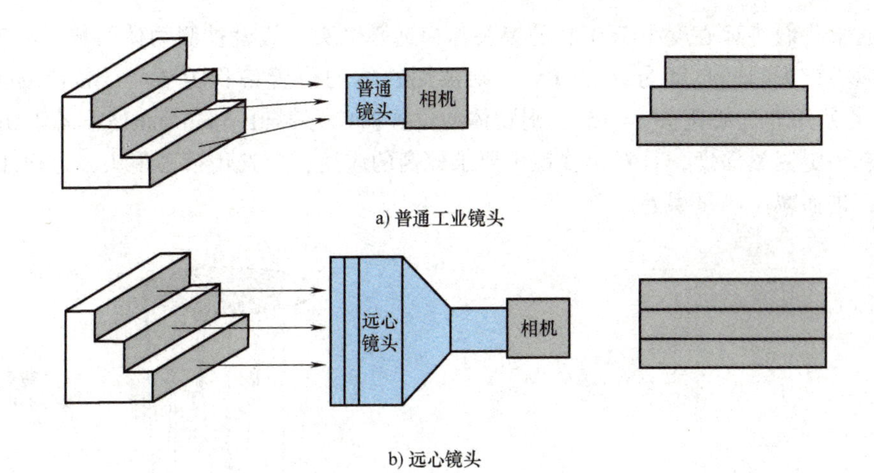

a) 普通工业镜头

b) 远心镜头

图 3-32　远心镜头成像示意图

在像方远心光路中，孔径光阑位于后组镜头的物方焦平面上，像方主光线平行于光轴且交点位于像方无限远。像方远心镜头能给传感器位置带来更大的允差，光学放大倍率不会随着传感器平面的位置改变而改变，如图 3-34 所示，传感器在 B_1' 和 B_2' 位置对 B 位置的物体成像，成像高度是相等的。同时，由于像方主光线与光轴夹角为零，像方远心镜头相对照度不会受到主光线角度的限制，能够产生更加均匀的相对照度。

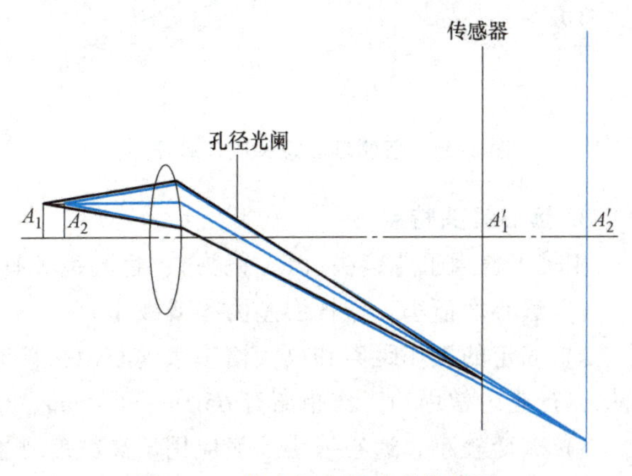

图 3-33　物方远心镜头成像原理

双侧远心镜头兼具了物方远心镜头和像方远心镜头的特点，物方主光线和像方主光线均与光轴平行（如图 3-35 所示）。同时由于在光路设计的对称性，双远心镜头的畸变具有更好的畸变特性（一般小于 0.1%）。这意味着双侧远心镜头具有远远优于普通工业镜头的测量准确性，传感器也能获得均匀的相对照度。

2. 远心度

由于不同的镜头的远心度有差异，镜头消除视差的能力也是有差异的。远心度定义为主光线与光轴的夹角 θ，如图 3-36 所示。

由于远心度引起的位置偏移可以通过式（3-18）计算。

$$\delta=\Delta W_{\mathrm{D}}\times\tan\theta \qquad (3\text{-}18)$$

对于理想的远心镜头 $\theta=0°$，θ 越小代表着镜头的远心度越好，测量误

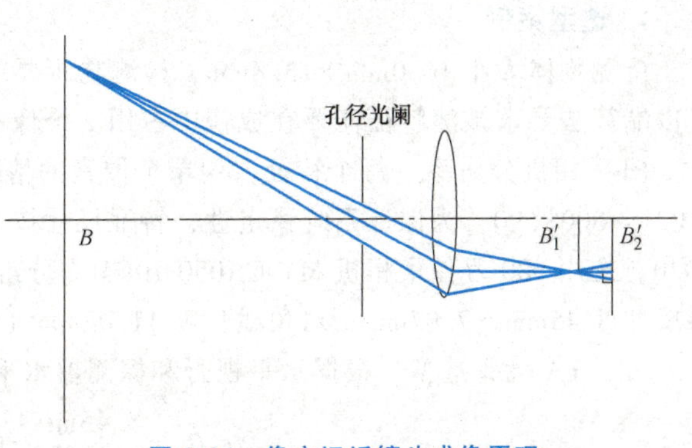

图 3-34　像方远近镜头成像原理

差越小，通常我们将远心度小于0.1°的镜头称为远心镜头。假设被测物体的测量深度为$d=1.5mm$，远心镜头的远心度为$\theta=0.05°$，则被测物体的位置偏移为$\delta=1.5mm\times\tan0.05°=1.31\mu m$；若使用非远心镜头$\theta=15°$，则物体的位置偏移为$\delta=1.5mm\times\tan15°=401.9\mu m$。因此对于具有一定测量深度，且对位置镜头要求较高的应用，应选用远心镜头，这样才能消除透视误差，进而减小测量误差。

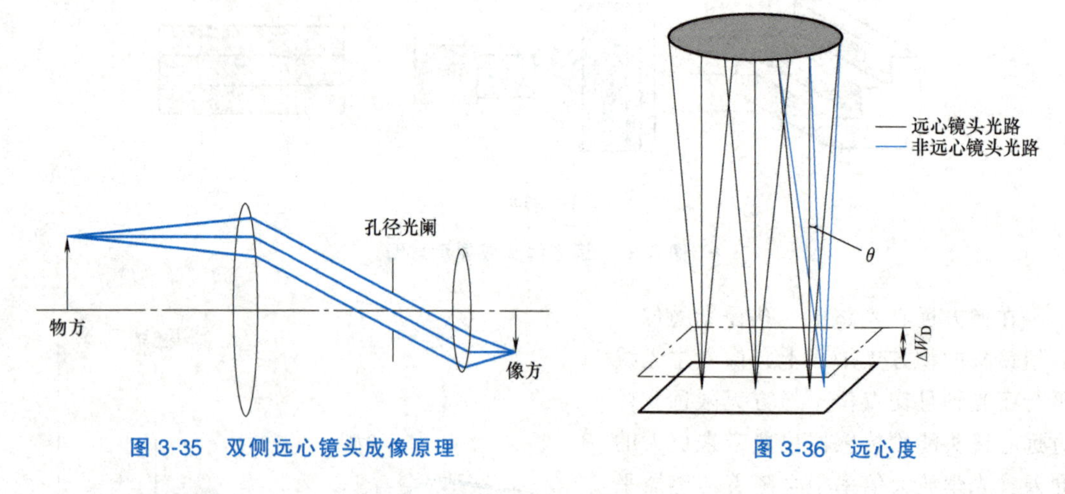

图3-35　双侧远心镜头成像原理

图3-36　远心度

3. 远心镜头特点

相较于普通工业镜头（FA镜头），远心镜头有如下特点：

1）远心度值小，透视误差为零或极小。

2）固定的工作距离和放大倍率。远心镜头针对固定的工作距离和放大倍率进行设计和优化，行业内常用的工作距离有65mm、110mm、150mm、250mm等。

3）畸变较小。远心镜头一般应用于高精度测量场景，对畸变要求也较高。

4）只有平行光线才能进入光学系统，对补光的要求高。测量范围越大，镜头的口径就需要越大。

5）可装配同轴落射光源，采用无限远平行光入射时，可实现无阴影照明。同轴落射照明结构可使入射光照射分布更均匀。

3.2.7　镜头综合选型

1. 选型案例

待测物体大小16.0mm×13.8mm，检测物距要求≤160mm，特征尺寸0.02mm×0.02mm，客户端算法要求被测特征需要在成像中占用2个像素以上，以便提高检出效率。

（1）相机分辨率　每个特征占用单个像素的情况下，分辨率最小为（16/0.02）×(13.8/0.02)=800×690，为保证系统稳定性，特征尺寸按照3个像素评估，相机分辨率需要2400×2070，选用500万像素相机MV-CA050-10GM，分辨率2448×2048，像素大小3.45μm，传感器尺寸8.45mm×7.07mm，对角线长度11.02mm（2/3in）。

（2）FA镜头选型　根据水平视野和探测器水平尺寸计算系统放大倍率需求为

$$\beta_{H}=\frac{8.45mm}{16mm}=0.53$$

根据垂直视野和探测器垂直尺寸计算系统放大倍率需求为

$$\beta_V = \frac{7.07\text{mm}}{13.8\text{mm}} = 0.51$$

为了使系统能够在水平方向和垂直方向都能够获得足够的视野，将系统的放大倍率定为

$$\beta = \beta_V = 0.51$$

由于系统的放大倍率较大（相较于 0.1），使用 1.4 节选型方法有较大的误差，直接使用高斯公式计算焦距。将工作距离定为 150mm，物距 l 近似为工作距离。

联立式（3-5）和式（3-6），可以计算所需镜头焦距需求为

$$f = \frac{\beta l}{1+\beta} = \frac{0.51\times150}{1+0.51}\text{mm} = 50.6\text{mm}$$

将镜头焦距定为标准焦距 50mm，又考虑到相机靶面为 2/3in（镜头支持靶面应大于或者等于相机靶面），可以选用型号为 MVL-MF5028M-8MP。

MVL-MF5028M-8MP 在无延长环状态下，最近工作距离为 400mm，为了使该款镜头能够在 150mm 工作距离下工作，需要加一定长度的延长环。

注意：上述方案的前提是镜头的极限分辨力要小于 3.45μm，才能成立。

（3）远心镜头选型　根据传感器尺寸 2/3in，放大倍率需求为 0.51，工作距离小于 160mm。可选择使用远心镜头 MVL-MBT-0.5-65，该款镜头工作距离为 65mm，固定放大倍率为 0.5，像方分辨力为 160lp/mm，镜头极限分辨力为 1000μm/mm/(2×160mm)=3.125μm，可支持 MV-CA050-10GM 的使用。

（4）其他因素　选型镜头时，除了要考虑系统的工作距离、放大倍率和镜头的焦距等因素，还要综合考虑其他因素，如

1）镜头光圈要求（飞拍场景，对相机帧率和曝光有严格要求）。

2）镜头相对照度。

3）工作波长范围（是否有单色光补光，需要屏蔽环境光干扰）。

4）工作温度、湿度范围（特殊场景）。

5）环境振动（机械臂辅助场景）。

6）镜头是否需要防水。

7）镜头的尺寸限制。

3.3 光源介绍

机器视觉旨在将所需要的图像特征提取出来，以方便视觉系统的下一步动作，因此图像质量决定了整个机器视觉系统的成败。一张理想的效果图像，直接决定了软件算法的快速性及稳定性，而图像质量的高低又取决于合适的照明方式，因此光源是机器视觉系统中不可忽略的一个重要组件。针对不同的检测内容，不同的检测物体，需要选用不同的光源和不同的打光方式来达到最佳的检测效果。本节重点介绍光源相关概念以及光源驱动器。

3.3.1 光源相关的概念

1. 光源的作用

三种不同光源的作用及示意见表 3-9。

表 3-9 三种不同光源的作用及示意

光源	环境光源	均匀光源	高亮光源
光源图			
效果图	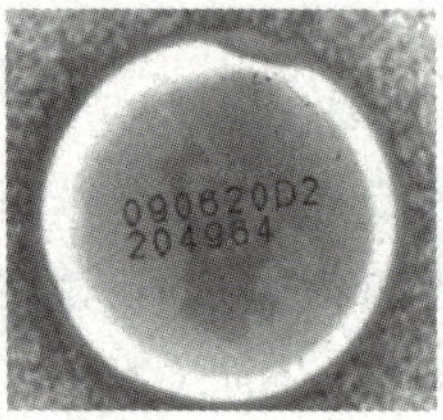		
作用	提高特征与背景的对比度	提高检测精度和系统的稳定性	提高检测效率

扫码看彩图

2. 常见的光源

常见的光源种类主要有：LED 灯、卤素灯、荧光灯、白炽灯等。

白炽灯是一种热辐射光源，能量的转换效率很低，只有 2%～4%的电能转换为眼睛能够感受到的光。但白炽灯具有显色性好、光谱连续、使用方便等优点，因而仍被广泛应用。一只点亮的白炽灯的灯丝温度高达 3000℃。因为在高温下一些钨原子会蒸发成气体，并在灯泡的玻璃表面上沉积，使灯泡变黑，所以白炽灯都被造成“大腹便便”的外型，这是为了使沉积下来的钨原子能在一个比较大的表面上弥散开。

荧光灯也称为日光灯。传统型荧光灯即低压汞灯，是利用低气压的汞蒸气在通电后释放紫外线，从而使荧光粉发出可见光的原理发光，因此它属于低气压弧光放电光源。

卤素灯是用钨丝制成的，但却被包在一个更小的石英壳内。因为壳体离灯丝很近，如果是玻璃制成的它就会很容易融化。壳体内由不同气体组成了卤素灯组。在高温下，升华的钨丝与卤素进行化学作用，冷却后的钨会重新凝固在钨丝上，形成平衡的循环，避免钨丝过早断裂。因此卤素灯泡比白炽灯使用寿命更长。

LED（发光二极管）是一种能够将电能转化为可见光的固态的半导体器件，它可以直接把电转化为光。LED 的核心是一个半导体的晶片，晶片的一端附在一个支架上，一端是负极，另一端连接电源的正极，使整个晶片被环氧树脂封装起来。

由此可见 LED 光源相比于其他光源在能效和寿命上有较大优势，光源种类和能效及寿命见表 3-10。

表 3-10 光源种类和能效及寿命

光源	能效/(lm/w)	寿命/h
普通白炽灯	12	<2000
节能荧光灯	60	8000
高频荧光灯	96	10000
卤素灯	17~33	3000~5000
LED	150	60000

除此之外，作为视觉光源，LED 还有以下优点：

1）多色选择。涵盖远红外、可见光、紫外光。可根据被测物不同的显色特性和检测要求选择不同波段（颜色）的 LED 光源。

2）响应速度快。单个 LED 响应时间可达到纳秒级。

3）可触发和频闪。可被触发点亮或者频闪照明，提高光源利用率或瞬间亮度，解决在线拍摄照明不足的问题。

4）结构设计灵活。可根据被测物形状特征，设计相应的发光角度和结构，对于空间不足的设备，有显著优势。

3. 光通量

光通量（Luminous Flux）指人眼所能感觉到的辐射功率，它等于单位时间内某一波段的辐射能量和该波段的相对视见率的乘积。人眼（传感器）对不同波长光的相对视见率不同，所以不同波长光的辐射功率相等时，其光通量并不相等。

光通量的单位是 lm（流明），1lm 等于由一个具有 1cd（坎德拉）发光强度的点光源在 1sr（球面度）单位立体角内发射的光通量，即 1lm = 1cd · sr。与力学的单位比较，光通量相当于压力，而发光强度相当于压强。要想被照射点看起来更亮，我们不仅要提高光通量，而且要聚光，实际上就是减少面积，这样才能得到更大的发光强度。

4. 发光强度

发光强度简称光强，国际单位是 candela（坎德拉）简写 cd，其他单位有烛光、支光。1cd 即 1000mcd 是指单色点光源，在给定方向上的单位立体角发出的光通量。可以说，这个量是表明发光体在空间发射的汇聚能力的。

5. 光照强度

光照强度是指单位面积上所接受光的光通量。简称照度，单位 lx（勒克斯）。用于表示光照的强弱和物体表面被照明程度。

6. 颜色/波长

光的波长在 380nm~760nm 之间，能被人眼所感知，称为可见光，每种颜色对应一种波长。在光波中小于 400nm 波长的光称为紫外光，大于 780nm 称为红外光，如图 3-37 所示。

自然界中各种物体所表现出的不同色彩，都是由蓝色、绿色和红色光线按适当比例混合起来即作用不同的吸收或反射而呈现在人们眼中的。所以，蓝色、绿色和红色就是组成各种色彩的基本成分。因此这三个感色单元被称为三原色。

三原色的光谱波长如下：

435.8nm，波长约 400~500nm 属蓝光范围；

546.1nm，波长约 500~600nm 属绿光范围；

700nm，波长约 600~700nm 属红光范围。

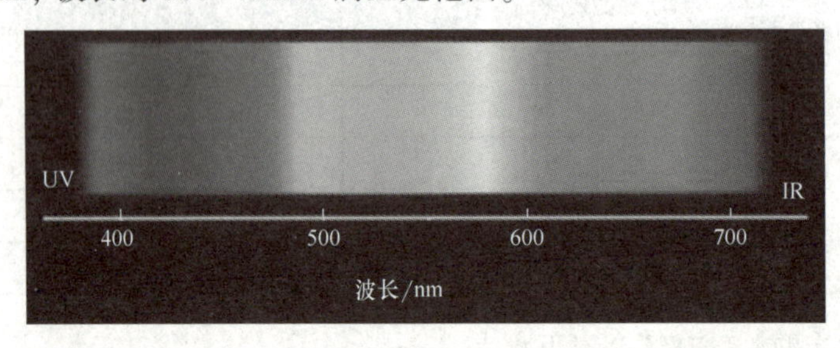

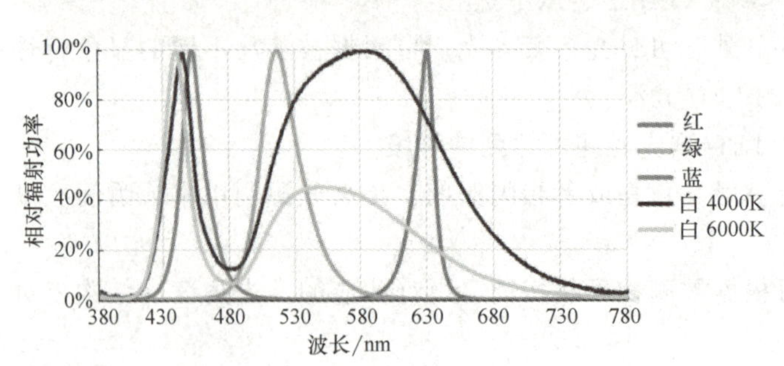

图 3-37　不同颜色光波长范围

7. 色温

色温表示光源包含的光谱成分。从理论上讲，色温是指绝对黑体从绝对零度（-273℃）开始加温后所呈现的颜色。黑体在受热后逐渐由黑变红，转黄，发白，最后发出蓝色光。当加热到某个温度，黑体发出的光所含的光谱成分，就称为这一温度下的色温，计量单位为 K（开尔文）。色温越低，颜色就越红，从 1000K 到 1900K 是火柴光或烛光的颜色范围。随着开氏温标越来越高，依次为黄色光、白光和蓝光。白炽灯和卤素灯的灯光范围大约在 2500K 到 3000K 之间。直射阳光相当于 4800K。白天相当于在 5600K 左右。阴天或者冷白光范围在 6000K 到 7500K 之间，蓝天光照大约是 10000K，如图 3-38 所示。

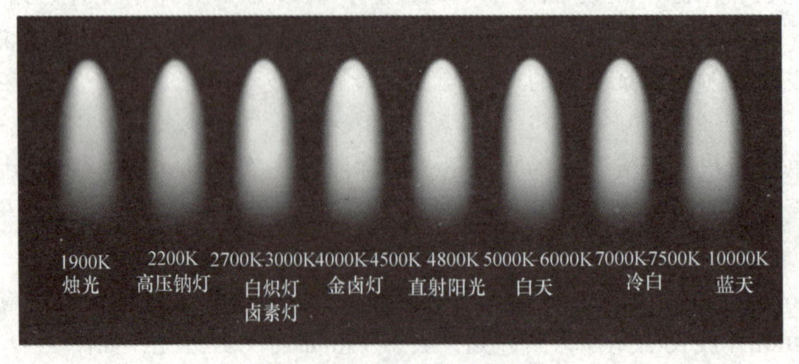

图 3-38　不同色温光示意图

8. 显色性

显色性就是指不同光谱的光源照射在同一颜色的物体上时，所呈现不同颜色的特性。通常用显色指数（Ra）来表示光源的显色性，能正确表现物质本来的颜色需使用显色指数（Ra）高的光源，其数值越接近 100，所呈现的效果就越接近自然光，显色性越好；光源显色性差必定照射到物体上反射的颜色也差，不同显色指数示意如图 3-39 所示。

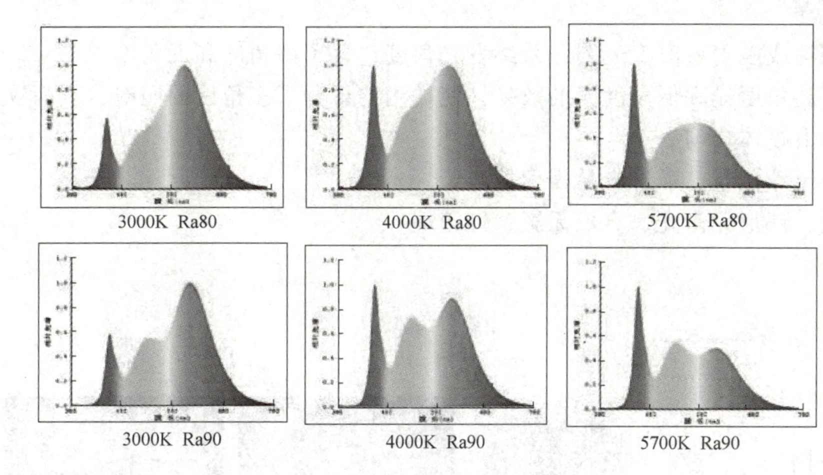

扫码看彩图

图 3-39 不同显色指数示意

9. 打光术语介绍

（1）正向光 光源位于被测物的上方，光线照射在被测物表面，根据光源的发光角度可分为高角度光源、低角度光源，以及包含高、低角度的无影光源。

（2）高角度光 高角度光打光方式及成像如图 3-40 所示。

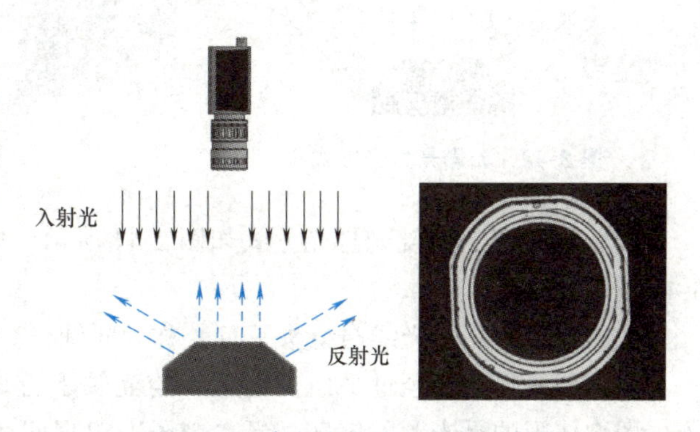

图 3-40 高角度光打光方式及成像

光路描述：光线与水平面角度>45°称为高角度光。

效果分析：高角度照射，光线经被测物表面平整部分反射后进入镜头，图像效果表现为灰度值较高；不平整部分反射光进入不了镜头，图像效果表现为灰度值较低。

主要应用：定位、字符检测、轮廓检测、划伤检测、尺寸测量。

常用光源：高角度环形光、条形光、面光、同轴光、点光等。

（3）低角度光 低角度光打光方式及成像如图 3-41 所示。

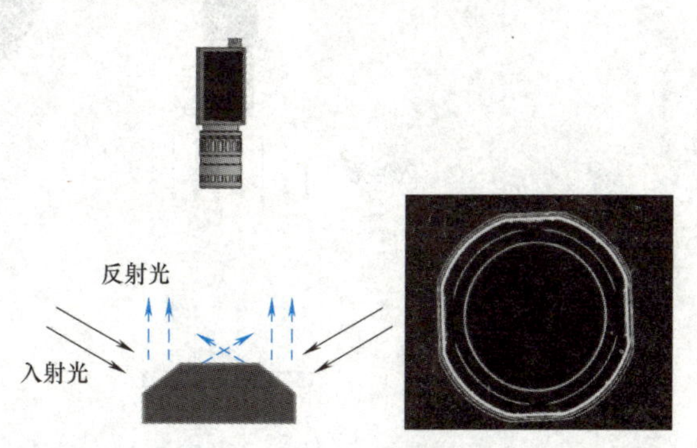

图 3-41 低角度光打光方式及成像

光路描述：光线与水平面角度<45°称为低角度光。

效果分析：低角度照射，被测物表面

平整部分的反射光无法进入镜头，图像效果表现为灰度值较低；不平整部分的反射光进入镜头，图像效果表现为灰度值较高。

主要应用：定位、字符检测、轮廓检测、划伤检测、尺寸测量。

常用光源：低角度环形光、条形光、线光等。

(4) 无影光　无影光打光方式如图 3-42 所示，无影光打光方式下电容成像如图 3-43 所示。

光路描述：通过结构或漫射板改变光路，最终发光角度包含了高角度和低角度。

效果分析：兼具了高角度光和低角度光的效果，使被测物得到了多角度的照射，表面纹理、皱褶被弱化，图像上整体均匀。

主要应用：定位、尺寸测量、弧形产品表面检测。

常用光源：圆顶光、环形无影光、方形无影、灯箱等。

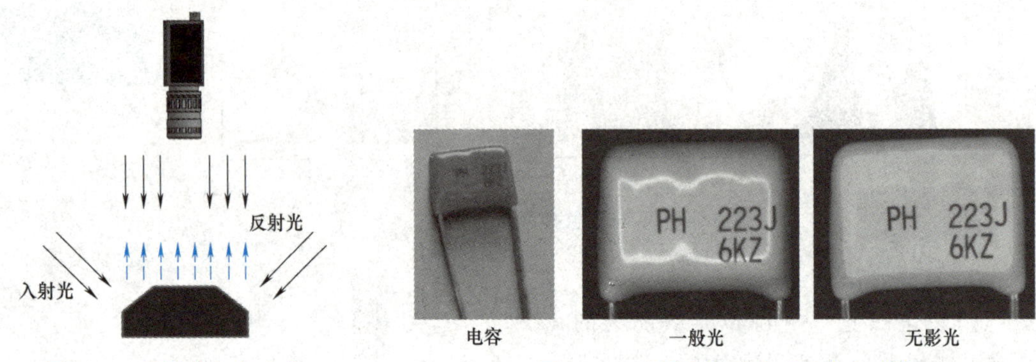

图 3-42　无影光打光方式　　图 3-43　无影光打光方式下电容成像

(5) 同轴光　同轴光打光方式如图 3-44 所示，同轴光打光方式下充电器表面成像如图 3-45 所示。

光路描述：反射光线与镜头平行，称为同轴光。

效果分析：光线经过平面反射后，与光轴平行地进入镜头。此时被测物相当于一面镜子，图像体现的是光源的信息，当“镜子”出现凹凸不平时，将格外地明显。

主要应用：划痕、压印、凹凸点检测，轮廓检测。

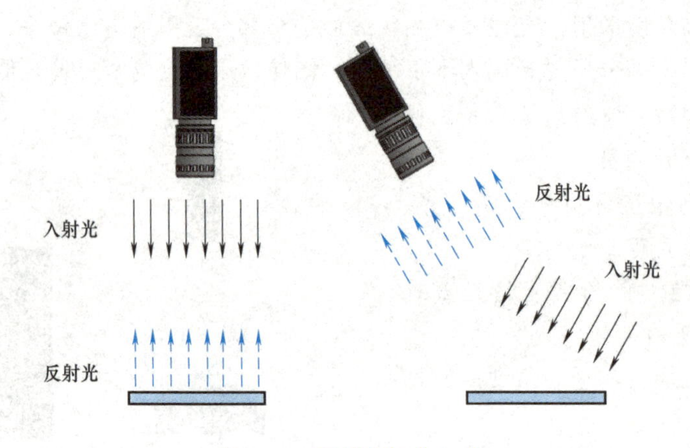

图 3-44　同轴光打光方式

常用光源：同轴光、平行同轴光、面光、线光。

(6) 背光　光源位于被测物的下方，无遮挡时，光线直接进入镜头，图像灰度值很高；由于被测物遮挡了光线，图像上灰度值很低，所以得到了被测物的轮廓信息。

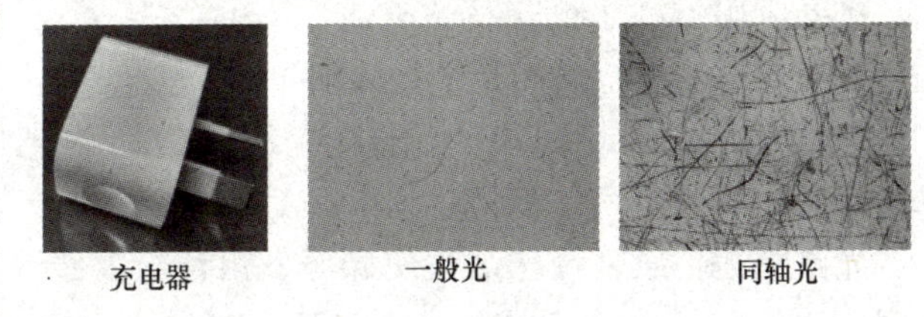

图 3-45　同轴光打光方式下充电器表面成像

(7) 漫射背光　漫射背光灯打光方式如图 3-46 所示，漫射背光成像示意如图 3-47 所示。

光路描述：光源经过漫射板散射发光。

效果分析：提取轮廓时，对于有厚度、有弧度的产品，图像上边缘发虚，不够锐利；而对于扁平的产品，图像效果稳定，性价比高。

主要应用：定位、尺寸测量、有无检测、缺陷检测。

常用光源：面光。

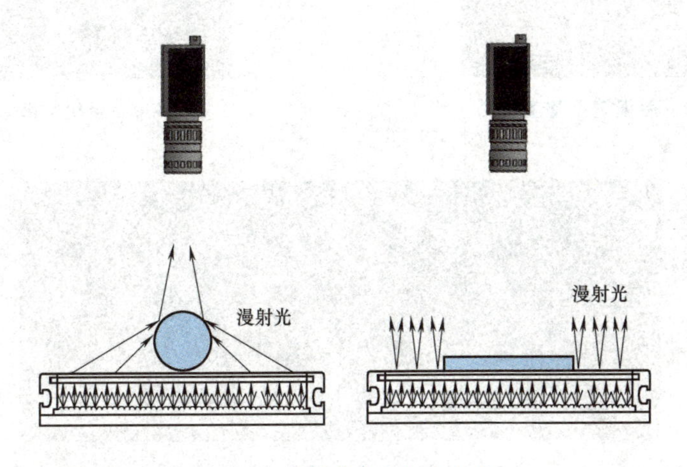

图 3-46　漫射背光灯打光方式

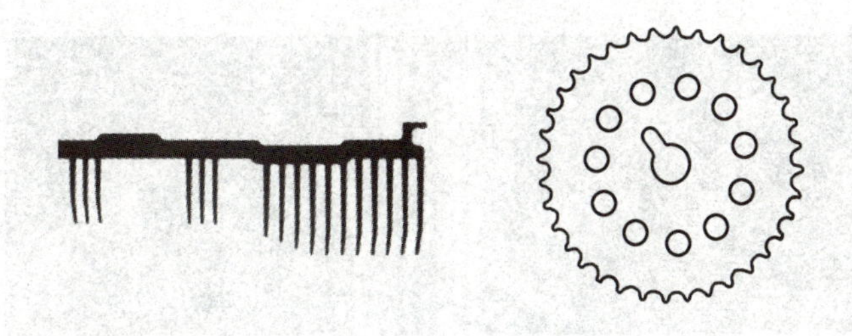

图 3-47　漫射背光成像示意

(8) 平行背光　平行背光打光方式如图 3-48 所示。

光路描述：通过平行结构使光源发出平行光。

效果分析：平行光能够精确得到不规则被测物的外轮廓，使诸如圆柱形产品，或有倒角、圆角的产品边缘成像清晰、锐利。一般配合远心镜头使用，精度很高。

主要应用：尺寸测量。

常用光源：平行面光、平行同轴光。

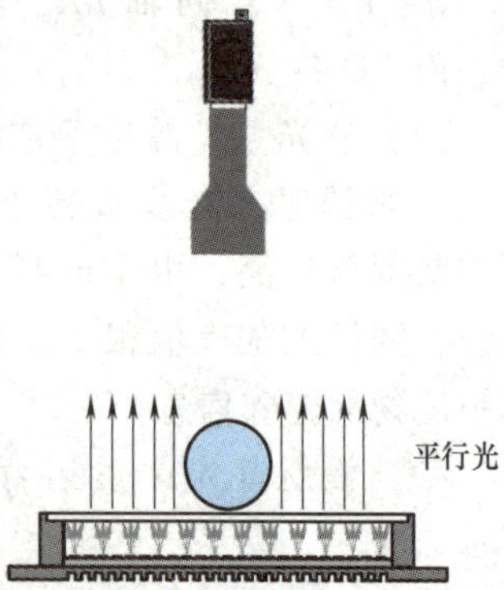

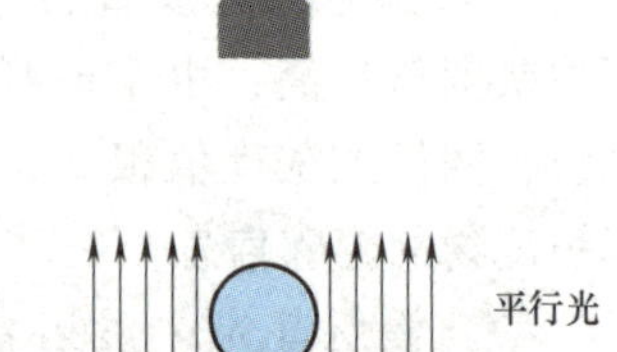

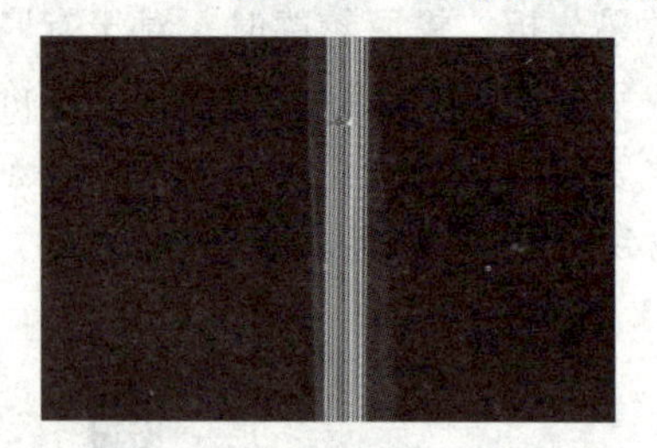

图 3-48　平行背光打光方式

（9）结构光　图 3-49～图 3-52 所示为结构光应用效果图。

光路描述：通过特殊结构使光源发出清晰的线阵列或点阵列。

效果分析：光源投射到被测物上，缺陷会使得光斑阵列图案发生扭曲。

主要应用：平整度检测。

常用光源：结构光。

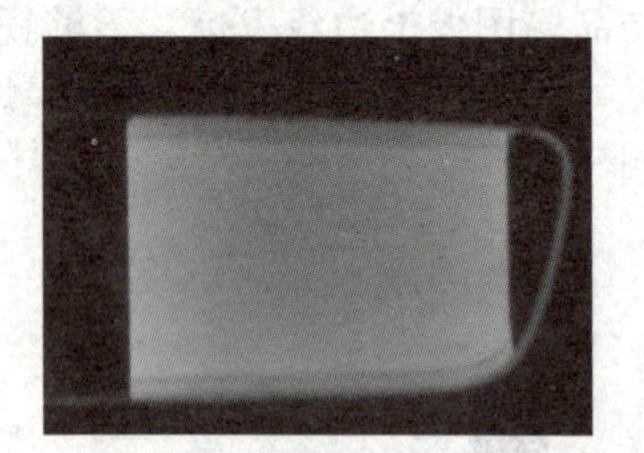

图 3-49　后视镜平整度检测

图 3-50　手机中框缺陷检测

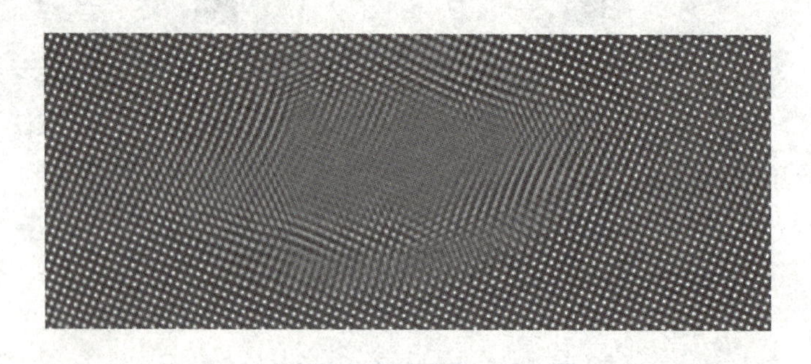

图 3-51　后视镜平整度-局部放大图

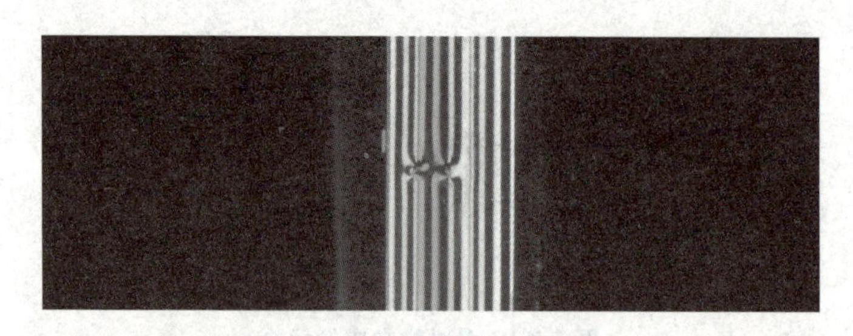

图 3-52　手机中框缺陷-局部放大图

（10）亮场　背景灰度值高，特征灰度值低，如图 3-53 所示。

（11）暗场　背景灰度值低，特征灰度值高，如图 3-54 所示。

（12）颜色打法　根据被测物本身的颜色特征，提取对应的波长来提高对比度。常用以下两种方法，如图 3-55、图 3-56 所示。

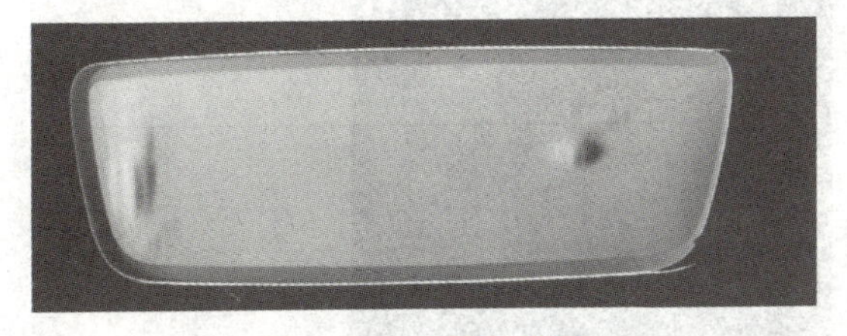

图 3-53　亮场示意图

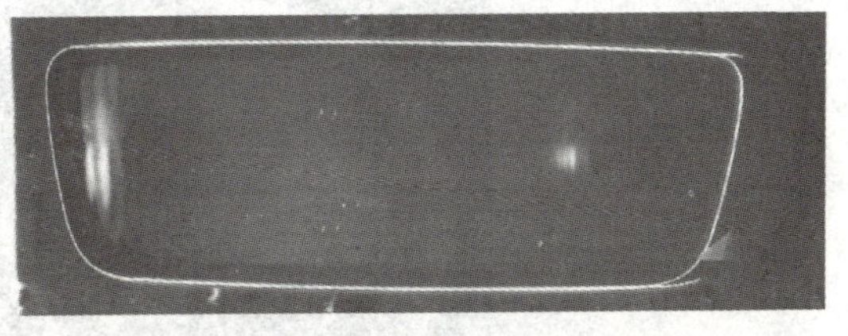

图 3-54　暗场示意图

1）直接采用对比色光源照射（如红跟蓝）。

2）使用白光加上单色带通滤镜。

图 3-55　本色及红光效果

图 3-56　蓝光（左）和绿光（右）效果

（13）红外光　利用红外光的良好穿透性，可以过滤被测物表面的大分子干扰，如图 3-57 所示。

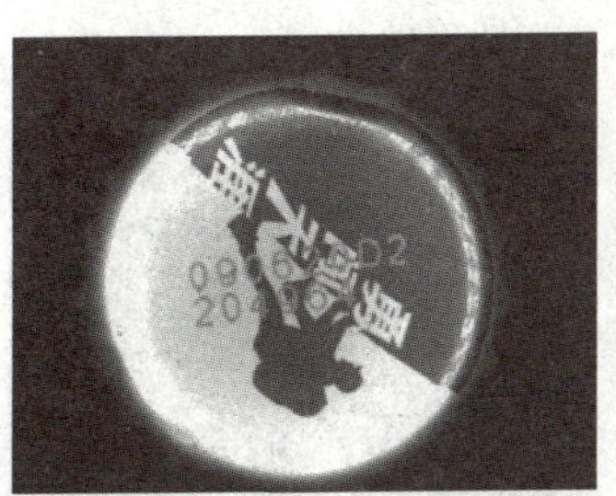

图 3-57　可见光（左）和红外光（右）效果

（14）紫外光　利用荧光效应检测 UV 胶和隐形码。另一方面，与红外光相反，弱穿透性可用于检测透明产品中的隐形特征，如图 3-58、图 3-59、图 3-60 所示。

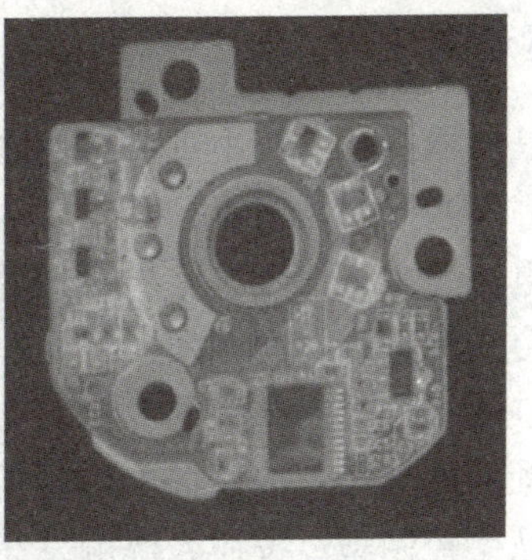

图 3-58　可见光（左）和紫外光（右）效果

图 3-59　瓶盖隐形码检测

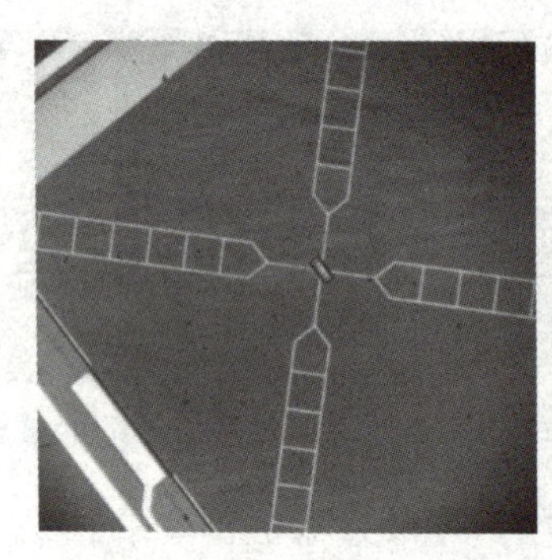
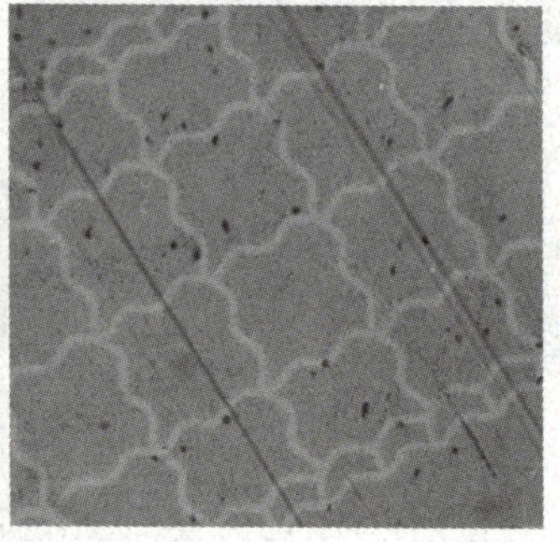

图 3-60　玻璃 ITO 检测

（15）偏光　使用偏光光源消除部分反光，如图 3-61 所示。

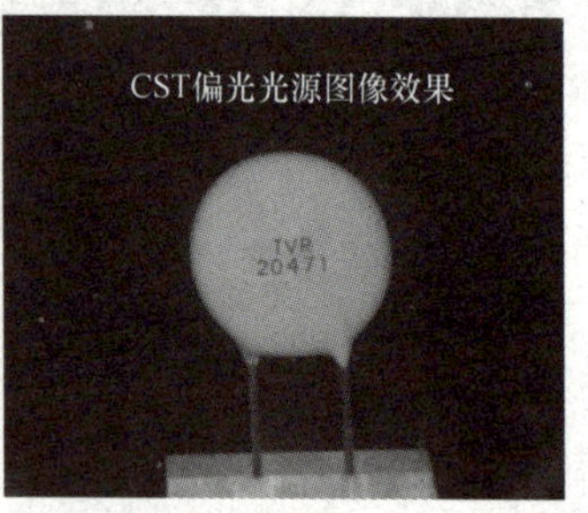

图 3-61　有无偏光效果图

3.3.2　光源驱动器

光源驱动器是机器视觉系统中重要组件之一的光源产品，对视觉方案实现的稳定性和精确性有重要作用，又叫光源控制器，其主要功能是为各类型的光源实现供电驱动，并可通过调节输出电压、电流、串口信号，实现对光源工作状态的控制。例如在飞拍场景下，可使用频闪型驱动器配合光源进行瞬间触发，将光源的原有亮度在瞬间提升几倍。有些特殊类型的光源，如点光源、线光源，需要搭配专用的光源驱动器。

对于光源驱动器的分类，按照输出信号类型可分为恒流型和恒压型；按照驱动方式可分为模拟控制型和数字控制型；按照光源触发亮度可分为常规型和频闪增亮型；按输出电压功率可分为小型控制器和大功率型控制器。以下具体介绍不同类型驱动器的特点。

1. 恒流与恒压驱动器

模拟电流输出且输出电流保持连续不变的称为恒流驱动器，通常具有如下特点：

1）可通过面板按键、串口通信控制亮度。

2）集过流、过载、短路保护功能于一体。

3）输出一个没有任何脉冲成分的电流信号，使发光更稳定。

4）小功率恒流驱动器适用于点光源、同轴平行光源。

5）大功率恒流驱动器适用于线阵光源及大功率面阵光源。

恒压驱动器可以保持输出电压连续不变，通常具有如下特点：

1）通过电压控制光源的驱动器，标准2、4、6通道。

2）通过面板按键、串口通信控制亮度。

3）集过流、过载、短路保护功能于一体。

4）输出一个没有任何脉冲成分的电压信号。

5）用于驱动小功率光源。

2. 模拟与数字驱动器

模拟驱动器通过电压控制实现亮度无级调节，通常具备如下特点：

1）结构简单，操作方便，标准2、4通道控制，每一路亮度可单独控制，能提供持续稳定的电压源，具有过流、短路保护功能。

2）输出没有任何脉冲成分的电压信号，且信号在其输出状态下是一种连续状态。

3）常用于小曝光高速相机拍摄下照明。

4）用于驱动小功率光源。

数字驱动器可以通过程序控制不同的光源亮度，通常具备如下特点：

1）可进行256档调光，广泛用于视觉检测系统中。

2）标准2、4、6通道控制，每一路亮度可单独控制，可通过面板按键、串口通信进行亮度调节。

3）集过流、过载、短路保护功能于一体。

4）输出的是一个有周期性变化规律的脉冲电压信号，也就是PWM信号。

5）PWM信号输出，通过改变PWM占空比来调整光源亮度。

6）触发响应快。

7）可驱动小、中功率光源。

3. 常亮与频闪增亮驱动器

常亮驱动器可控制光源进行长时间持续亮起，具备如下特点：

1）输出连续脉冲电压信号的光源驱动器，根据功率不同适配光源型号。

2）提供多通道，过流、过载、短路保护功能。

3）可驱动小、中、大功率光源，正常点亮光源。

频闪增亮驱动器控制光源：

1）输出电压脉冲宽度10~999μs，脉宽比例可由用户设定的高性能驱动器。

2）具有外触发和内触发工作模式，可按需点亮光源，并具有过载、过流、过热保护功能。

3）输出一个单次脉冲电压信号。

4）可驱动小、中功率光源，提升光源瞬间亮度达400%以上，并延长光源使用寿命。

思考与练习

1. 请写出 CCD 摄像机的视觉系统成像原理。

2. 请写出 CMOS 图像传感器的基本像素结构。

3. 请介绍一下快门的工作原理。

4. 工业相机一般由哪几部分组成？各有什么作用？

5. 请比较 CoaXPress，USB3.0，千兆，万兆接口在速率、成本等方面的优缺点。

6. 现有视野大小为16mm×12mm，单像素精度为0.005mm；被测物为中速流水线传送状态；客户要求检测区域内方块面上有无脏污，无色彩要求；最高需要在一秒内拍 10 张图片。请进行相机选型。

第 4 章　机器视觉软件系统

知识目标

√ 掌握图像算法工具的基本原理和使用方法
√ 掌握一种视觉算法平台软件常用工具的使用
√ 掌握视觉控制器系统软硬件的选型技巧

技能目标

√ 能够熟练使用 VM 算法平台相关工具进行视觉应用
√ 能够根据实际项目需求,完成视觉控制系统软硬件方案设计

4.1　基础算法知识

机器视觉应用中，对图像的处理要求很高。以往用户需要用代码一行一行实现算法的处理，随着技术不断地发展以及机器视觉市场的不断扩大，有厂商开始给用户提供封装好的算法，以供用户进行快速开发，此类产品被称为算法平台。算法平台通常包含不同类型的算法工具，例如定位类、几何查找类、识别类、色彩处理类、缺陷检测类、图像处理类等。这些工具基本涵盖了机器视觉的不同工业应用。

4.1.1　定位类

1. 模板匹配

原理：建立模型时提取目标的基本特征（边缘特征或灰度特征），搜索目标阶段以提取出的模型特征为基础，在多种自由度（平移、旋转、一致性缩放、非一致性缩放）混合空间下找到目标，并输出目标位姿状态（各自由度值）。

此处提供两种模式：

快速模板：相对于高精度模板模型进一步压缩，特征点数变少，搜索的自由度空间进一步压缩，精搜索过程进一步简化，追求效率最大化，如图 4-1 所示。

高精度模板：相对于快速模板有着完整的模型特征点，搜索粒度更小，边缘位置更加精密，追求更高精度，如图 4-2 所示。

模板匹配的特点：

1）具有极强的抗干扰、抗遮挡、抗非一致性光照性能，如图 4-3 所示。

2）支持多自由度的高精度定位，如图 4-4 所示。

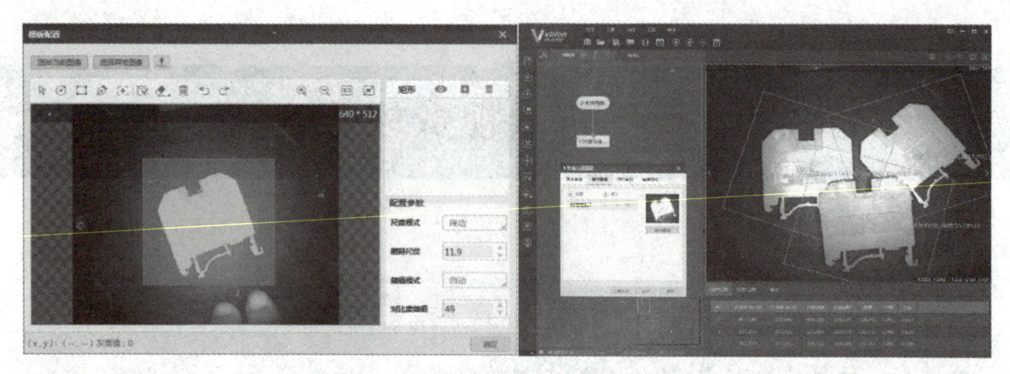

图 4-1　快速模板

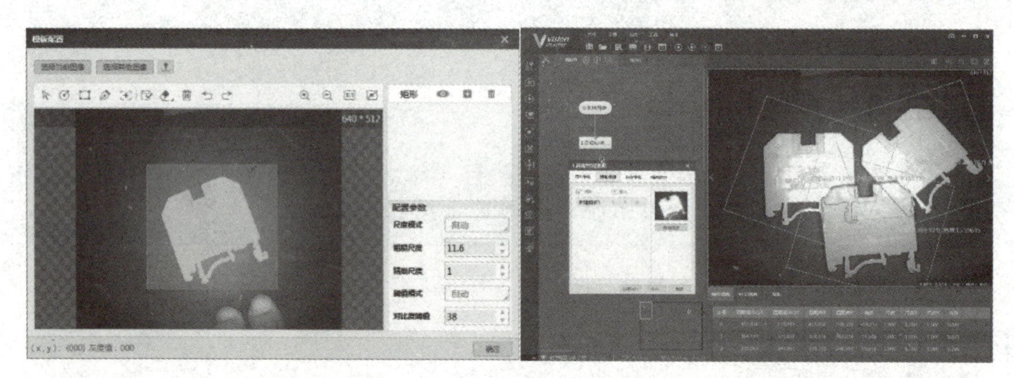

图 4-2　高精度模板

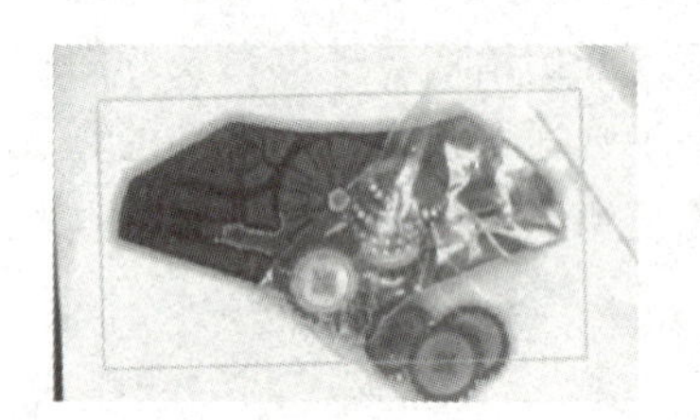
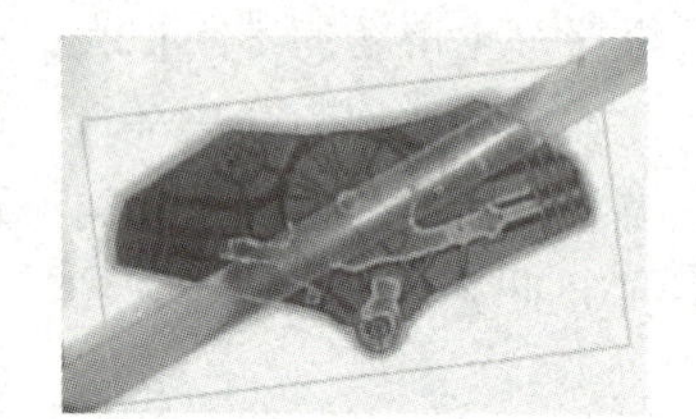
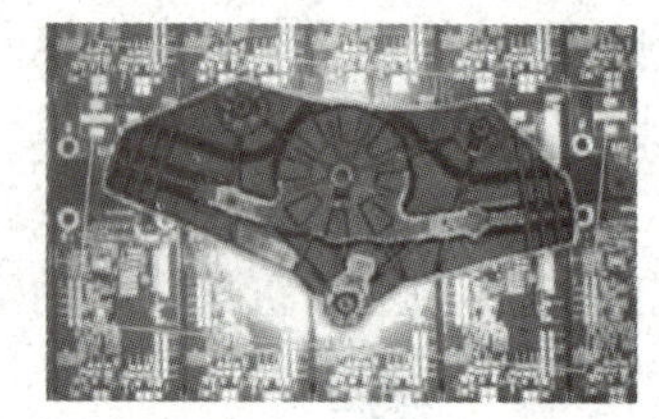

图 4-3　模板匹配抗干扰图示

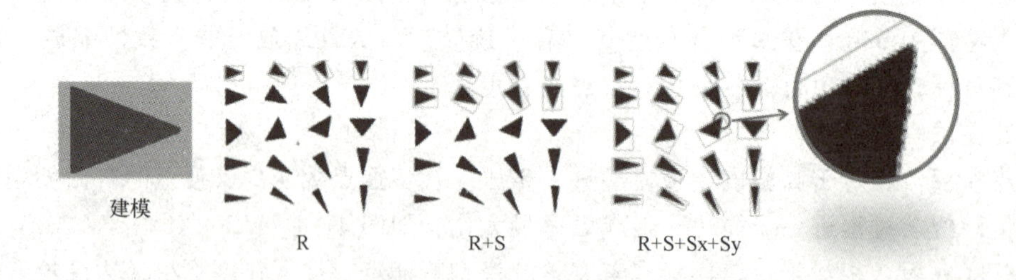

图 4-4　多自由度定位

3）具有一定的弹性匹配能力，如图 4-5 所示。

4）支持边缘延拓匹配功能，如图 4-6 所示。

图 4-5　不同尺度匹配

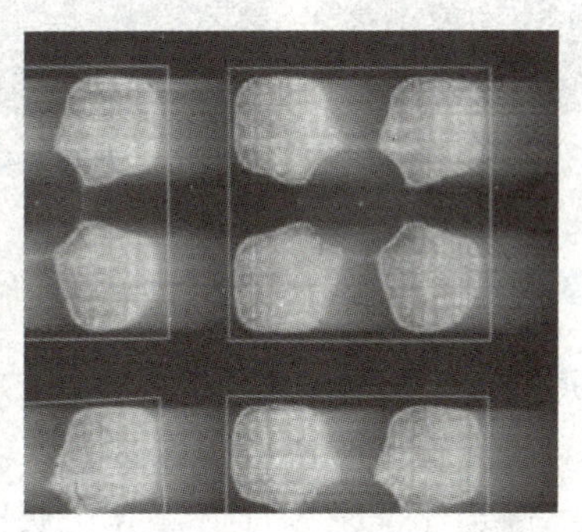

图 4-6　边缘延拓匹配

2. 灰度模板匹配

灰度模板匹配如图 4-7 所示。原理：特征选用图像的灰度统计信息，建模时对模板图像进行图像金字塔建立，生成多层模型，搜索时自顶而下逐层使用归一化互相关评分进行鲁棒的相似度评价，候选目标经过多层过滤后输出最终目标的位姿信息。

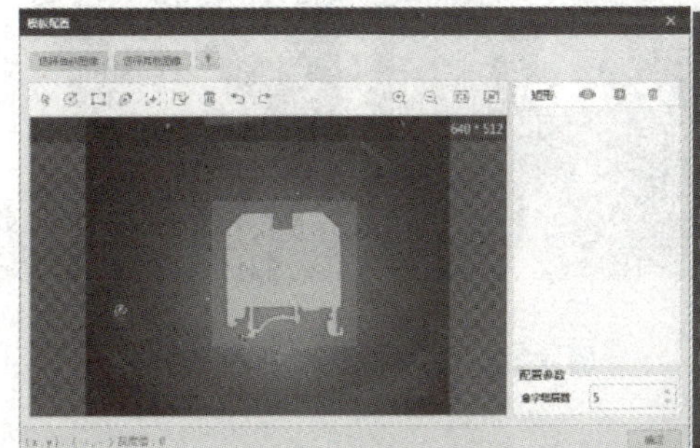

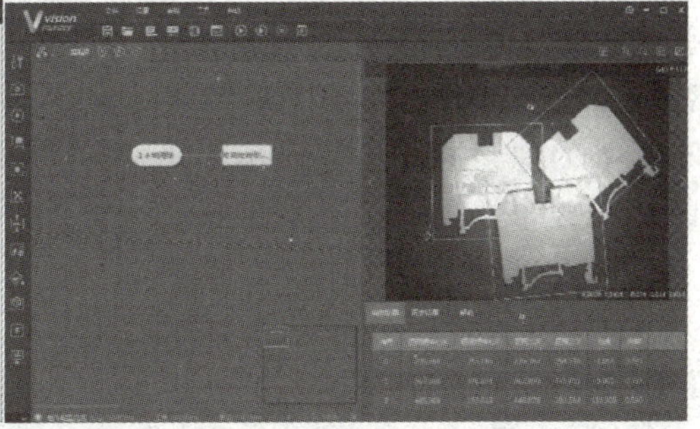

图 4-7　灰度模板匹配

灰度模板匹配的特点：

1）对于局部模糊，对焦不准等场景具有鲁棒的搜索能力，如图 4-8 所示。

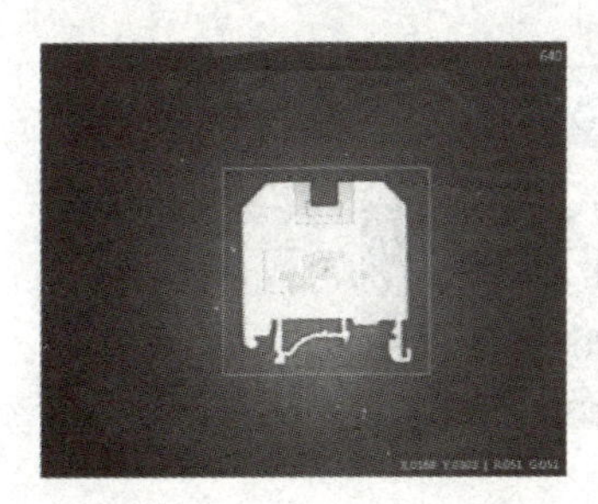

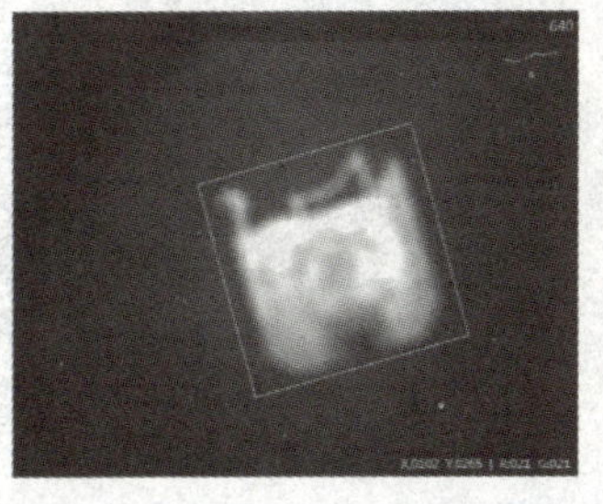

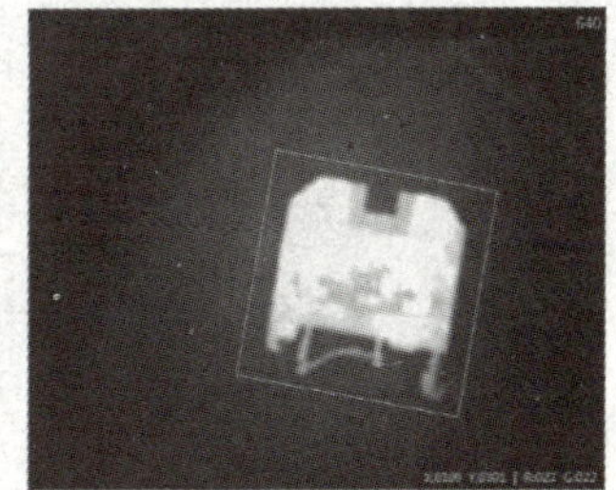

图 4-8　虚焦场景下灰度匹配

2）对于一致性光照变化具有较强的适应能力，如图 4-9 所示。

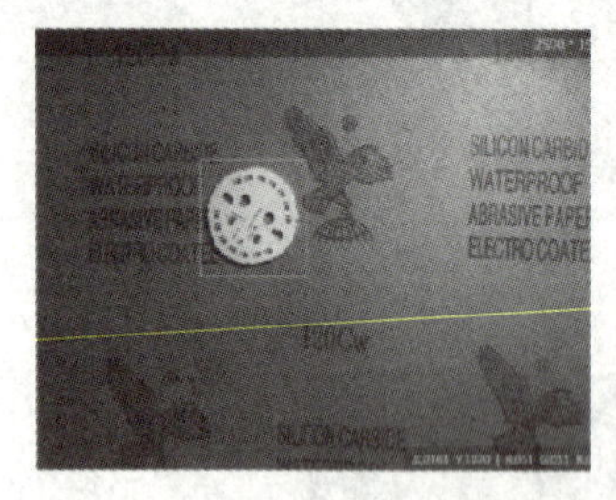
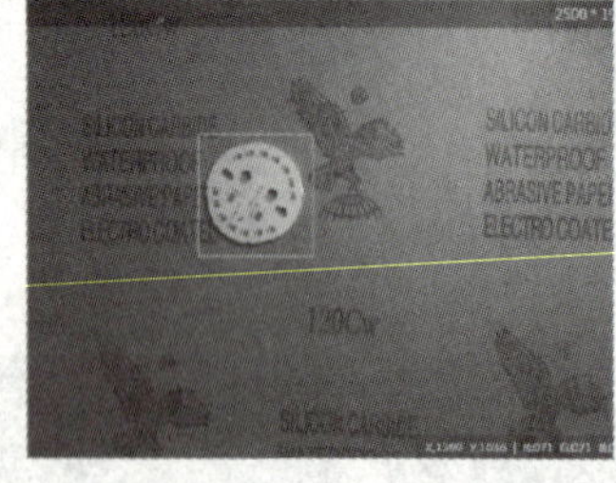
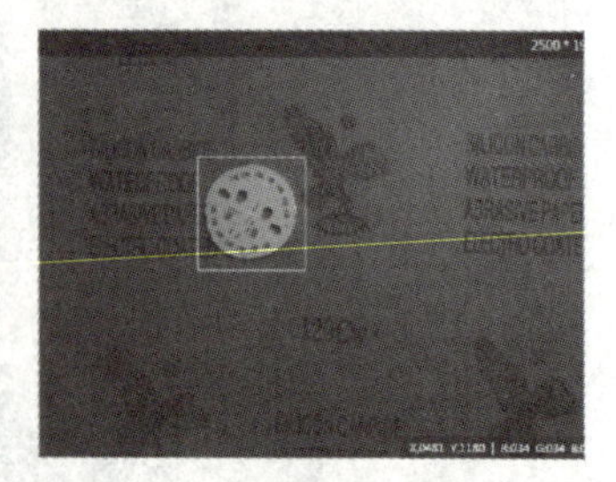

图 4-9 光照变化下灰度匹配

4.1.2 几何查找类

1. Blob 分析

原理：Blob 分析对输入的灰度图像进行二值分割，通过连通域分析方法在二值图中对 Blob 块进行提取、筛选、排序与特征计算，获取目标物体 Blob 的特征，如存在性、数量、位置、形状、方向等。

所谓二值图像，就是指图像上的所有点的灰度值只有两种可能，不为“0”就为“255”，也就是整个图像呈现出明显的黑白效果。一幅图像包括目标物体、背景还有噪声，要想从多值的数字图像中直接提取出目标物体，最常用的方法就是设定一个阈值 T，用 T 将图像的数据分成两部分：大于 T 的像素群和小于 T 的像素群。这是研究灰度变换的最特殊的方法，称为图像的二值化，图像二值化后结果如图 4-10 所示。

图 4-10 图像二值化后结果

Blob 分析包括阈值分割、Blob 提取、Blob 筛选、Blob 排序，如图 4-11、图 4-12 所示。

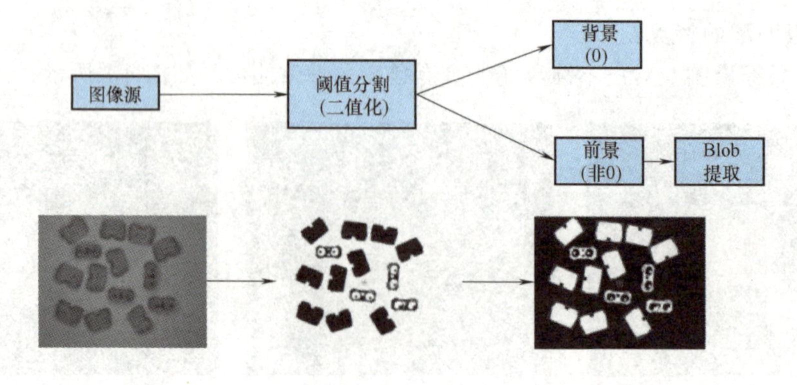

图 4-11 Blob 算法示意图

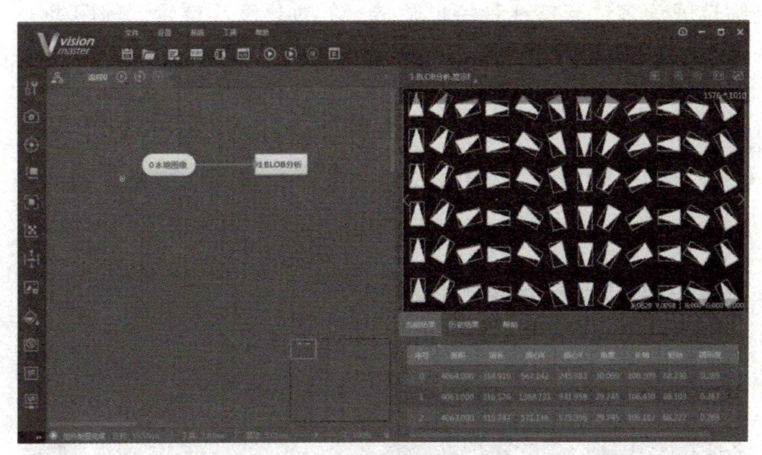

图 4-12　Blob 算法效果图

1）阈值分割，通过阈值分割将灰度图像分割成二值图像。

2）Blob 提取，通过连通域分析提取 Blob 块。

3）Blob 筛选，通过 Blob 特征筛选出目标 Blob 块。

4）Blob 排序，通过 Blob 指定特征将目标 Blob 块进行排序。

Blob 分析的特点：

1）支持八连通或四连通的 Blob 分析，最多 200 个（可拓展至 1000 个）Blob 输出。

2）筛选与排序方式选择灵活，支持 8 种特征筛选、13 种特征共计 26 种排序方式。

3）支持孔洞填充以及轮廓点集、Blob 图像输出功能。

2. 卡尺工具

原理：卡尺工具是一种测量目标对象的宽度、边缘的位置、特征或边缘对的位置和边缘对之间的距离的视觉工具。卡尺工具通过将图像 ROI 区域投影成一维信号，并针对一维信号分析出的极值点（对）代替二维图像的边缘点（对），一般用于边缘定位与测量，如图 4-13 所示。

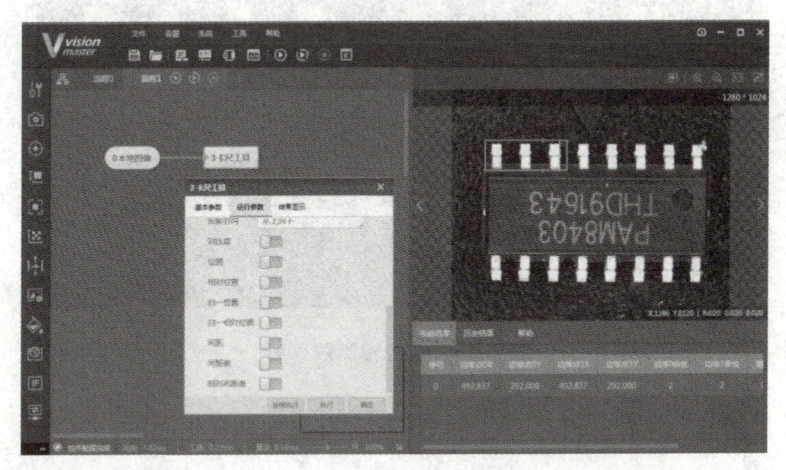

图 4-13　卡尺工具效果图

卡尺工具的特点：

1）边缘点筛选因子多，支持 9 种特征筛选，如对比度、位置、间距等。

2）丰富的评分机制满足边缘点多样性提取需求，提供 9 种单评分机制以及联合评分机制。

3. 边缘查找

原理：边缘查找是卡尺工具的边缘查找模块的简化版，把较为复杂的计分模式封装为“查找模式”，用于边缘的定位，如图 4-14 所示。

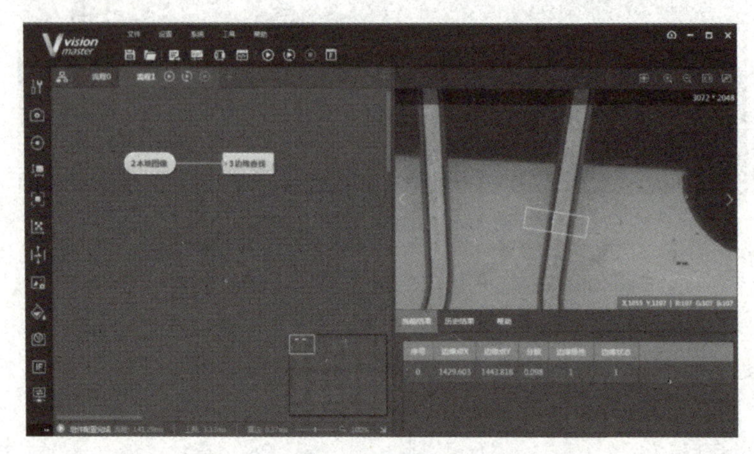

图 4-14　边缘查找效果图

边缘查找的特点：提供 3 种查找模式，简单应对边缘点查找问题。

4. 间距检测

原理：间距检测是卡尺工具的边缘对查找模块的简化版，把较为复杂的计分模式封装为查找模式，用于边缘对的定位和间距测量，如图 4-15 所示。

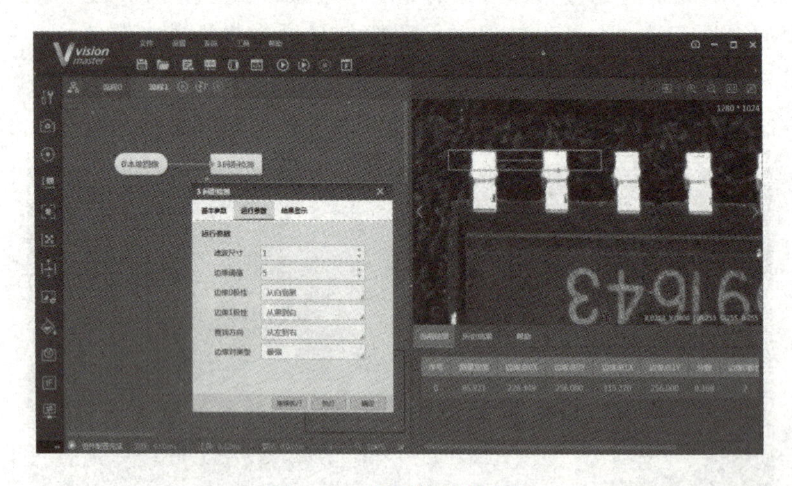

图 4-15　间距检测效果图

间距检测的特点：提供 9 种查找模式，简单应对边缘点查找问题。

5. 直线查找

原理：直线查找通过放置规则的卡尺集提取目标边缘点集，并对边缘点集进行直线拟合，输出直线段以及边缘点信息，如图 4-16 所示。

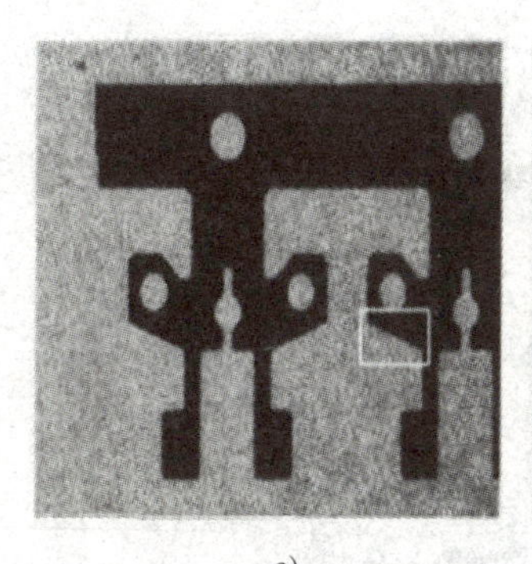

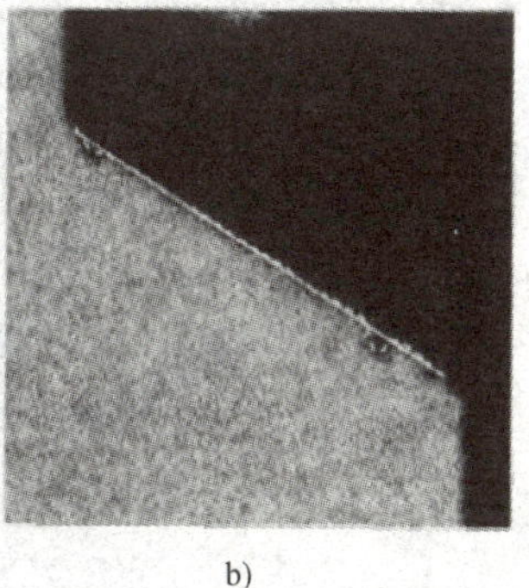

a)　　　　b)

图 4-16　直线边缘细节

图 4-16a 所示是一副工件的图像，其中白色矩形指示部分的放大图像如图 4-16b 所示。

图 4-17 所示为对垂直边缘（虚线）进行鲁棒拟合后得到的直线（实线）。

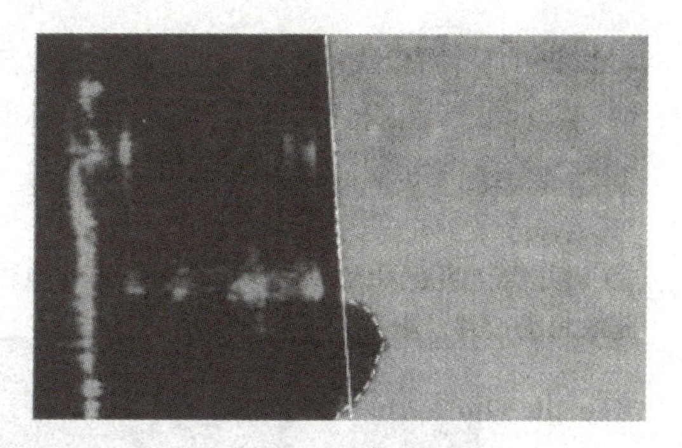

图 4-17　垂直边缘细节

直线查找的特点：

1）提供 3 种查找模式，简单应对直线查找问题。

2）提供剔除点数、剔除阈值双拟合参数，灵活性高，可拓展更多应用场景。

3）提供 3 种拟合方式，选择更多。

4）在离群点较多的场景下，具有较高的执行效率和较为理想的查找结果，如图 4-18 所示。

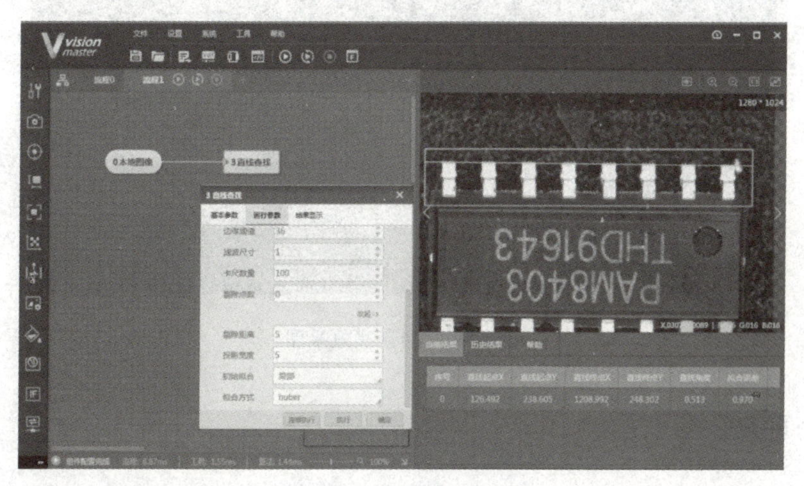

图 4-18　直线查找效果图

6. 圆查找

原理：圆查找通过放置规则的卡尺集提取目标边缘点集，并对边缘点集进行圆形拟合，输出圆形以及边缘点信息，如图 4-19 所示。

圆查找的特点：

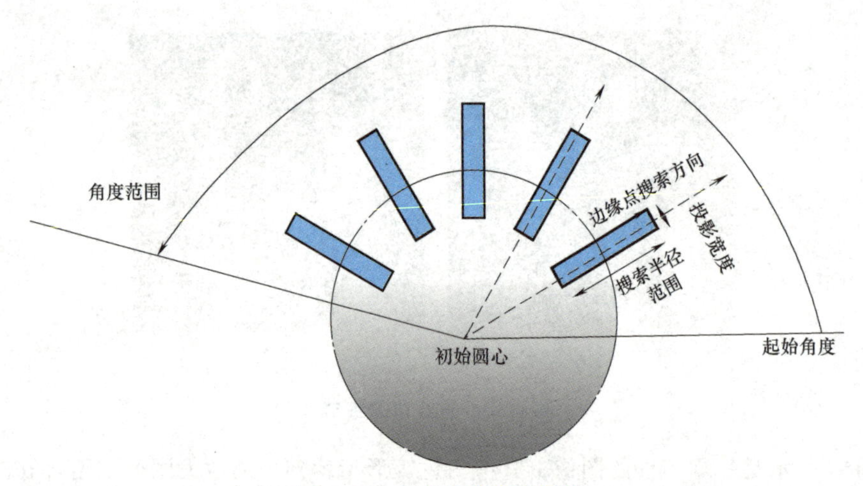

图 4-19　圆查找算法示意图

1）提供 3 种查找模式，简单应对圆查找问题。

2）提供初定位功能，高效完成简单目标的定位和圆查找功能。

3）提供剔除点数、剔除阈值双拟合参数，灵活性高，可拓展更多应用场景。

4）提供 3 种拟合方式，选择更多。

5）在离群点较多的场景下，具有较高的执行效率和较为理想的查找结果，如图 4-20 所示。

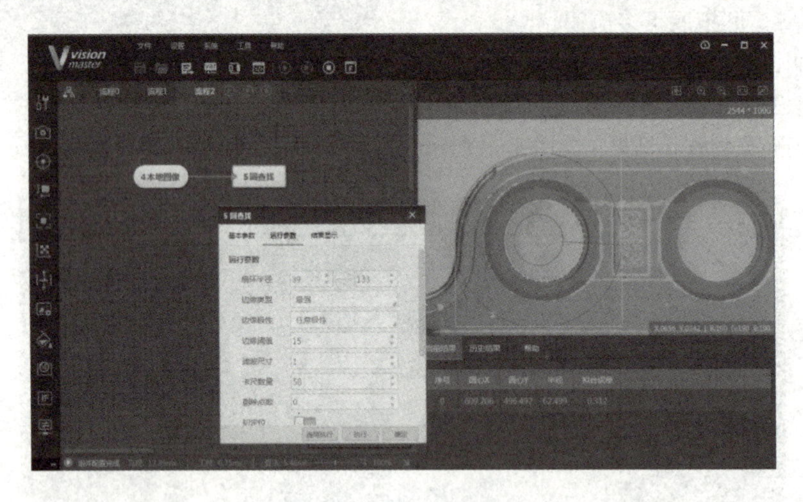

图 4-20　圆查找效果图

4.1.3　识别类

1. OCR

原理：OCR 分为训练和识别两部分。

训练阶段，在设定的训练区域内，工具内部会利用自适应分割首先获取单个字符，并针对单个字符提取字符特征信息，同时根据用户输入的字符信息利用分类器进行训练，生成字符库。

识别阶段，用户直接设定检测区域，工具内部会自动进行分割和特征提取，之后将单个字符特征传入到训练库中计算距离度量，通过分类器输出识别结果，如图 4-21 所示。

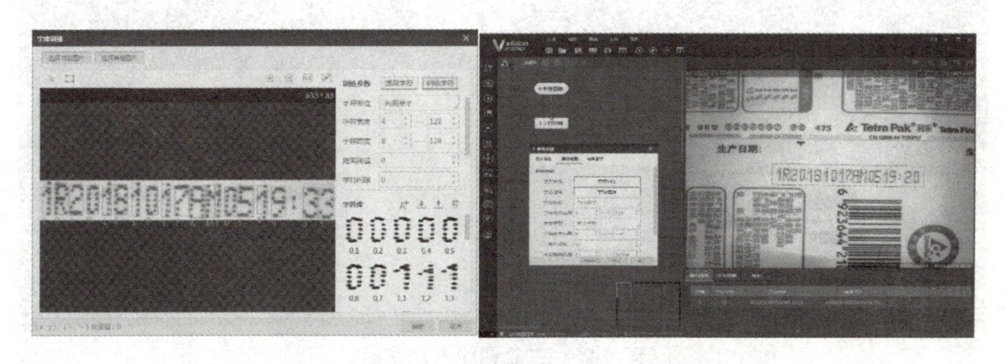

图 4-21　字符识别效果图

OCR 的特点：

1）适用于实体字符、点阵字符、倾斜字符等多种场合。

2）在识别过程中也支持字库扩充，其样本需求量小、识别率高。

3）支持字符过滤功能，避免类似字母“O”和数字“0”等较难识别的情况。

4）广泛应用于金属、纸板、塑料等不同材质和场合。

2. 一维码识别

原理：通常一个完整的条码是由两侧静区、起始符、数据符（中间分隔符，主要用于 EAN 码）、校验符、终止符组成，以一维条码为例，其排列方式通常如图 4-22 所示。一维码识别算法就是实现对一维码的译码过程。一维码识别算法首先会对图像中的一维码进行预处理，保证识别条码质量，之后进行译码，并保证一定的容错率。

图 4-22　一维码构成

一维码识别的特点：

1）算法鲁棒性强，支持畸变译码、断针译码和光斑译码。

2）参数配置灵活，普通客户可以使用均衡模式，专业人员可以使用专业模式。

3. 二维码识别

原理：二维码识别算法就是实现对二维码的译码过程。二维码识别算法首先对码的位置进行定位，进行姿态修正后，对二维码图像进行预处理，提高二维码图像质量，之后进行译码，并保证一定的容错率。算法提供急速、普通和专业模式，满足不同场景需求，如图 4-23 所示。

二维码识别的特点：

1）码制全面，能够读取 DM、QR、VC 等多种码制。

2）参数兼容，二维码连续、离散参数自适应，正方形、长方形参数自适应，黑底白码、白底黑码自适应以及镜像自适应。

3）鲁棒性强，在 360°旋转，一定畸变角度，大视野场景等条件下可以保证稳定解码。

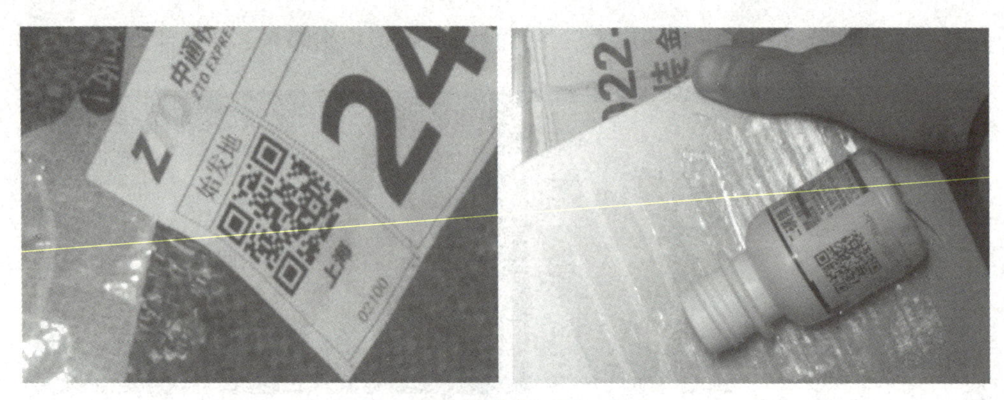

图 4-23　二维码识别示意图

4.1.4　色彩处理类

1. 颜色抽取

原理：通过设置抽取范围，可从复杂的彩色图片中，得到只含目标范围的前景区域，并通过二值图像输出抽取结果，如图 4-24 所示。

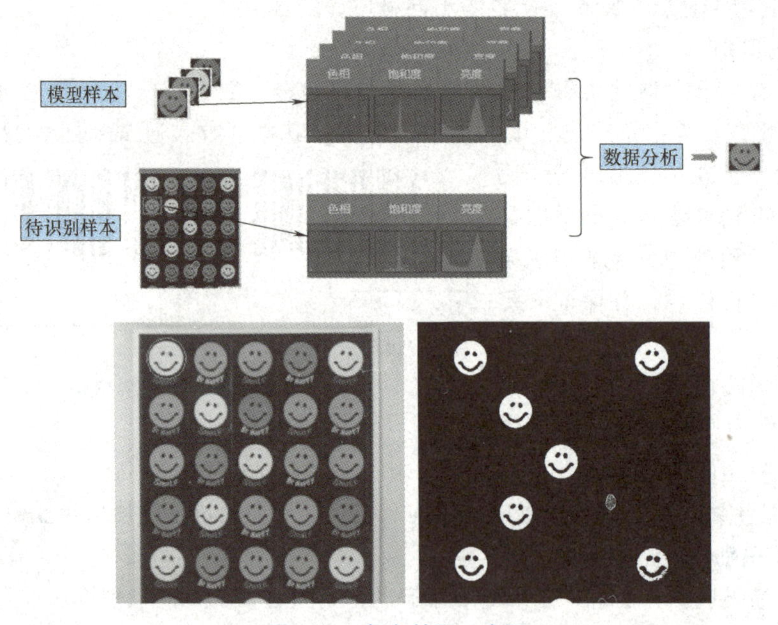

图 4-24　颜色抽取示意图

颜色抽取的特点：

1）参数灵活，支持 RGB、HSV、HSI 颜色空间范围选择。

2）支持 8 个并行范围的抽取，同时可设置范围反选。

3）自带吸管工具，可从彩色图像中预选范围。

2. 颜色识别

原理：通过不同的标签值预先注册待识别颜色类别，建立颜色模型。运行时在 HSI 颜色空间内提取目标特征（直方图特征或色谱特征），计算目标特征与颜色模型中各颜色类别的度量值，并由分类器进行筛选，得到最接近的识别结果，如图 4-25 所示。

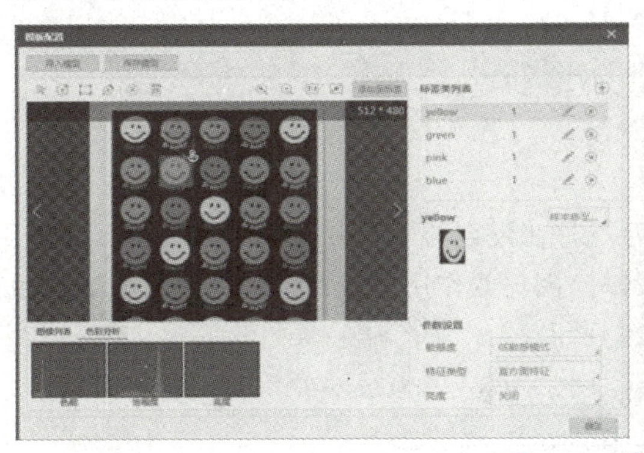

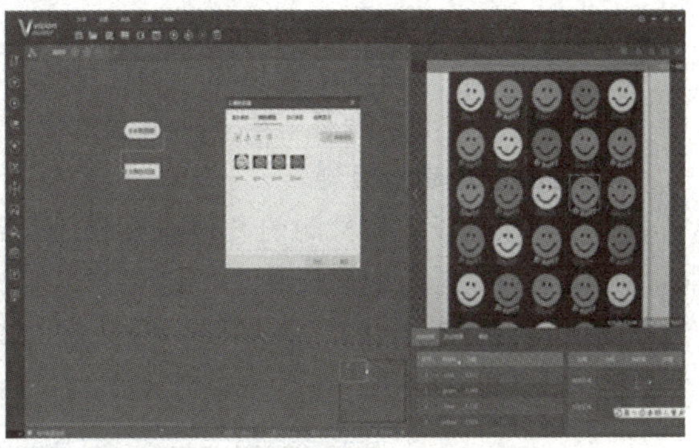

图 4-25　颜色识别效果图

颜色识别的特点：

1）支持色谱特征及直方图特征和三种识别敏感度等级，区分粒度可达 520 种颜色。

2）颜色模型最多可支持 100 个标签类，10000 张图像数据。

3）可关闭亮度通道特征，减小光照变化对识别结果的影响。

4.1.5　缺陷检测类

1. 直线（圆）边缘缺陷检测

原理：设定检测区域之后，拟合区域内直线（圆），将该直线（圆）与标准直线（圆）进行比对，在预设缺陷阈值的作用下，评判是否存在缺陷并标出缺陷位置，如图 4-26 所示，其效果如图 4-27 所示。

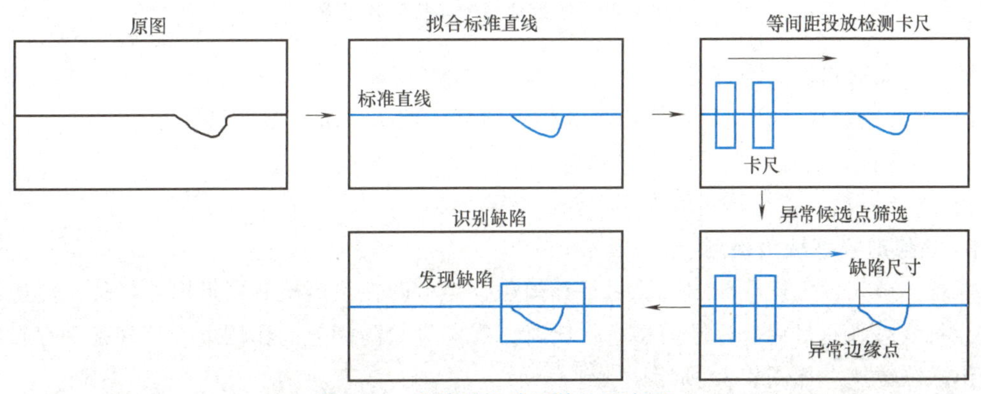

图 4-26　边缘缺陷检测算法示意图

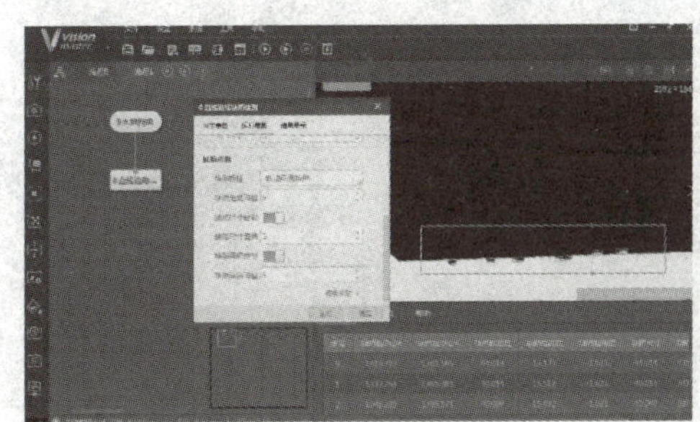

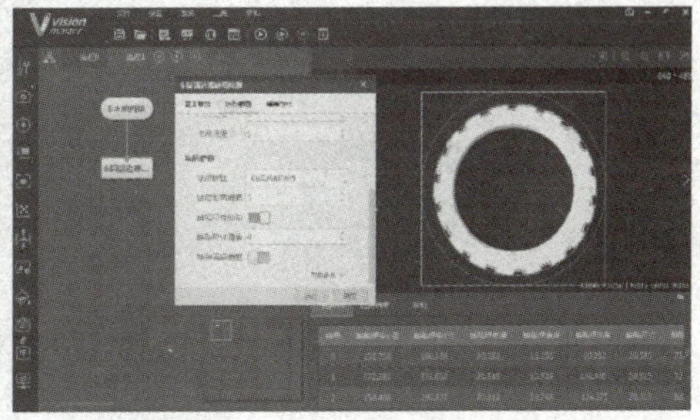

图 4-27　边缘缺陷检测效果图

直线（圆）边缘缺陷检测的特点：

1）可高效检测断裂、凹凸缺陷。

2）可以灵活设置缺陷阈值来人为控制缺陷大小。

3）支持直线和圆两类基本几何形状的组合检测。

2. 模型边缘缺陷检测

原理：预先设定待检测的几何目标模型，运行时在设定检测区域内寻找待检测几何目标，将该几何目标与标准模型进行比对，在预设缺陷阈值的作用下，评判是否存在缺陷并标出缺陷位置，如图 4-28 所示，其效果图如图 4-29 所示。

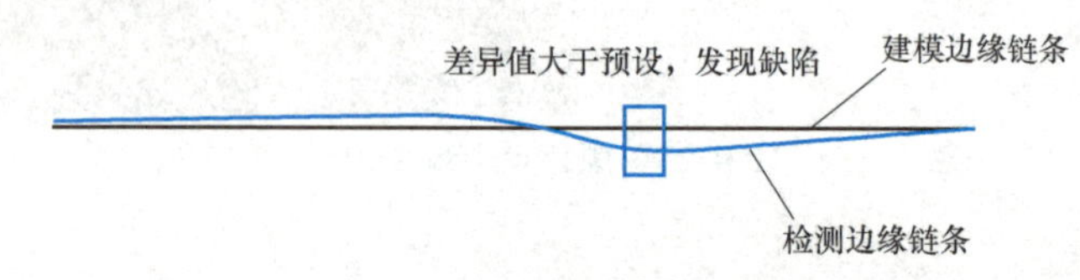

图 4-28　模型边缘缺陷检测工具判定缺陷方法

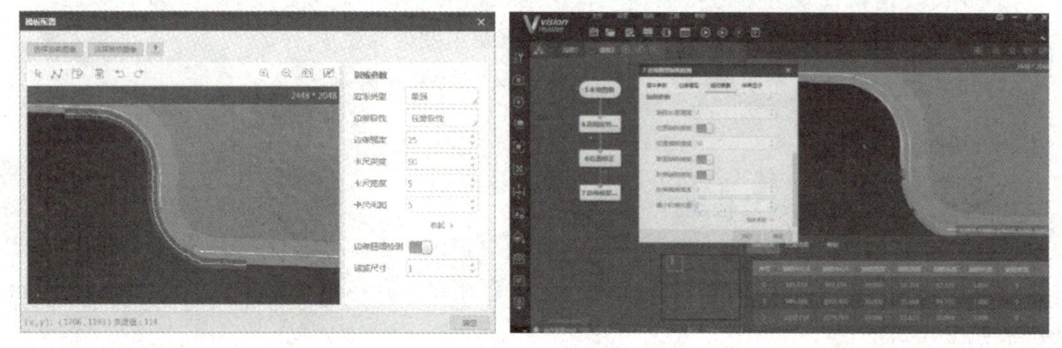

图 4-29　模型边缘缺陷检测效果图

模型边缘缺陷检测的特点：

1）支持绘制任意几何目标，可高效检测断裂、偏移、阶梯差缺陷。

2）具有轨迹绘制自动平滑优化功能。

3）可以灵活设置缺陷阈值来人为控制缺陷大小。

3. 边缘对模型缺陷检测

原理：预先设定待检测的边缘对目标模型，运行时在设定检测区域内寻找待检测边缘对目标，将该边缘对目标与标准模型进行比对，在预设缺陷阈值的作用下，评判是否存在缺陷并标出缺陷位置，如图 4-30 所示。

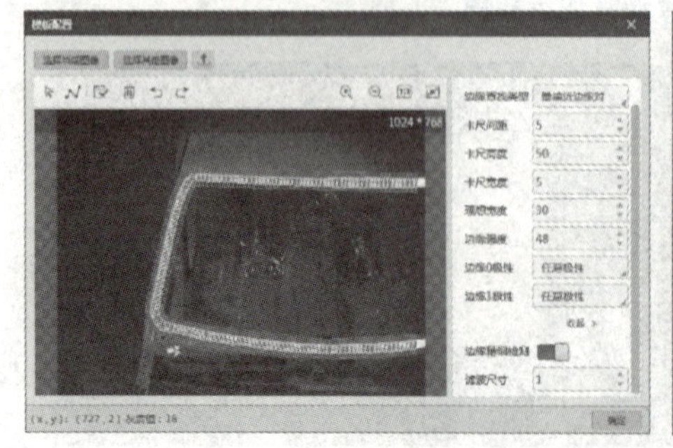 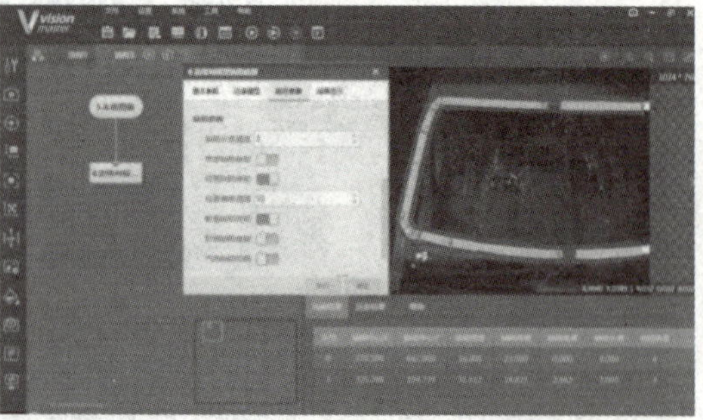

图 4-30　边缘对模型缺陷检测效果图

边缘对模型缺陷检测的特点：

1）支持绘制任意几何目标，可高效检测断裂、宽窄、偏移、阶梯差、气泡缺陷。

2）具有灰度辅助检测功能，能够避免噪声点干扰导致的缺陷。

3）建模支持自动建模，投放锚点后可直接生成边缘对路径。

4）广泛用于胶路、凹槽等缺陷检测领域。

4.1.6　图像处理类

图像预处理是对图像像素进行直接处理的过程，该过程会减弱或消除图像中的无用信息，凸显或恢复有用的信息，目的是为了后续模块能够更好地实现其功能。VM 算法平台中涉及的预处理有如下几种：图像滤波、形态学处理、图像增强。

1. 图像滤波

原理：通过预先设定的核与图像每个像素单元进行运算而获得新的像素值的方法，通常分为线型滤波和非线性滤波，VM 算法平台中提供的线性滤波有高斯滤波、均值滤波以及图像取反，非线性滤波有中值滤波和边缘提取，如图 4-31 所示。

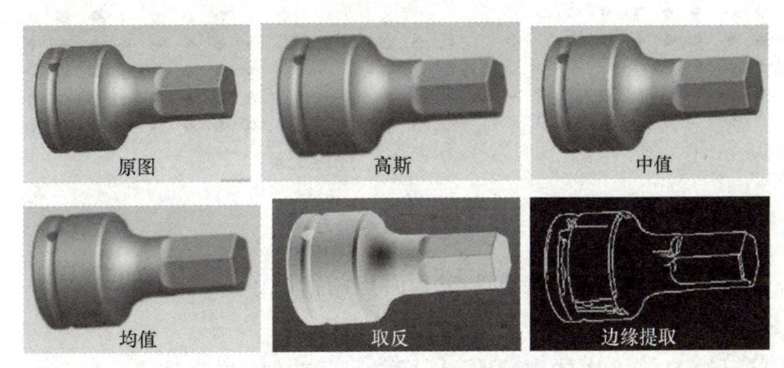

图 4-31　图像滤波算法效果示意图

平滑模糊程度（相同滤波核大小）：均值>高斯>中值滤波。其中，中值滤波对于图像整体的平滑模糊程度最小，但针对局部灰度变化过高的离散点去除的效用较优。

2. 形态学处理

原理：通过预先设定的核与图像每个像素单元进行交、并运算，或最大最小操作而获取新的像素值的方法，VM 算法平台中提供四种常用处理办法：腐蚀、膨胀、开运算、闭运算。

（1）腐蚀　图像的腐蚀操作首先要取每个位置的一个邻域内的最小值，将其作为该位置的输出像素值。这里的邻域不局限于矩形结构，还包括椭圆形结构和十字交叉形结构。

腐蚀的处理特点：因为取每个位置邻域内的最小值，所以腐蚀后的图像整体会变暗，图像中比较亮的区域的面积会变小甚至消失，而比较暗的区域会增大一些，如图 4-32 所示。

（2）膨胀　膨胀和腐蚀操作原理相似，膨胀是选取每个位置邻域内的最大值作为输出灰度值。膨胀后的图像的整体亮度会有提高，图形中较亮物体的尺寸变大，而较暗物体的尺寸会减小甚至消失。效果图如图 4-33 所示。

（3）开运算　功能特点：

1）开运算可以消除亮度较高的细小区域，在纤细点分离物体。

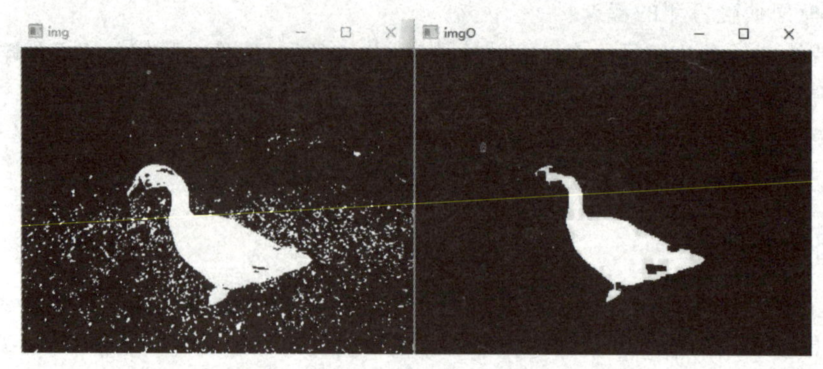

图 4-32　腐蚀后效果图

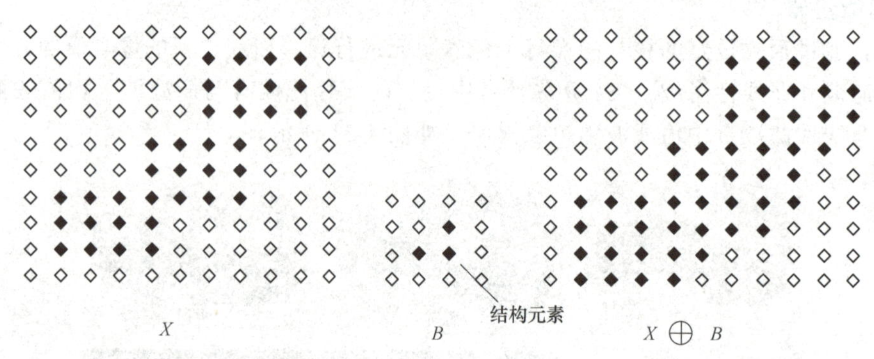

图 4-33　膨胀示意图

2）对于较大物体，可以在不明显改变其面积的情况下平滑其边界等。

（4）闭运算　功能特点：

1）闭运算可以填充白色物体内细小黑色区域，连接临近物体。

2）也可以在不明显改变其面积的情况下平滑边界。

开、闭运算相比较腐蚀和膨胀，它能够在不明显改变物体的形态大小的情况下进行腐蚀和膨胀操作，如图 4-34 所示。

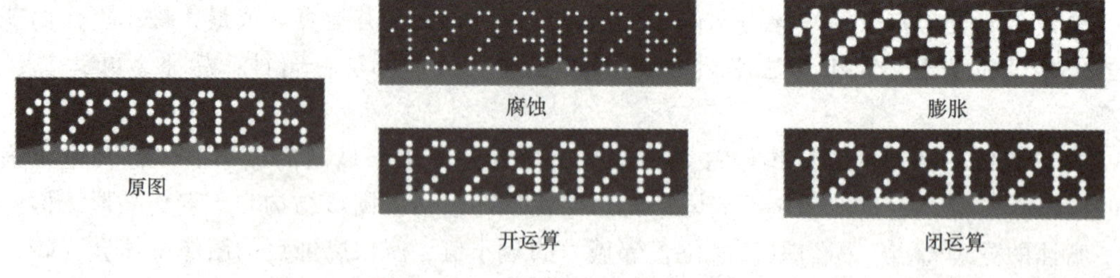

图 4-34　不同形态学方法对应效果

3. 图像增强

原理：通过图像局部压缩拉伸或者整体灰度级压缩拉伸，来达到凸显某区域亮度或对比度的目的，VM 算法平台中提供四种方法：亮度校正、对比度校正、Gamma 校正、锐化。

（1）亮度校正　图像亮度通俗理解便是图像的明暗程度，下面通过图片不同亮度对比

（如图 4-35a）一下亮度变化对数字图像的影响。

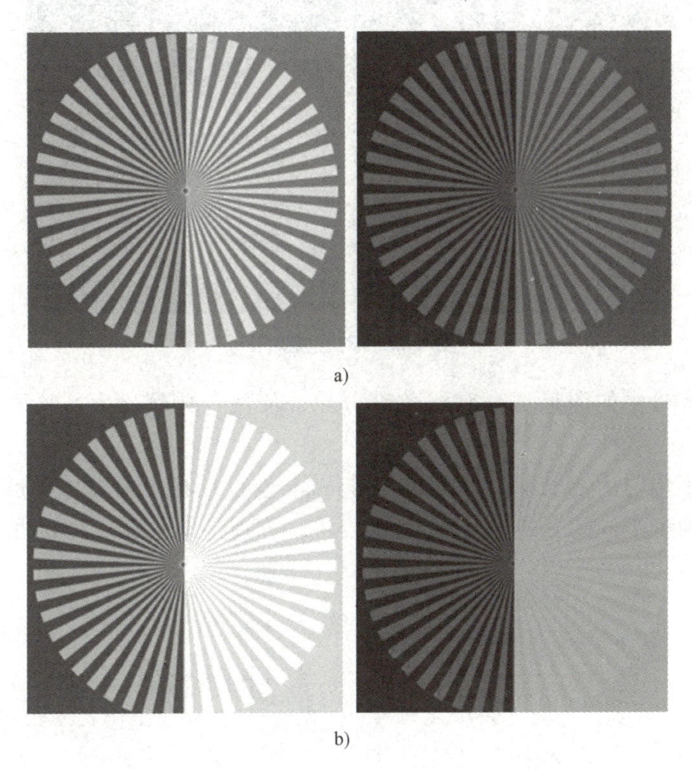

a)

b)

图 4-35　不同亮度对比

图 4-35a 中，图的右边相对于左边增加了亮度，可以看出图像右边相对于左边亮度有了一个整体的提升，这里只是对亮度做了一个小幅度的提升，我们尝试着将亮度提升到更高，如图 4-35b 所示。

这里需要强调的是如果我们对亮度做这么一个剧烈的改变，那么便会在改变图片强度的同时也影响了图片的饱和度、对比度和清晰度，此时两个图片右边部分饱和度、对比度和清晰度都降低了，原因是过度增加亮度导致阴影赶上了高光，因为最大灰度值是固定的，所以最低灰度值快赶上了最大灰度值，因此影响了图片的饱和度、对比度和清晰度。

亮度调整算法很简单，对每一个像素的 RGB 值同时加上或减去一个特定的值就可以了。当然由于 RGB 取值范围都是在［0，255］的，所以要考虑到越界的问题。

（2）对比度校正　对比度指的是图像暗和亮的落差值，即图像最大灰度级和最小灰度级之间的差值，对比度对比如图 4-36 所示。

图 4-36 中图像的右侧都增加了对比度，但我们可以看出右侧的辐条随着对比度的增加，都变亮了，背景变暗了，图像看起来更加清晰。

对比度校正的思想也很简单，大的原则就是让亮的更亮，暗的更暗。具体实现的方式有很多种，比如取一个阈值，超过的就加一定的值，不到的就减一定的值等。

（3）Gamma 校正　Gamma 源于 CRT（显示器、电视机）的响应曲线（图 4-37），即其亮度与输入电压的非线性关系。

所谓 Gamma 校正就是对图像的 Gamma 曲线进行编辑，以对图像进行非线性色调编辑的

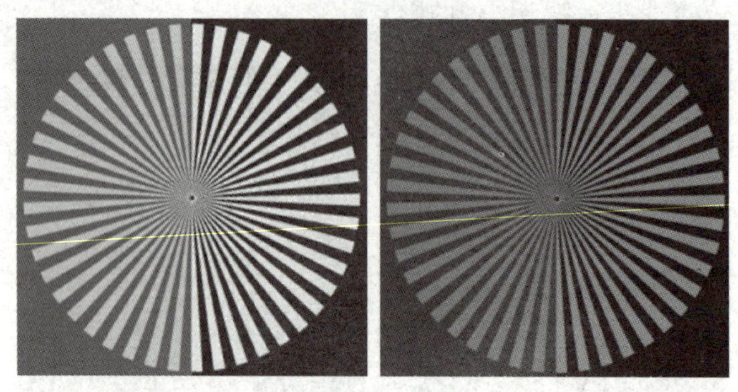

图 4-36　对比度对比

方法，检出图像信号中的深色部分和浅色部分，并使两者比例增大，从而提高图像对比度效果。

在图像照度不均匀的情况下，可以通过 Gamma 校正，将图像整体亮度提高或降低。在实际中可以采用两种不同的方式进行 Gamma 校正，分别是平方根和对数法。

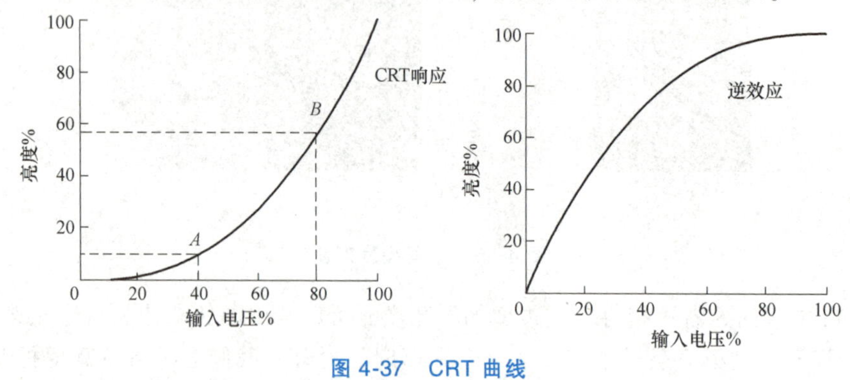

图 4-37　CRT 曲线

（4）图像锐化　图像锐化是补偿图像的轮廓，增强图像的边缘及灰度跳变的部分，使图像变得清晰。图像锐化在实际图像处理中经常用到，因为在做图像平滑、图像滤波处理的时候经常会丢失图像的边缘信息，通过图像锐化便能够增强突出图像的边缘、轮廓，如图 4-38 所示。

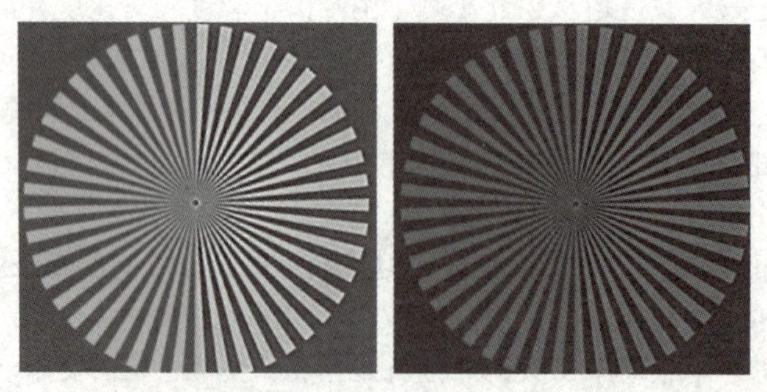

图 4-38　锐化对比

从图 4-38 中我们可以看出图像辐条接近中心的细辐条亮度、对比度和饱和度有了明显的提升，但外侧确没有太明显的变化，这是因为图像锐化会更多地增强边缘数据，因此影响也就更加明显，调整锐度方法通常用高通滤波法。

图像增强方法的选择方法如下：

1）亮度校正是增益加补偿，两者都可以人为来控制。

2）对比度校正是增益加增益性补偿，与亮度校正不同的是补偿来自于增益和像素均差的整体作用。

3）Gamma 校正是对图像整体灰度级进行拉伸和压缩。

4）锐化则是单纯的增益性补偿，增益不作用在当前像素值上，而是作用于像素局部均差上，因此，锐化会将局部的锐利程度最大化。

抛开 Gamma 校正，从锐利程度上来讲，锐化>对比度校正>亮度校正，如图 4-39 所示。

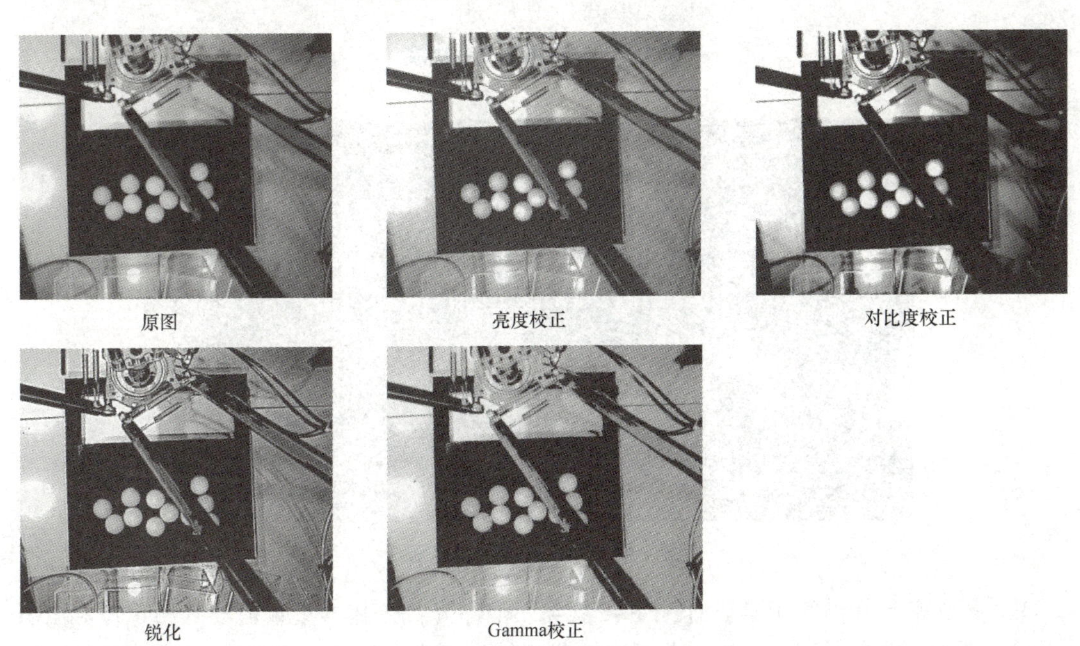

图 4-39　不同图像增强方法对应效果

4.2　VM 算法平台介绍

VM 算法平台是海康机器人自主研发，拥有完整知识产权的机器视觉算法平台软件，以让视觉应用更轻松为核心宗旨，帮助集成商和客户高效快捷的完成视觉方案搭建和稳定使用。

VM 算法平台封装了千余种海康机器人自主开发的图像处理算子，结合简单的拖拽式配置和强大的可视化编辑功能，无需编程，即可快速构建机器视觉应用系统。软件平台功能丰富，性能稳定可靠，用户操作界面友好，能够满足视觉定位、测量、检测和识别等视觉应用需求。业界领先的视觉深度学习算法集成与使用，在复杂的视觉应用中取得了突破，软件功能如图 4-40 所示。

VM 算法平台界面如图 4-41 所示，上方为菜单栏和全局控制，左侧为工具栏，中间为流程编辑区域，右侧为图像和结果显示；整体布局分明，可视化和拖拽式操作带来视觉方案编辑的极大便利化。

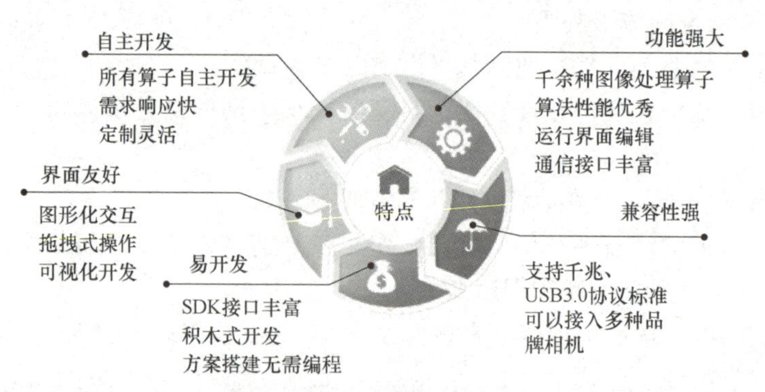

图 4-40 VM 算法平台功能

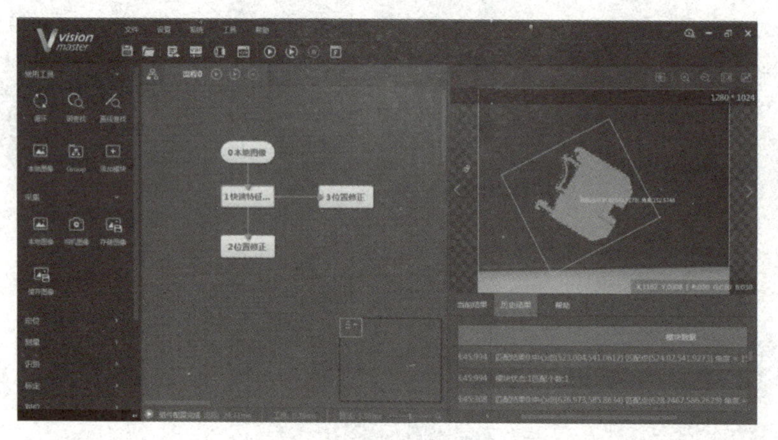

图 4-41 VM 算法平台界面

VM 算法平台在模块工具设计上主要包含三个部分：在基本参数内设置图像源和 ROI，在运行参数内设置模块参数，在结果显示栏设置结果判定和显示，通过简单的配置即可实现丰富的模块功能，如图 4-42 所示。

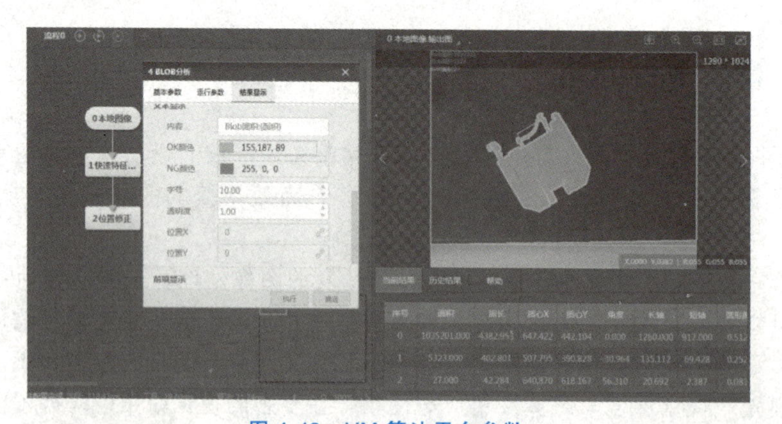

图 4-42 VM 算法平台参数

经过项目的检验和不断优化改进，VM 算法平台当前已有 100 多个功能模块，持续对接行业项目需求，不断优化迭代，以帮助用户实现稳定的视觉检测为目标，功能模块正在进行不断拓展和优化，见表 4-1。

表 4-1 VM 算法平台视觉工具

类别	工具
采集工具	本地图像 相机图像 存储图像 缓存图像
定位工具	高精度特征匹配 快速特征匹配 灰度模型匹配 圆查找 直线查找 BLOB分析 卡尺工具 边缘查找 间距检测 位置修正 矩形检测 顶点检测 边缘交点 平行线查找
测量工具	线圆测量 圆圆测量 点圆测量 点线测量 线线测量 点点测量 圆拟合 直线拟合 亮度测量 像素统计 直方图工具 几何创建
识别工具	二维码识别 条码识别 字符识别
深度学习	DL字符识别G DL图像分割G DL字符定位G DL字符定位C DL分类G DL分类C DL目标检测G DL目标检测C
标定工具	标定板标定 N点标定 标定转换 单位转换 畸变标定 畸变校正
对位工具	相机映射 单点对位 点集对位 线对位
图像处理	图像组合 形态学处理 图像二值化 图像滤波 图像增强 图像运算 清晰度评估 图像修正 阴影校正 仿射变换 圆环展开 拷贝填充 帧平均 图像归一化 图像矫正
颜色处理	颜色抽取 颜色测量 颜色转换 颜色识别
缺陷检测	字符缺陷检测 圆弧边缘缺陷检测 直线边缘缺陷检测 圆弧对缺陷检测 直线对缺陷检测 边缘组合缺陷检测 边缘对组合缺陷检测 边缘模型缺陷检测 边缘对模型缺陷检测

（续）

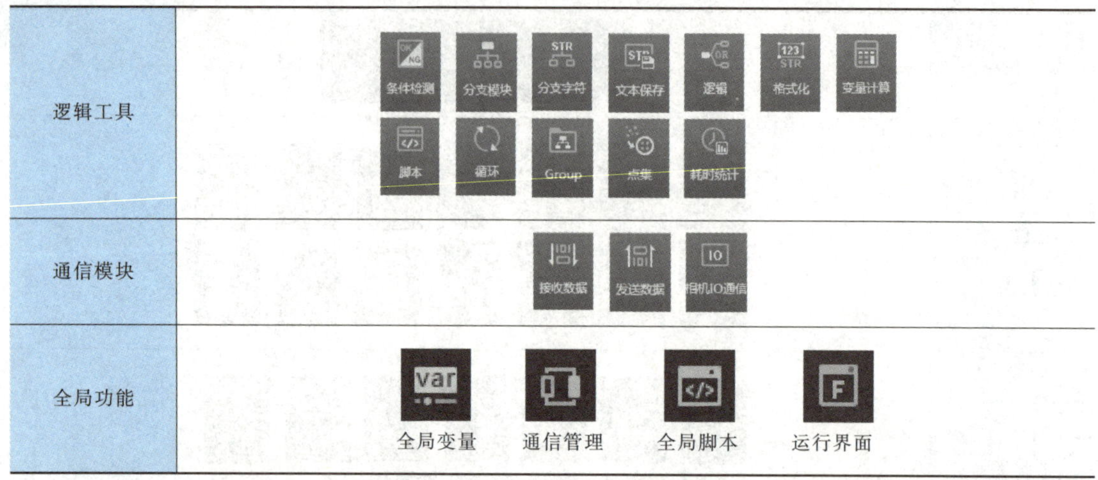

逻辑工具	条件检测　分支模块　分支字符　文本保存　逻辑　格式化　变量计算　脚本　循环　Group　点集　耗时统计
通信模块	接收数据　发送数据　相机IO通信
全局功能	全局变量　通信管理　全局脚本　运行界面

1. 特征匹配

功能：搜索和定位图像中具有相同特征的目标，常用于视觉方案的粗定位，如图 4-43 所示。

VM 算法平台特征匹配提供两种模式：

1）快速模式。相对于高精度模式进一步压缩，特征点数变少，搜索的自由度空间进一步压缩，搜索过程进一步简化，以求效率最大化。

2）高精度模式。相对于快速模式有着完整的模型特征点，搜索粒度更小，边缘位置更加精密，追求更高精度。

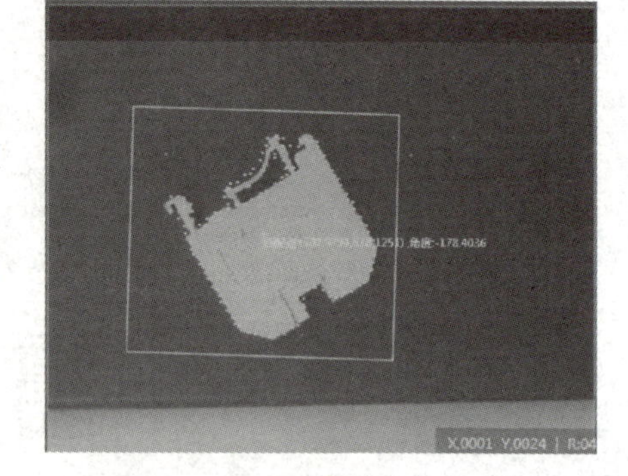

图 4-43　特征匹配工具

2. Blob 分析

功能：在图像中检测、定位和分析具有相同灰度特征的团块。仅需要通过设置 ROI 和灰度阈值，即可实现团块的定位分析，通过多种使能进行过滤实现理想检测，如图 4-44 所示。

3. 卡尺

功能：测量目标对象边缘位置、特征或距离等。仅需要设置检测区域和查找方向，通过灰度阈值实现点的精准定位，如图 4-45 所示。

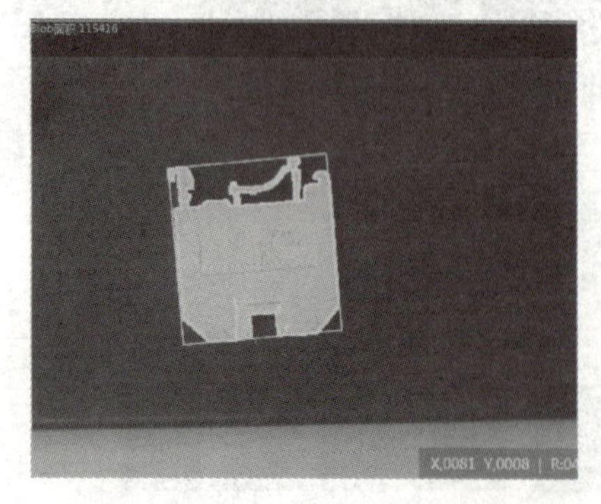

图 4-44　Blob 工具

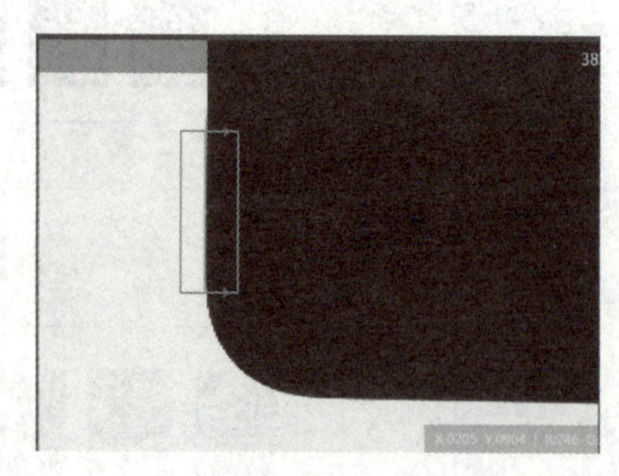

图 4-45　卡尺工具

4. 圆查找

功能：查找图像中圆形区域、卡点并拟合成理想圆。仅需设置检测区域、阈值等相关参数，确保卡点理想即可得到理想圆，如图 4-46 所示。

5. 一维码识别

功能：识别条码，支持 128、93、30、EAN、ITF25、Codabar 等码制。几乎无需调整参数，设置读取数量即可读取条码信息，如图 4-47 所示。

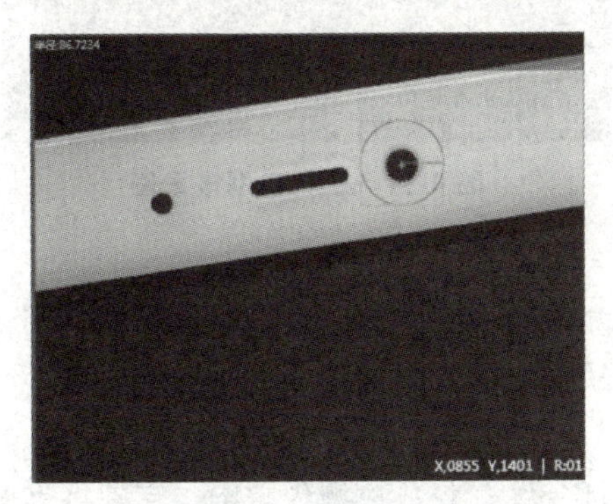

图 4-46　圆查找工具

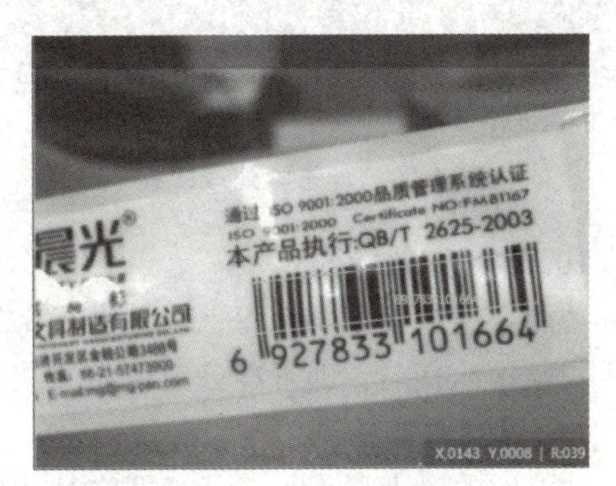

图 4-47　一维码识别工具

6. 二维码识别

功能：识别二维码，支持 DM 和 QR 两种标准格式。几乎无需调整参数，设置读取数量即可读取二维码信息，如图 4-48 所示。

7. 字符识别

功能：通过对标准字符的训练提取，来识别获取标准字符信息。使用时需要先训练字库，可通过分割检查字符提取的准确程度，通过调整多种参数实现复杂场景的适应，如图 4-49 所示。

图 4-48　二维码识别工具

图 4-49　字符识别工具

8. 形态学处理

功能：从图像中提取出对表达和描绘区域形状有意义的图像分量，减少干扰或加强特征稳定性。可通过“核大小”参数灵活调整处理效果，形态学处理工具如图 4-50 所示。

9. 颜色识别

功能：通过训练生成模型，来识别指定区域颜色。训练时根据样本颜色情况选择灵敏度，实现颜色的准确识别，颜色识别效果图如图 4-51 所示。

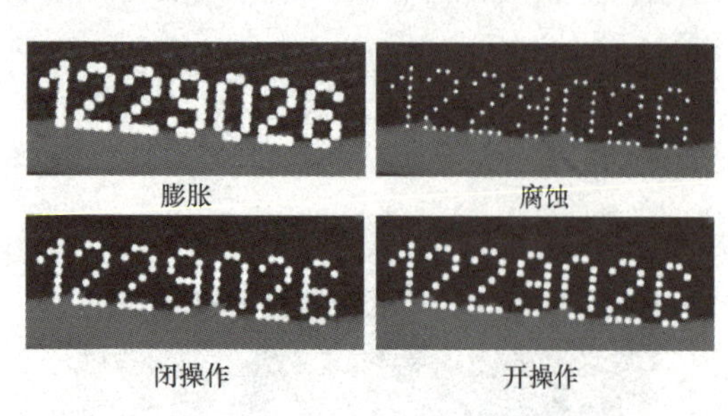

图 4-50　形态学处理工具

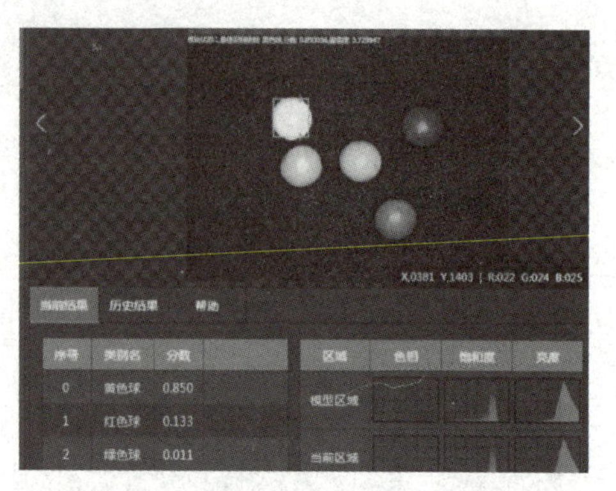

图 4-51　颜色识别效果图

10. 字符缺陷检测

功能：通过标准字符库训练，进行字符不良或漏印的检测。可全自动提取字符，训练时仅需勾选确认良品，即可准确定位相关缺陷，字符缺陷检测效果如图 4-52 所示。

11. 圆环缺陷检测

功能：通过卡尺卡点与标准圆进行比较，将不符合设置参数检测为缺陷。支持标准圆的输入，多种使能可良好定位相关缺陷，圆环缺陷检测效果如图 4-53 所示。

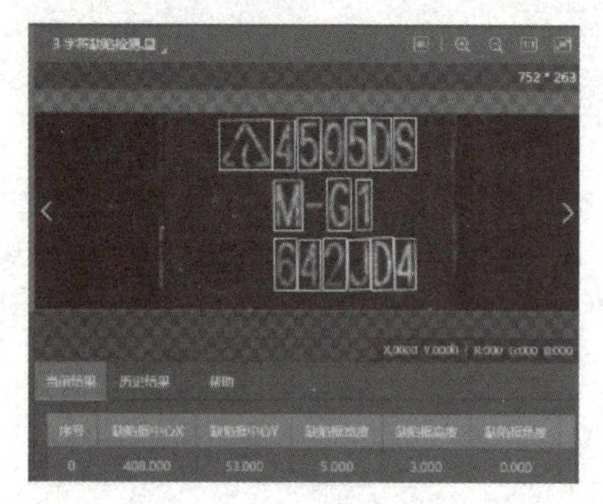

图 4-52　字符缺陷检测效果图

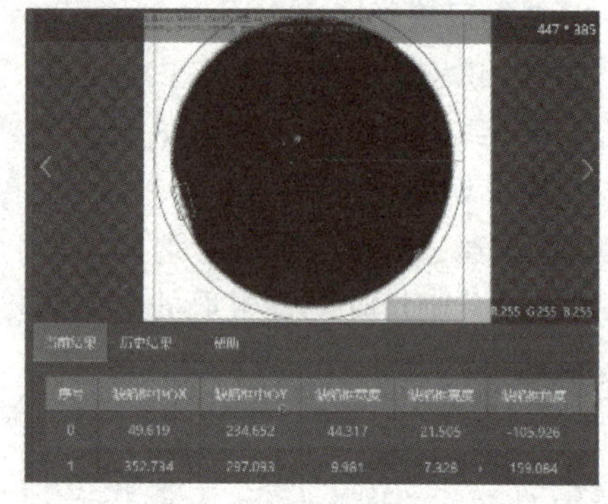

图 4-53　圆环缺陷检测效果图

12. 深度学习字符定位

功能：深度学习字符定位采用深度学习算法主要应用于字符的定位，如图 4-54 所示，面向的字符类型有以下特点：

1）字符可以是中文、英文或符号，形式可以是单个字符或字符串。

2）支持多行字符定位，多行文本中单行字符定位。

超低字符对比度

背景干扰

模糊字符

图 4-54　深度学习字符定位效果

3）支持字符位置偏移、角度旋转，只要在视野中都能定位到。

4）要求单个字符宽高与整幅图像宽高比要大于 12/528 像素。

5）在字符成像质量差、对比度低、背景略带干扰的情况下也有较高的精度与准确率。

典型方案：通过深度学习字符定位训练工具对图片进行标记训练，在深度学习字符定位模块加载模型，就能实现字符的定位。

13. 逻辑模块

功能：软件逻辑功能丰富，可以设置条件判断、分支控制、循环等脚本实现丰富高效的流程方案控制，实现要求的逻辑功能，如图 4-55 所示。

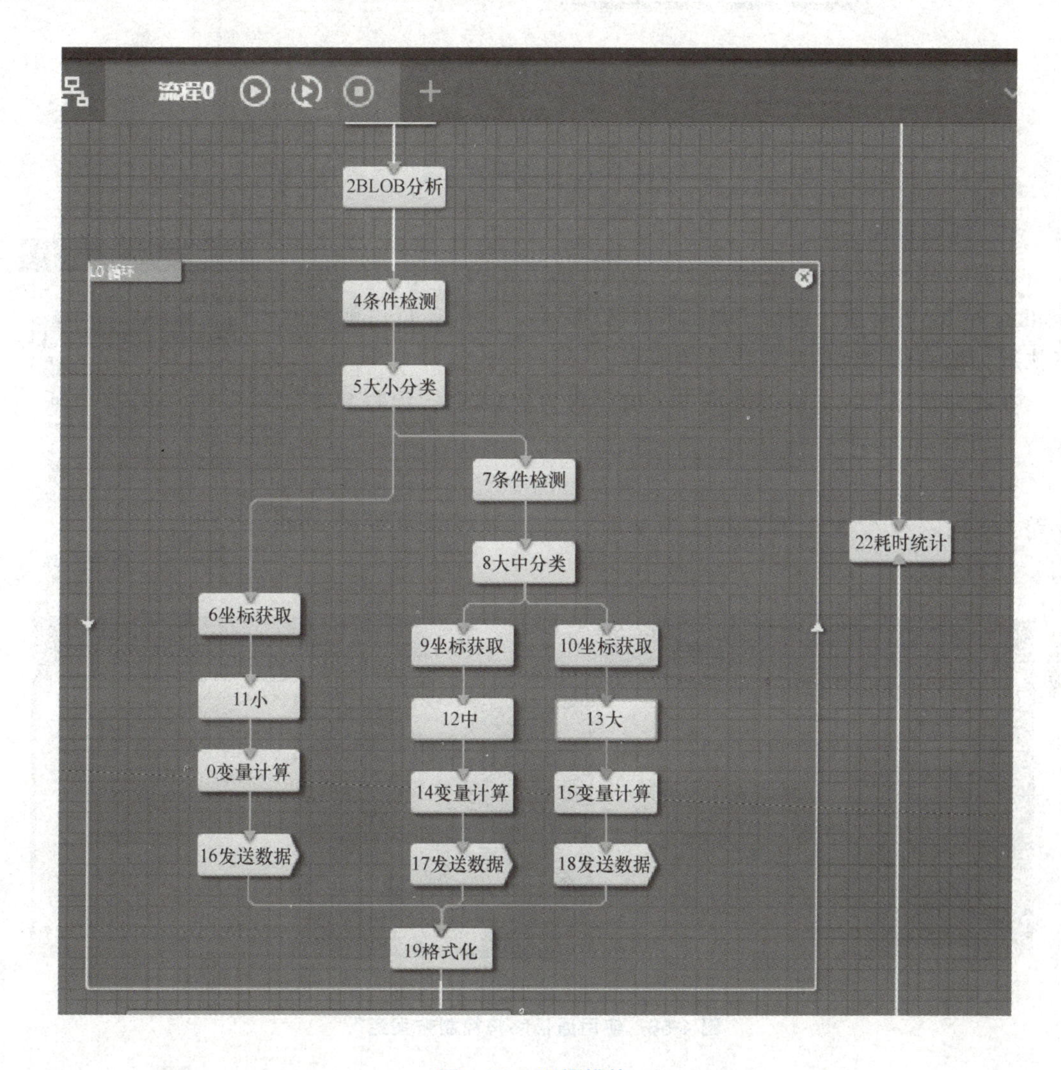

图 4-55　逻辑模块

14. 全局脚本

功能：全局脚本是在流程之上，方案之下的一个功能模块。可以控制流程运行或停止、在流程运行过程中设置流程中模块的参数和获取模块运行结果，灵活配置运行方式实现完善的逻辑控制，如图 4-56 所示。

```
using System;
using Hik.VM.GlobalScript.Methods;
using System.Windows.Forms;
using iMVS_6000PlatformSDKCS;
using System.Runtime.InteropServices;

/*****************************************
 * 示例说明: 默认代码
 * 控制逻辑: 单次运行：所有流程运行一次
 *           连续运行：所有流程连续运行
 * ****************************************/
public class UserGlobalScript : UserGlobalMethods,IScriptMethods
{
        /// <summary>
        /// 初始化函数
        /// </summary>
        /// <returns>成功:返回0</returns>
        public int Init()
        {
            //二次开发SDK初始化
            return InitSDK();
```

图 4-56　全局脚本工具

15. 通信管理

功能：集成丰富的通信接口，支持 TCP/UDP、串口、PLC、Modbus 和 IO 等对接，通信工具如图 4-57 所示。通信还可以触发方案执行，把通信收到的字符串传给流程。

在此种情况下，只有当通信发来的字符为 AAA 时，流程 0 才会执行，如图 4-58a 所示。

另一种情况是用通信来控制方案所运行的分支，当通信发送的字符为 1 时，执行 3 号圆查找，为 2 时，执行 4 号直线查找，如图 4-58b 所示。

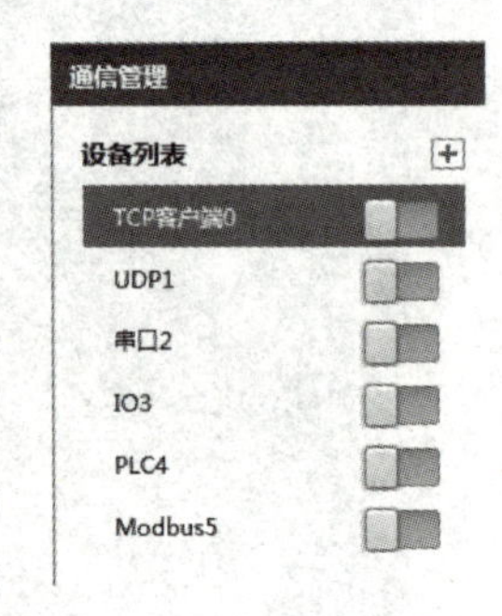

图 4-57　通信工具

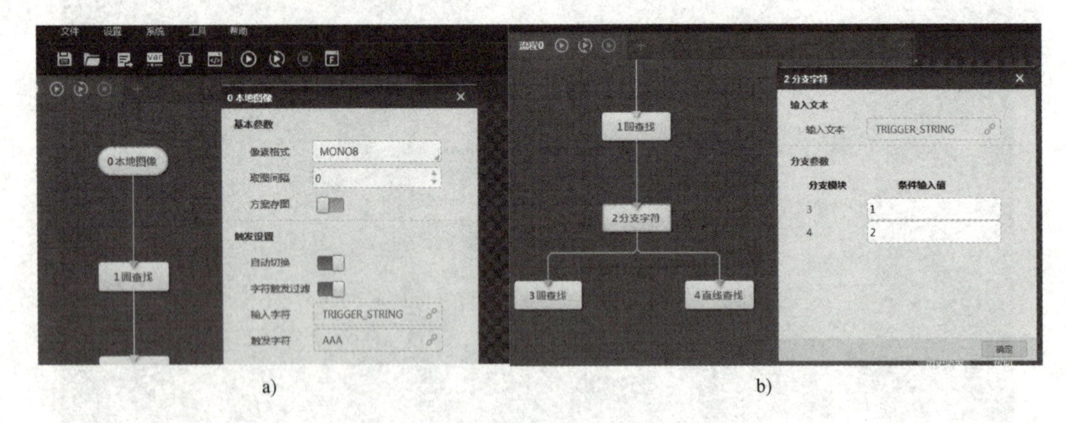

a)　　　　　　　　　　b)

图 4-58　使用通信字符控制方案运行

4.3　视觉控制系统方案

4.3.1　系统选型

智能图像处理技术在机器视觉中占有举足轻重的位置，典型的机器视觉系统主要包含相机、镜头、光源、图像处理软件系统和执行机构，如图 4-59 所示。而图像处理控制单元，可以说是最“智慧”的部分，直接关系到系统的运行稳定。机器视觉系统对核心的图像处理要求算法准确、快捷和稳定，同时还要求系统的实现成本低、升级换代方便，因此合适的系统选型非常重要。

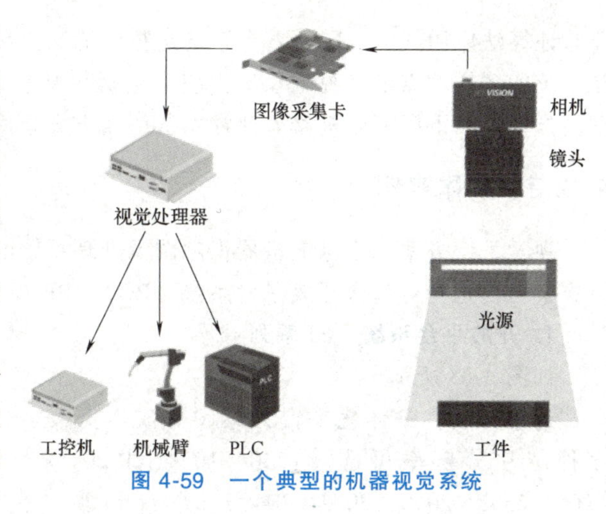

图 4-59 一个典型的机器视觉系统

机器视觉系统从大的方面划分，可分为进行图像处理的子系统，由“算法软件”+“控制器”组成，如图 4-60 所示，和捕捉检测对象的“相机”+“镜头”+“照明”构成的图像采集子系统，如图 4-61 所示。用人来做比较这个相当于人的“大脑”和“眼睛”。

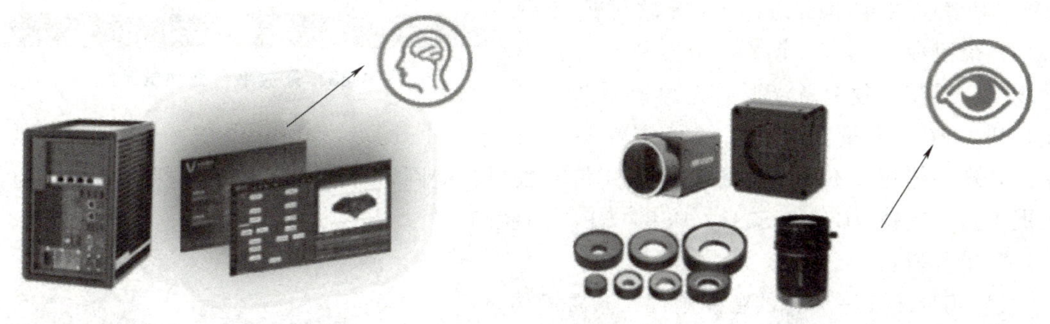

图 4-60 图像处理子系统　　图 4-61 图像采集子系统

为了实际应用，选定一套稳定的机器视觉系统方案，需要考量较多方面因素，其中成像方案选型本书前面章节已有详细介绍，以下主要讲述视觉控制系统选型过程。

如图 4-62 所示，可以看出视觉控制系统的选择，除了需要考虑硬件方面的选型外，还需要综合算法处理、通信流程、生产效率、成本、现场控制等因素。既要考虑成像稳定性又

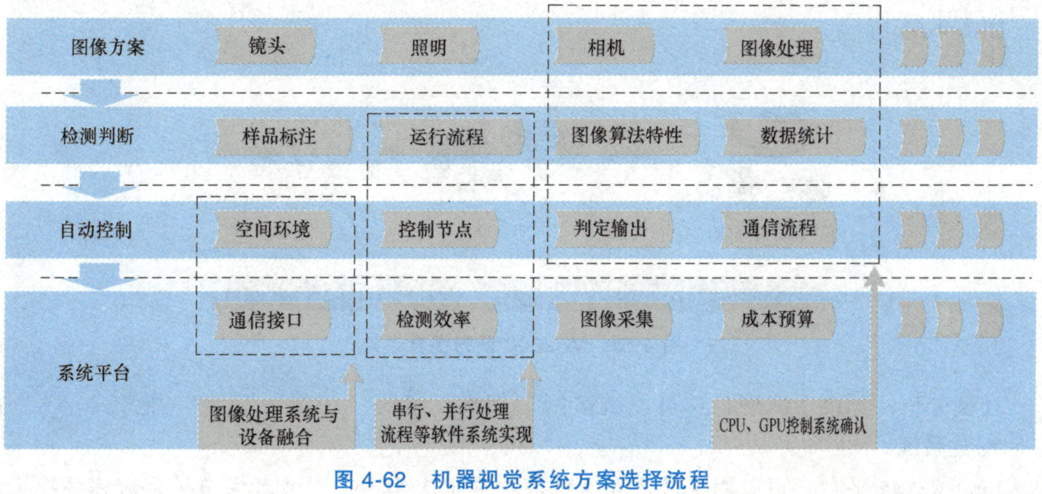

图像方案 镜头 照明 相机 图像处理
检测判断 样品标注 运行流程 图像算法特性 数据统计
自动控制 空间环境 控制节点 判定输出 通信流程
系统平台 通信接口 检测效率 图像采集 成本预算
图像处理系统与设备融合
串行、并行处理流程等软件系统实现
CPU、GPU控制系统确认

图 4-62 机器视觉系统方案选择流程

要验证算法应用性能。既要着重系统运行效能又要注意现场环境控制。为应对行业内实际视觉系统的多样性需求，视觉系统供应商会提供智能运行平台、视觉控制器、AI 系统等多种解决方案。以下以海康机器人视觉系统产品方案举例说明。

4.3.2 具体实例

视觉系统方案：为保证机器视觉图像处理系统的良好运行，海康机器人提供多种视觉系统方案可供选择，包含开放平台系统、PC_BASE 视觉系统、AI 视觉系统。

1. 开放平台系统：SI 系列

如图 4-63 所示。

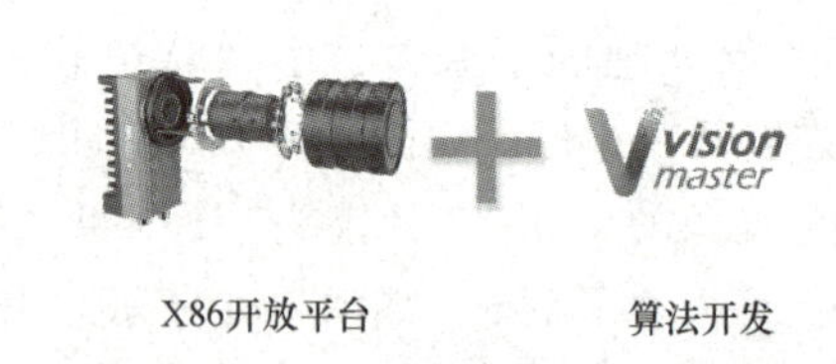

图 4-63 开放平台型视觉系统

选型分析：一体化平台方案硬件成本低，多种芯片分辨率可选（1280×1024、1920×1200、2592×2048、3072×2048）。平台升级、组件更迭简单易操作，可通过海康工业相机 SDK、HALCON、VisionPro、NI 等软件连接设备。系统组成简单，1 个 X86 开放平台、2~3 根线缆，无需单独配备光源、光源控制器、工业相机、PC、大量线缆。系统稳定性高，采集、处理一体化，不再通过网络或 USB 传输数据，受网络环境和工控机性能影响小。通信扩展丰富，支持 VGA、RS232、USB、GPIO 等接口。

需求分析：

1）需要采用一体化的智能硬件，布置简洁。

2）可以实现 IO 触发和 IO 结果反馈，硬件效率高。

3）严格控制生产中补光灯的有无防呆检测。

4）可以实现摄像头的最大尺寸 5cm 的兼容。

5）视觉时间节拍≤50ms。

可选 MV-SI600-08G 及算法平台，如图 4-64 所示。

图 4-64 MV-SI600-08G 以及算法平台

2. 经济型系统：VB2000 系列

如图 4-65 所示。

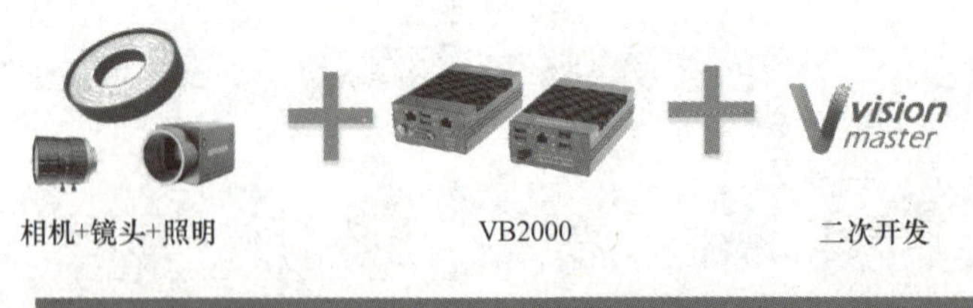

图 4-65 VB2000 系列视觉系统

选型分析：标准千兆网口：可以链接网口相机，组成“一拖一”、“一拖二”、“一拖三”视觉系统。

Intel E3845 平台：可以用于优化高速单流程视觉应用案例，或者慢节拍多流程的视觉应用案例。

相机分辨率：可拖动链接 30~600 万分辨率工业相机。

流程通信：RS232、IO、TCP、UDP 等。

典型应用：二维码识别、OCR 识别、单/双相机定位、简易检测、单工件尺寸测量。

案例：FPD 生产追溯二维码识别。

依靠算法平台二维码（VC、DM、QR）识别算法，此视觉系统主要应用于 TFT-LCD、AMOLED 等产品生产加工的所有工艺流程追溯，如图 4-66、图 4-67 所示。

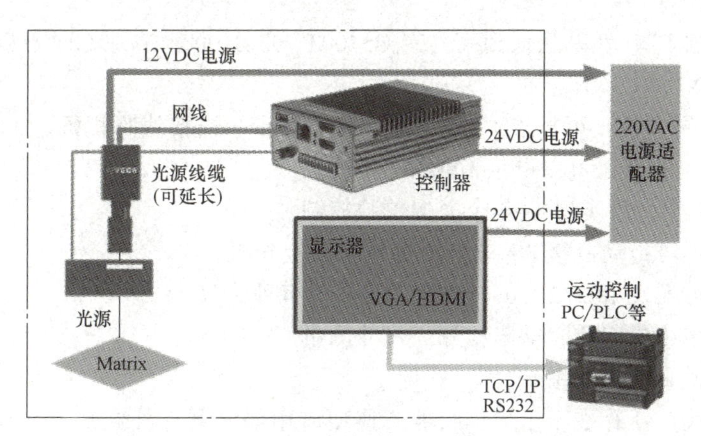

图 4-66　视觉系统与现场环境交互

图 4-67　读码效果图

需求分析：

1）需要实现行业内最小尺寸 0.28mm×0.28mm 的 Matrix（DM、VC）码的识别，读码率 100%。

2）需要兼容镜像翻转、缩放、位置多自由度。

3）能够实现智能纠错识别、脏污过滤、20%缺损补正、畸变校正。

4）环境适应性，支持一定程度的倾斜、扭曲、振动等环境下 Matrix 码的识取。

5）支持通信方式包括 IO、RS232、TCP/IP 等通信模块。

6）充分考虑安装空间限制。

7）视野长边大于 6.5mm，读码效率小于 200ms。

3. 旗舰型系统：VC3000 系列

如图 4-68 所示。

选型分析：标准千兆网口 2~6 个，可以链接网口相机，组成“一拖二”到“一拖六”

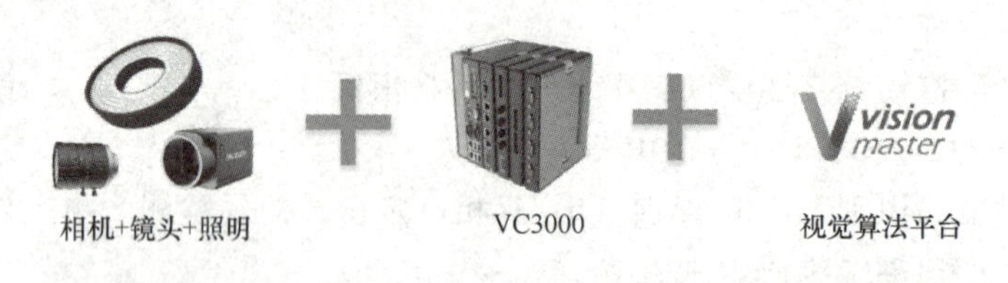

图 4-68　VC3000 系列视觉系统示意图

的视觉系统。根据 CPU 性能从低到高，有 G5400T，i3-8100T，i5-8500T 分别对应三款型号：VC320X、VC330X、VC350X。

PCI-E×16 扩展卡槽：可扩展 CXP、CL 图像采集卡，链接线阵相机。

USB3.0 接口：4 个，可以链接 USB3.0 相机。

光源接口：4 个，可实现 1~4 个光源单独控制。

相机分辨率：可拖动链接 30~600 万分辨率工业相机。

流程通信：可实现 RS232、IO、TCP、UDP 等多种协议。

典型应用：多相机定位、缺陷检测、尺寸测量。

案例：元器件封装检测系统。

机器视觉系统广泛存在于半导体行业，典型应用如元器件外观缺点、尺度大小、数量、平整度、距离、定位、校准、焊点质量、弯曲度等的检测和计量，依据图像数据判别找出缺点商品等，如图 4-69 所示。

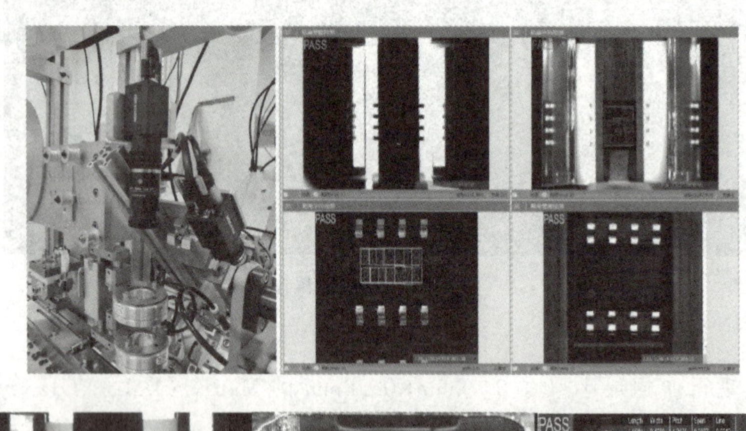

图 4-69　元器件封装检测现场效果图

需求分析：

1）算法应用简洁智能，通信实现与 PLC 的 IO 对接。

2）结构设计光学实现 6mm 的产品景深差。

3）测量算法实现动态标准 GRR≤10%，静态标准 GRR≤2%。

4）智能化操作实现 OCV 字符自动分割，准确率>99.7%。

5）检测精度 0.03mm。

6）视觉时间节拍≤60ms。

思考与练习

1. 如何寻找边缘？
2. 理解并说明图像二值化的基本概念？
3. 简述直线拟合的原理，并分析什么时候为最佳直线模型？
4. 请简述特征匹配的基本原理和功能。
5. 简述膨胀和腐蚀的操作以及特点。
6. 对于如图 4-70 所示的一组图片，如何设计检测流程，以便在图中能够检测出不同方向的字符内容。

图 4-70　一组图片

第 5 章　机器视觉系统集成与应用

知识目标

√ 熟悉典型机器视觉系统行业应用及相关工艺
√ 掌握行业中视觉定位、检测、识别与测量的方法
√ 掌握机器视觉常见应用的系统方案相关工具与方法

技能目标

√ 能根据具体行业项目需求，进行机器视觉系统硬件选型与搭建
√ 能根据具体行业项目需求，完成机器视觉系统软件设计与测试

5.1　CNC 手机壳定位加工

传统机加工人为对刀控制精度，误差偏大，不适宜精加工，手机壳耳机孔需要高精度制造，以保证产品质量，本方案实现被加工件的固定形状孔的高精度查找定位，然后进行机加工，如图 5-1 所示。

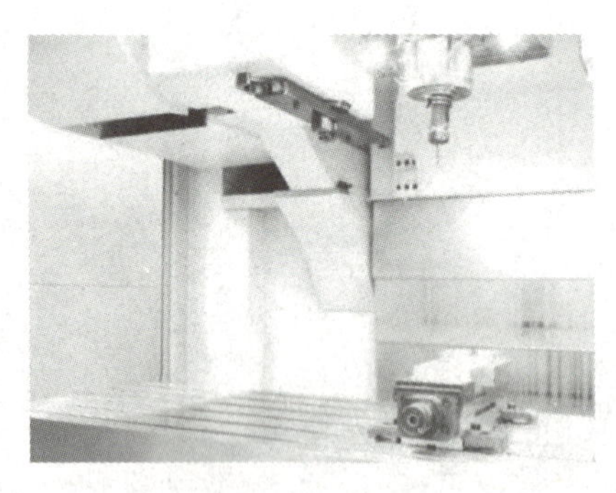

图 5-1　CNC 定位场景

5.1.1　方案背景

1. 需求描述

1）定位手机壳耳机孔。形状为圆形。尺寸为 2.5mm、3.5mm、5mm。

2）手机壳为五类铝合金材质：亮黑、深黑、蓝色、白色、正常色。新增塑料材质外壳：镜面反光亮黑色。

3）重复定位精度小于 0.015mm。视场范围为 17mm×11mm。

2. 选型思路

1）视野确定为 17mm× 11mm，因为视野要比样品大，有充分的冗余空间。

2）相机分辨率确定要考虑算法精度（最少 2 个像素）和单像素精度（每个像素最少 0.015mm），长边像素数量至少为 17/0.015×2＝2267 个像素，选用 500 万像素工业相机（2448×2048）。

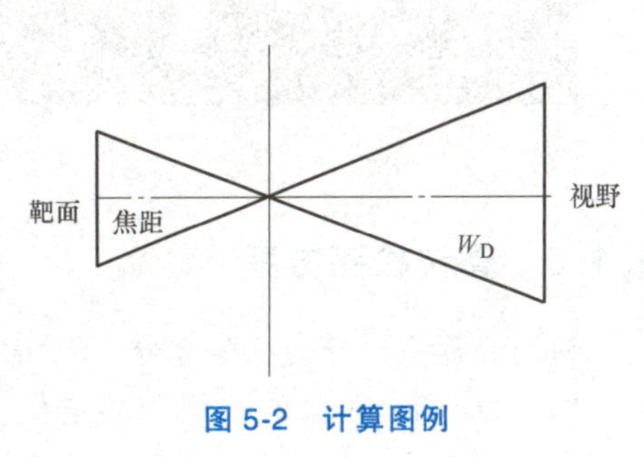

图 5-2　计算图例

3）相机和视野关系可简化成相似三角形关系，如式（5-1），已知三个已知量可求出另一个未知量。工作距离 100mm，带入式（5-1）即可得到最终镜头结果为 50mm，计算图例如图 5-2 所示。

$$\frac{\text{靶面尺寸(长边 or 短边)}}{\text{视野(长边 or 短边)}}=\frac{\text{焦距}}{\text{工作距离}} \tag{5-1}$$

4）KF 系列 50mm 镜头最低工作距离为 300mm，故需要使用延长环，利用延长环计算式（5-2）则可得出延长环的长度为 25mm。

$$\text{延长环长度}=\frac{f^2}{(d-f)}-\frac{f^2}{(W_D-d)} \tag{5-2}$$

式中，f 为焦距，W_D 为工作距，d 为最近摄距。

5）为了兼容手机壳不同材质、颜色、形状，采用环形光正面照射形成亮视场，针对镜面反射材质样品，采用同轴光源照射，凸显表面的不平整。

5.1.2　方案架构

CNC 手机孔加工定位引导系统主要由 500 万像素工业相机，焦距为 50mm 的工业镜头，配套同轴光、环形光组成，环形光正面照射形成明视场，可兼容不同种类手机壳。整个系统通过静止拍照实现定位引导，无现场干扰，架设方案、成像示意、检测效果分别如图 5-3~图 5-5 所示。

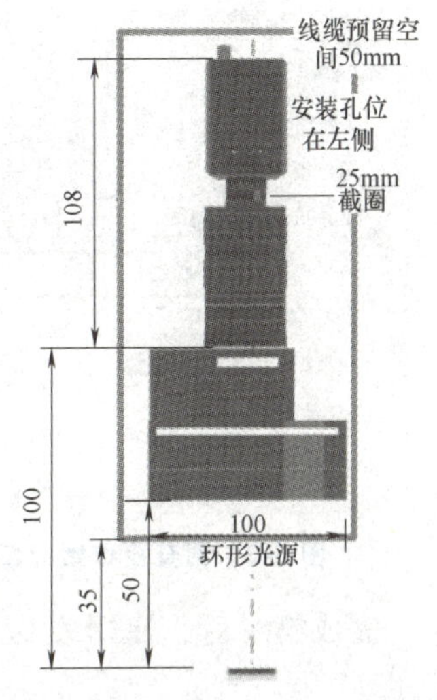

图 5-3　架设方案

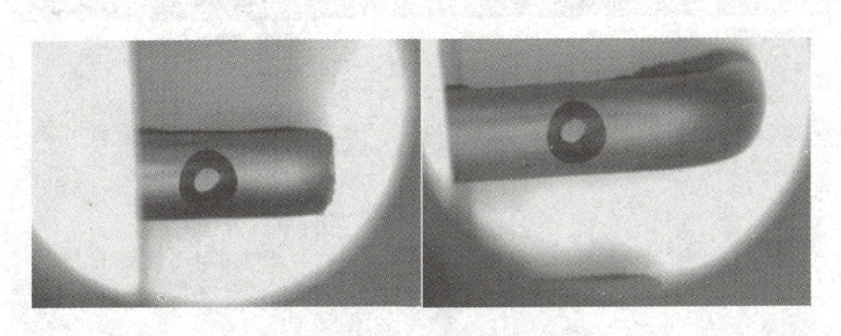

图 5-4　成像示意

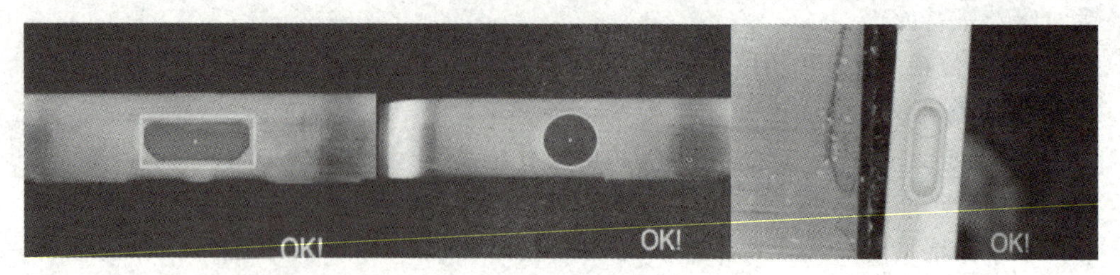

图 5-5　检测效果

5.1.3　算法检测方案

检测流程主要分为三个部分。

1）对应圆形孔位的孔位中心定位，使用圆查找功能，找到孔位对应圆并输出圆心坐标、半径等参数，如图 5-6 所示。

通过在检测图中绘制 ROI 确定扇环半径。从图中观察圆形孔特征，圆内灰度较外侧低，因此边缘阈值选择从黑到白选项，为了避免其他干扰点影响，将边缘类型选择最强。以此参数定位对应圆形孔特征即可，如图 5-7 所示。

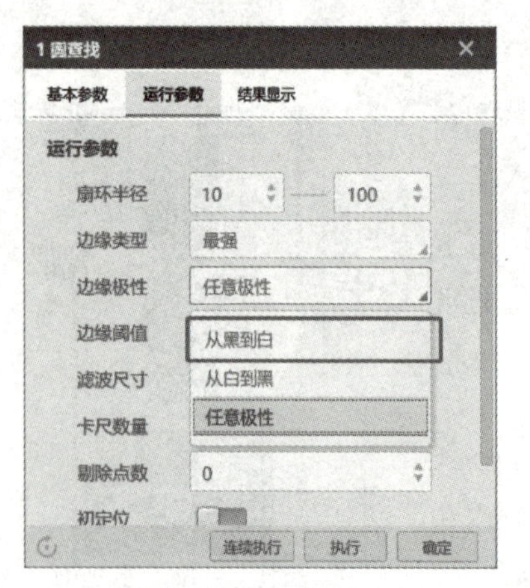

图 5-6　圆查找参数配置

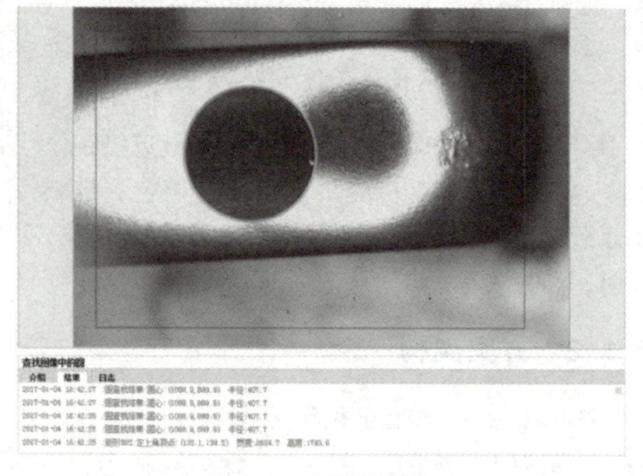

图 5-7　效果图展示

完成检测后，使用发送数据将圆心点、半径等数据发送至对应设备即可，如图 5-8 所示。

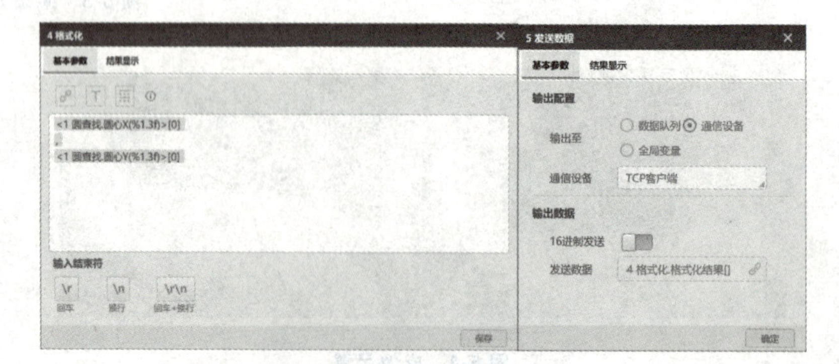

图 5-8　格式化及发送数据参数配置

2）对应跑道形孔位，需要对两边的圆弧进行定位、分别拟合成两个圆，再将两个圆的圆心连线取中点，得到孔位中心坐标。

在测量中使用圆查找工具，将孔位两侧的圆弧找到，点点测量工具能够直接继承圆查找的圆心点，在后续工具中选择生成直线中点即可，如图 5-9 所示。圆查找参数如图 5-10 所示，点点测量参数配置如图 5-11 所示。

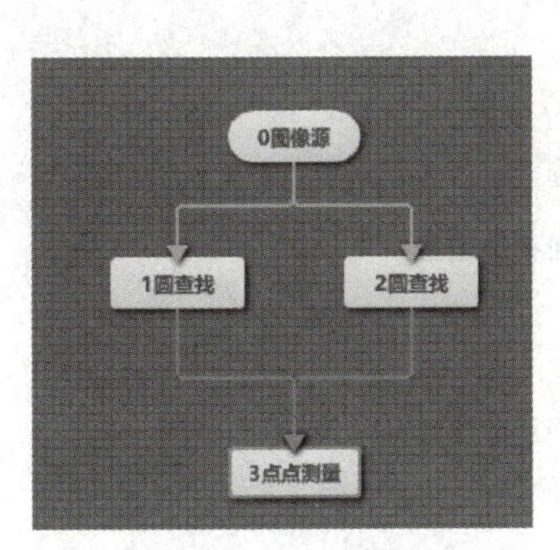

图 5-9 视觉方案流程

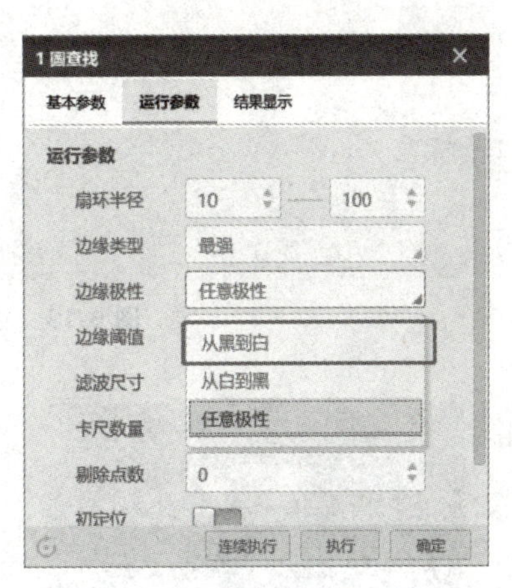

图 5-10 圆查找参数配置

观察定位的两个圆外侧特征，边缘从内到外为从明到暗再到明，因此使用从黑到白的边缘极性来定位外框圆特征。

在使用圆查找找到两个圆之后，要通过点点测量选择两个圆心点之间的距离并连线，后续可通过此两点来定位孔中心等。

后续数据通过格式化工具进行输出，其算法结果、格式化及发送数据参数、整体检测流程、检测效果图如图 5-12～图 5-15 所示。

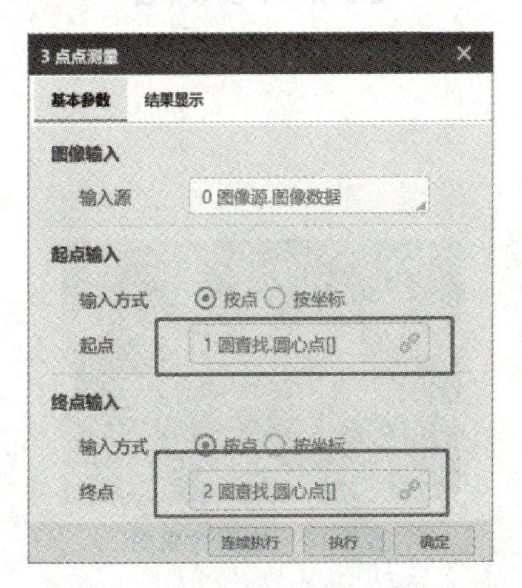

图 5-11 点点测量参数配置

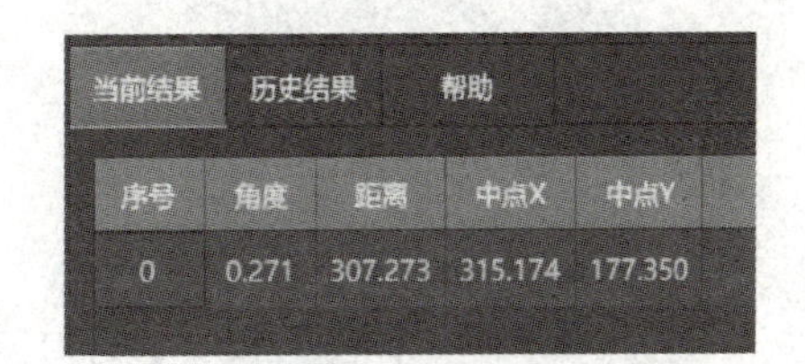

序号	角度	距离	中点X	中点Y
0	0.271	307.273	315.174	177.350

图 5-12 算法结果

3）面对不规则梯形孔，使用高精度特征匹配工具，在后续输出特征匹配框中心即可。同样地，在匹配到对应轮廓后，需要将检测结果通过格式化工具发送至通信设备，如图 5-16、图 5-17 所示。

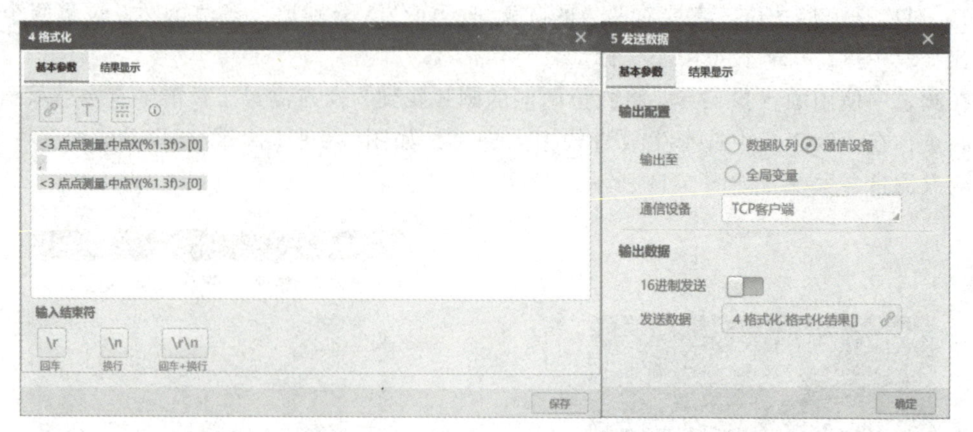

图 5-13　格式化及发送数据参数配置

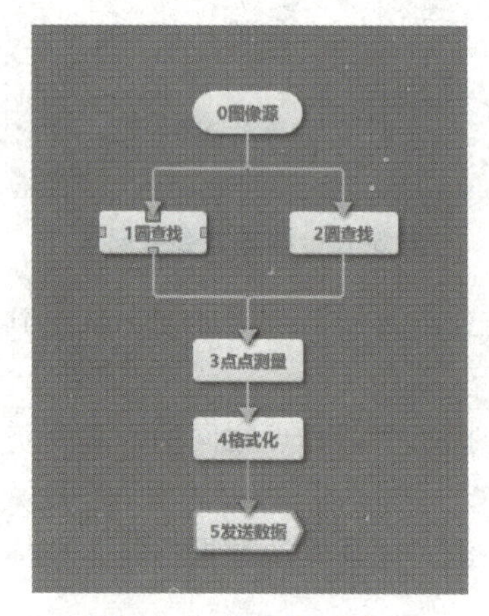

图 5-14　整体检测流程

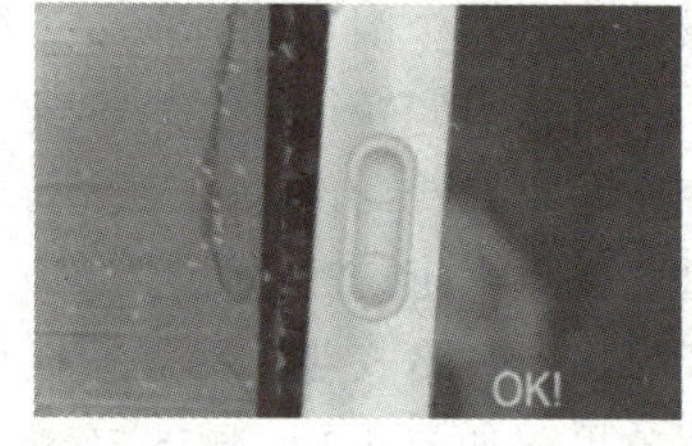

图 5-15　检测效果图

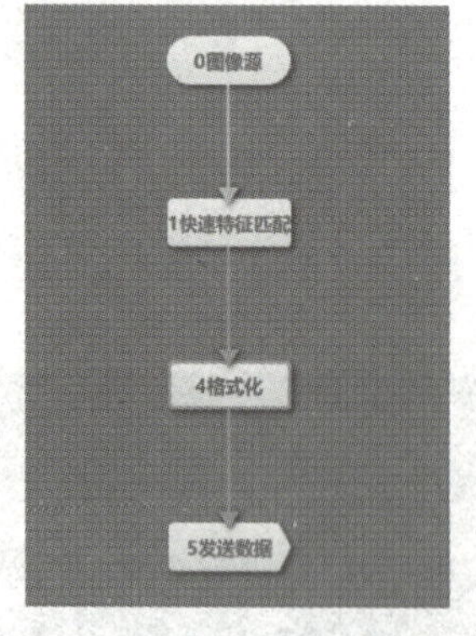

图 5-16　检测流程

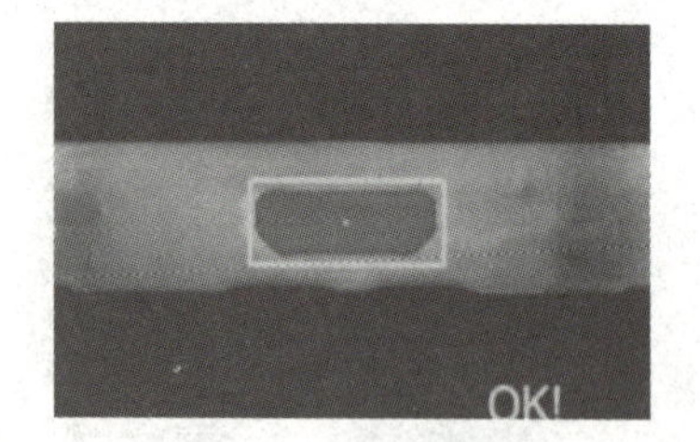

图 5-17　检测效果图

5.2　海螺安防摄像头前盖制造定位引导

定位引导是通过机器视觉技术获取被测对象位置信息，并引导机器人进行定位和组装等的一系列操作。高质量安防摄像头的制造，前盖装配过程需要高精密的相机和机械臂控制。

这种自动化装配方法，较人工装配效率更高且不易出错，如图 5-18 所示。

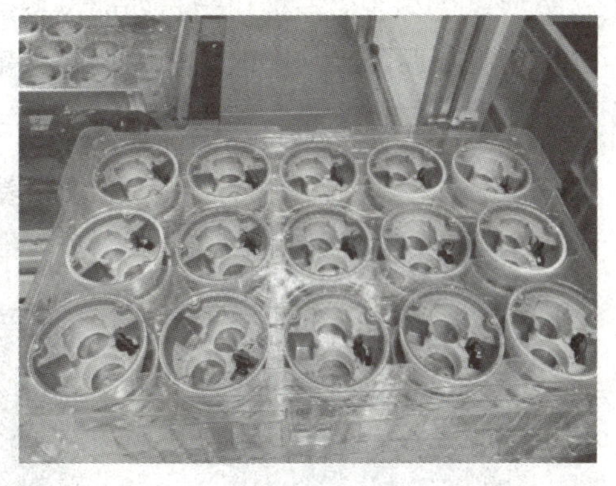

图 5-18 海螺安防摄像头

5.2.1 方案背景

视觉功能要求：

1）识别出前盖在 TRAY 盘中的角度。

2）识别出前盖在 TRAY 盘中的位置。

3）将识别出的角度、位置参数发送给机器人，配合机器人完成将前盖以固定角度、固定位置放入工装中。

检测精度要求：

1）角度：±0.05°。

2）位置：±0.2mm。

选型思路：

1）视野确定：102.4 mm×153.6mm。

2）相机分辨率确定：根据算法精度（最少 3 个像素）和单像素精度（每个像素最少 0.2mm），横向像素数量至少为 153.6/0.2×3 = 2304 个像素，选用 600 万像素工业相机（3072×2048）。

3）工作距离 214mm，通过计算即可得到最终镜头焦距为 12mm。

5.2.2 方案架构

海螺安防摄像头前盖制造定位引导系统主要包括 600 万像素工业相机，焦距为 12mm 的工业镜头，为了准确区分特征，减少背景的干扰，采用方形无影光源，使成像更均匀。海螺整机通过机械臂传送，无现场干扰，方案架设如图 5-19 所示，成像效果如图 5-20 所示。

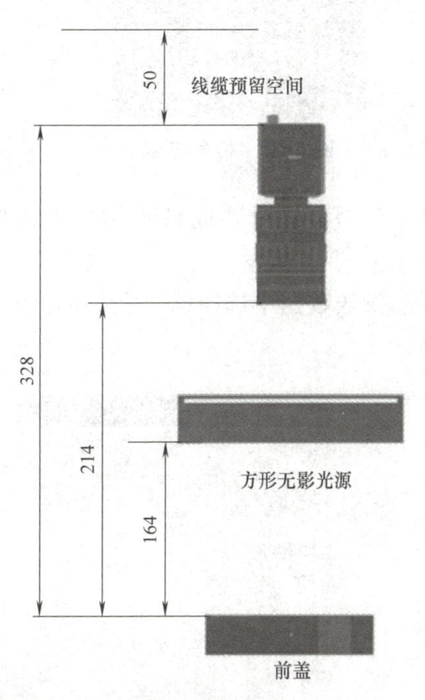

图 5-19 方案架设示意图

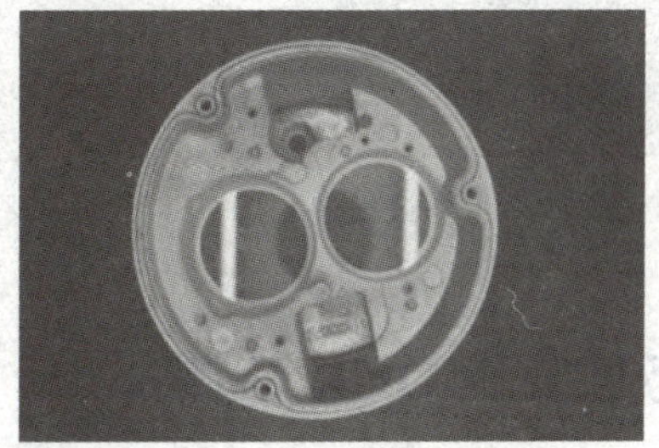

图 5-20 打光方案成像效果

5.2.3 算法检测方案

定位引导方案主要使用定位工具，此方案使用高精度特征匹配工具进行定位，后续配合发送数据模块与通信连接功能与外部设备配合，检测流程如图 5-21 所示。

使用特征匹配工具中的模板配置建立定位模板，建立模板时注意将内部可能不稳定或有干扰的轮廓点使用掩膜遮盖，如图 5-22 所示。

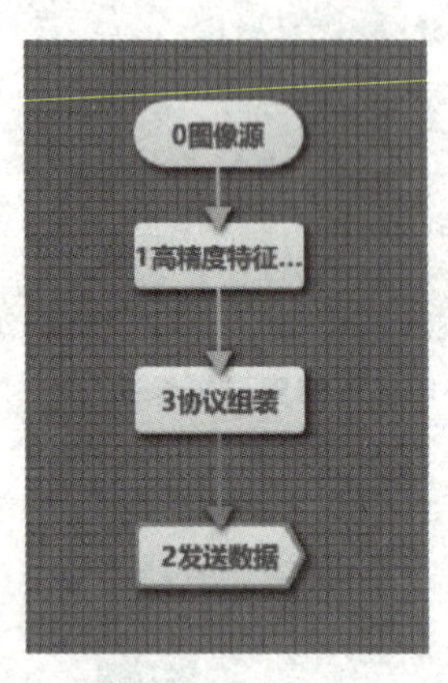

图 5-21　检测流程

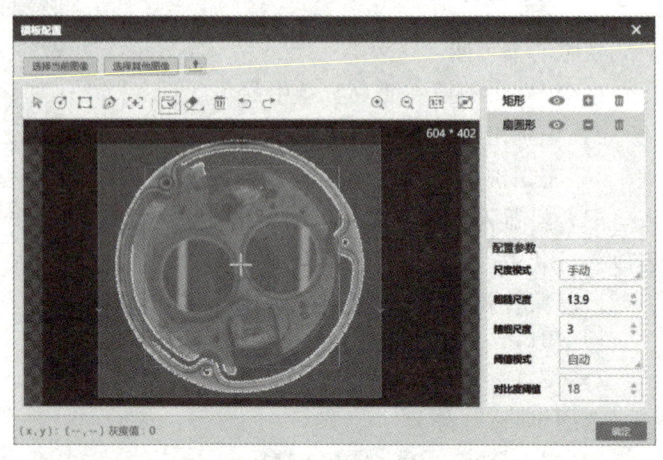

图 5-22　定位模板建立

使用协议组装或格式化工具，将检测物的坐标点位按协商好的格式封装，如图 5-23 所示。

发送数据中选择已建立好的通信连接，将上一步协议组装的结果进行发送，如图 5-24 所示。

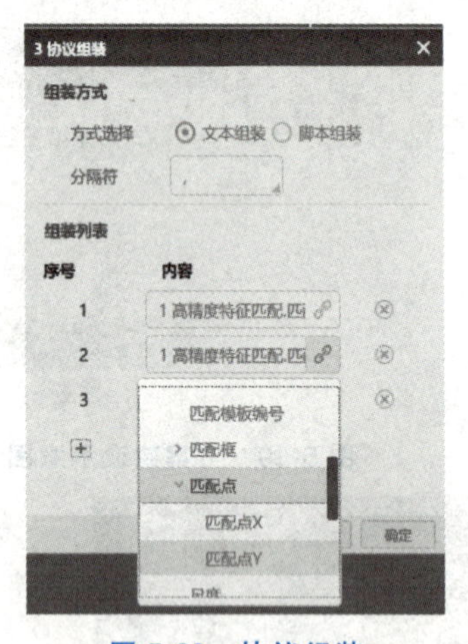

图 5-23　协议组装

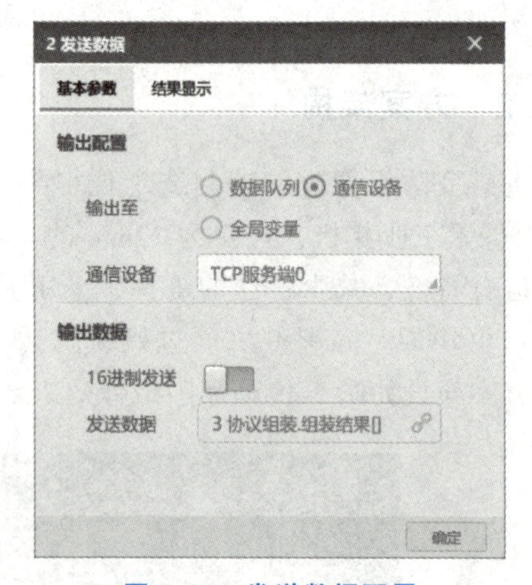

图 5-24　发送数据配置

5.3　牛奶包装袋 OCR 检测

产线在进行生产过程中有不可避免的振动等问题，在实际喷码过程中，容易出现喷码字符打印缺陷及打印信息错误等问题。此外还有因喷头堵塞、程序错误导致的字符无法正常打印等问题。因此，包装前的 OCR 检测对于确保完整性、保持客户满意度和保护品牌声誉至关重要，如图 5-25 所示。

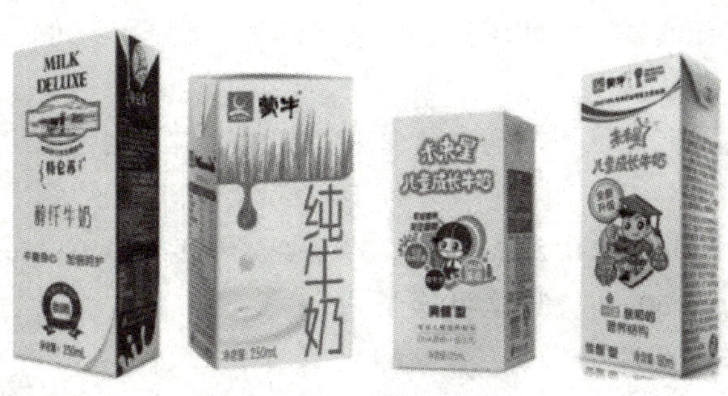

图 5-25　不同包装牛奶

5.3.1　方案背景

检测要求描述：

1）可在线识别所有字符，如打印日期、生产厂代码、罐号、机号等信息，如图 5-26 所示。

2）可识别打印不清、波浪、残缺、倾斜、白包、反码（以是否读到为标准）等不符合打印要求的产品，能够及时给出报警信号，如图 5-27～图 5-33 所示。

生产日期:
1E20180702AC0620:25

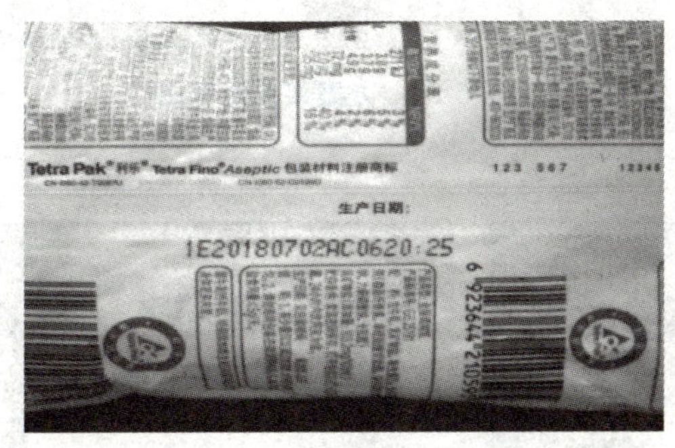

图 5-26　牛奶包装成像效果

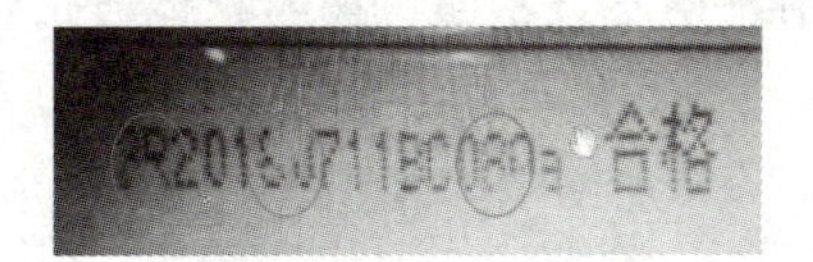

图 5-27　喷码字符残缺

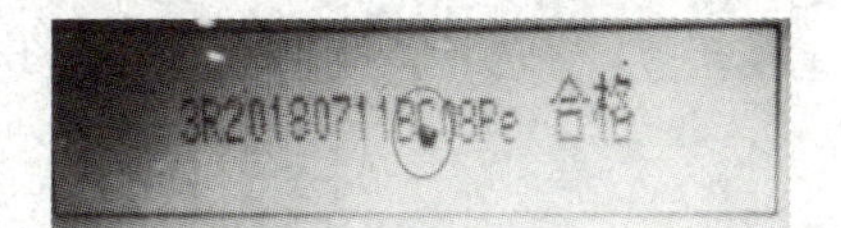

图 5-28　喷码污点

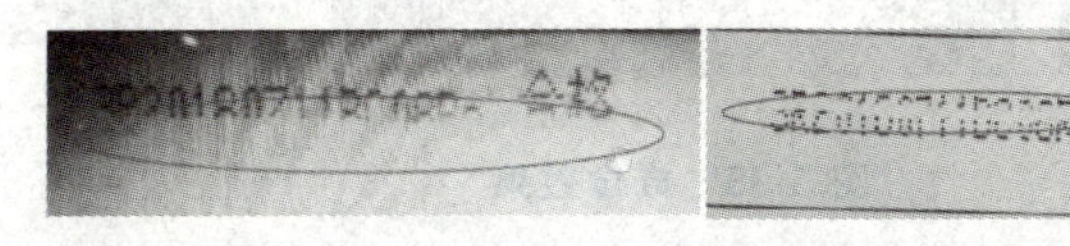

图 5-29　喷码连续缺损

4M20180723CB07Sa 合格

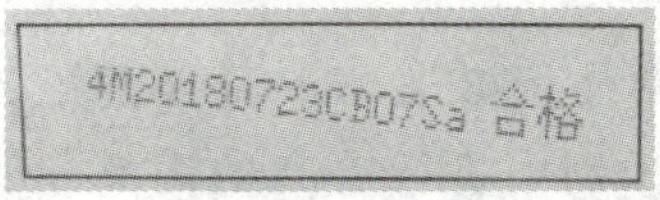

图 5-30　喷码倾斜

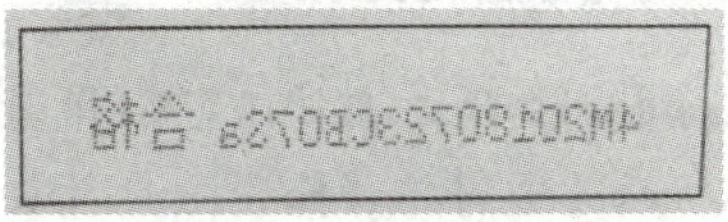

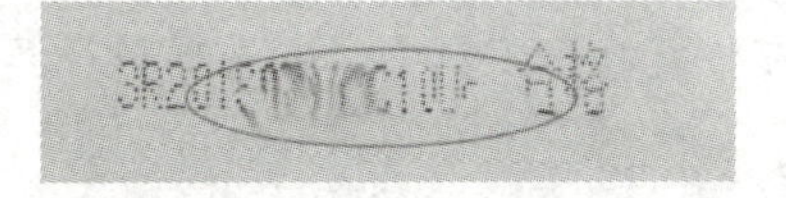

图 5-31　喷码反码

4M20180723CB07Sa 合格

图 5-32　喷码波浪

图 5-33　喷码花码

3）OCR 识别率（无残缺、打印不清、波浪、倾斜、反码）≥99.95%。

选型思路：

1）OCR 算法内核要求对单字符笔画至少 4 个像素（本案例考虑工艺稳定性，至少 8 个像素）。

2）单个字符笔画最小宽度 0.5mm 左右，则单像素精度为 0.0625mm。

3）待测物宽度约为 60mm，测算可得长边需要大于 960 个像素，因此选用 130 万像素相机（1280×1024）。

4）工作距离 205mm，通过计算即可得到最终镜头焦距为 16mm。

5.3.2 方案架构

牛奶包装袋 OCR 检测系统主要包括 130 万像素工业相机，焦距为 16mm 的工业镜头，采用圆顶光源使成像更均匀，由于其漫反射特性可在成像时消除包装褶皱。被测物体通过传送带以 0.45m/s 进行传送，现场无光线干扰，如图 5-34 所示，方案成像效果如图 5-35 所示。

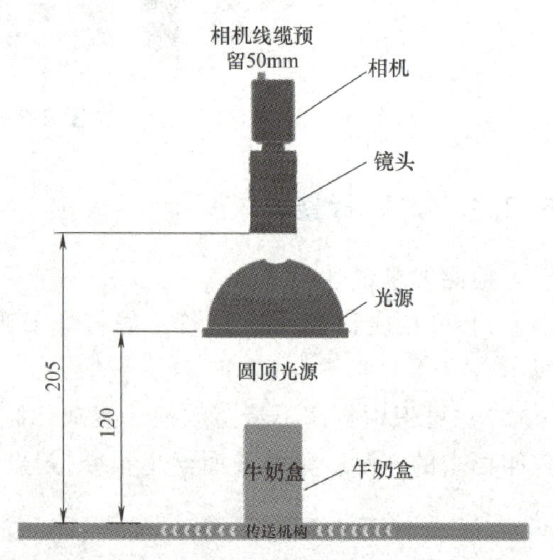

图 5-34 方案架构示意图

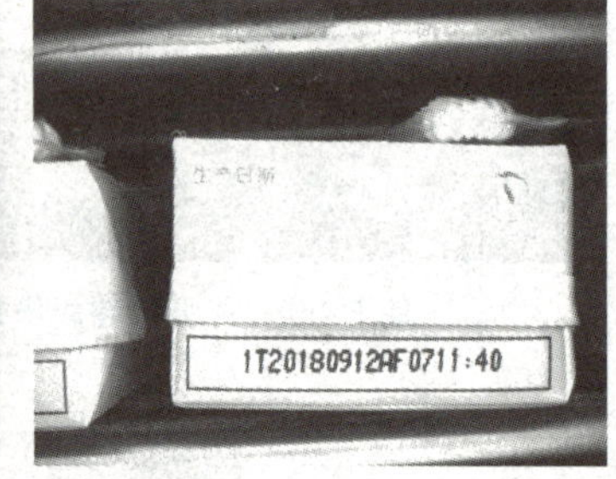

图 5-35 成像效果

5.3.3 算法检测方案

字符识别类项目通常以定位和识别工具为主，通常使用 Blob 或特征匹配工具作为定位基础，后续通过位置修正工具计算偏移量，在字符识别中进行 ROI 的调整，如图 5-36 所示。

在本案例中，可以选用产品外框作为特征进行定位，在特征匹配中对外框建模即可。

在位置修正工具中，要选择特征匹配的点和角度，并在初次使用时创建基准，如图 5-37 所示。

字符识别工具中选择上述工具的位置修正信息即可，如图 5-38 所示。

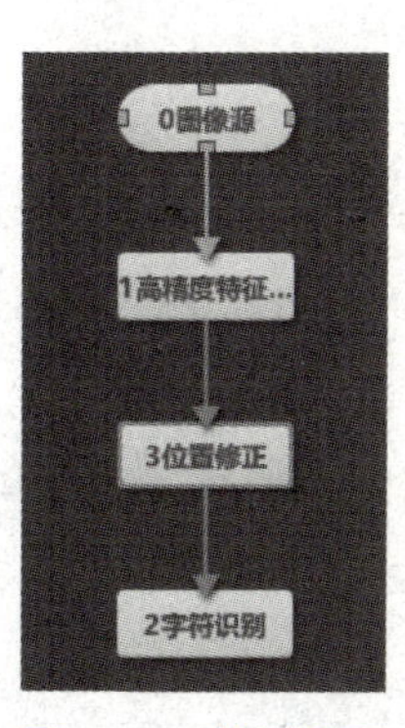

图 5-36　检测流程

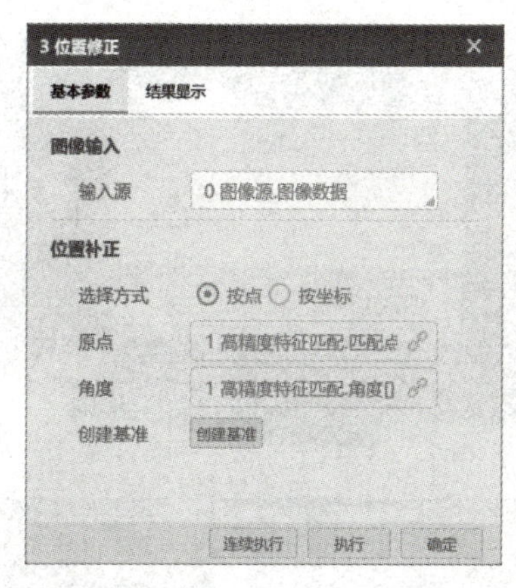

图 5-37　位置修正工具参数

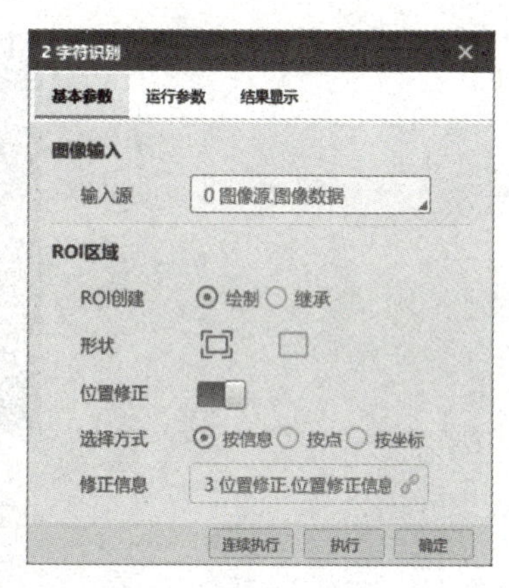

图 5-38　字符识别参数

字符识别需要对字符进行训练。在有字符粘连、变形等情况下，使用的字符识别工具效果不佳，此时推荐使用深度学习字符定位及字符识别工具进行识别。首先使用深度学习训练工具对字符进行训练，如图 5-39 所示。

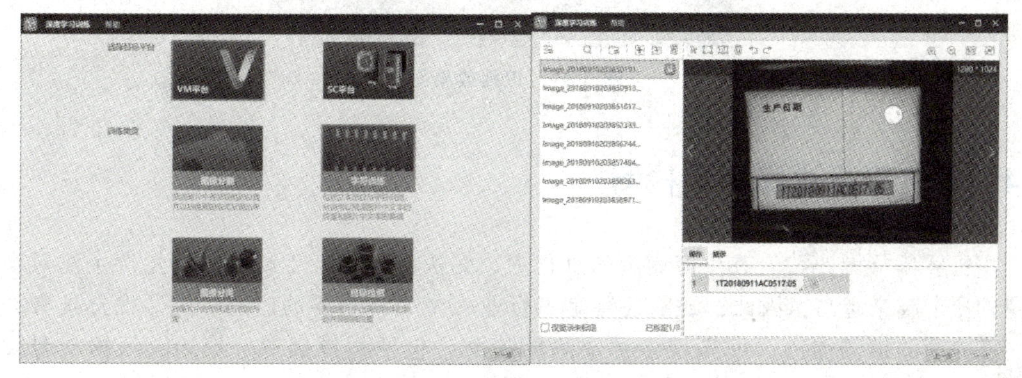

图 5-39　深度学习字符训练

标注文字时需要以行为单位进行标注，每次标注数量不少于 11 张进行训练，训练参数的选择与实际检测物相关，此案例中选择兼容性较好的默认参数进行训练。

在深度学习字符定位工具和深度学习字符识别工具内部导入训练生成的模型使用，深度学习检测流程如图 5-40 所示，识别效果如图 5-41 所示。

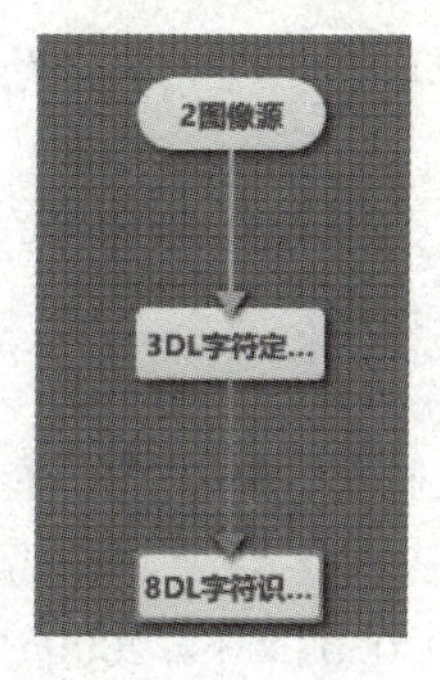

图 5-40　深度学习检测流程

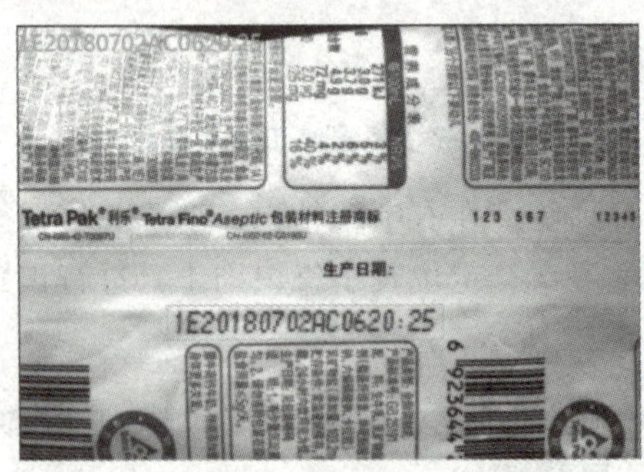

图 5-41　识别效果图

5.4　手机屏幕边缘缺陷检测

手机屏幕（图 5-42）在生产制造的过程中，无法避免会产生缺陷，而生产企业对产品质量的要求越来越高，因此，缺陷检测是该行业一个非常重要的应用。机器视觉具有高精度、高速度的检测能力，可实现多种缺陷的检测，包括边缘破碎、崩边、污损、裂纹等缺陷。

5.4.1　方案背景

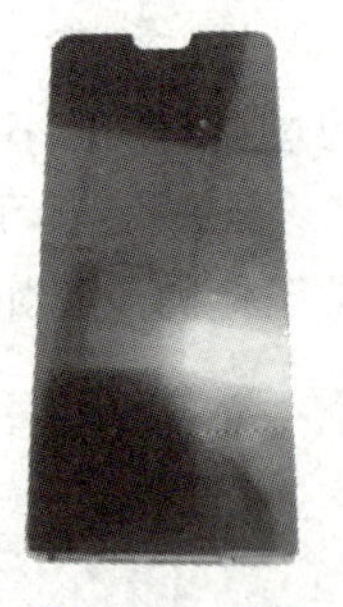

图 5-42　手机屏幕示意图

1）检测对象：手机屏幕基板玻璃边缘。

2）检测项目：手机屏幕玻璃在切下时，边缘可能产生崩边，如图 5-43 所示。

3）检测区域：如图 5-44 所示，在 P_1、P_2、P_3、P_4 四个位置装 4 个相机，测量弧形边缘。

4）最小缺陷面积边长 0.03mm（以外接矩形为例）。

5）程度高的缺陷检出率要求≥99.99%。

选型思路：

1）视野确定：20mm×20mm（视野要比样品大，有充分的冗余空间）。

2）相机分辨率确定：根据算法精度（最少 3 个像素）和单像素精度（每个像素最少 0.03mm），横向像素数量至少为 20/0.03×3 = 2000 个像素，选用 500 万像素工业相机（2448×2048）。

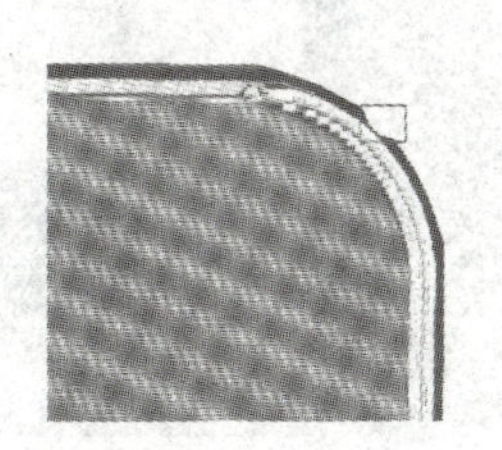
图 5-43　手机边缘破损

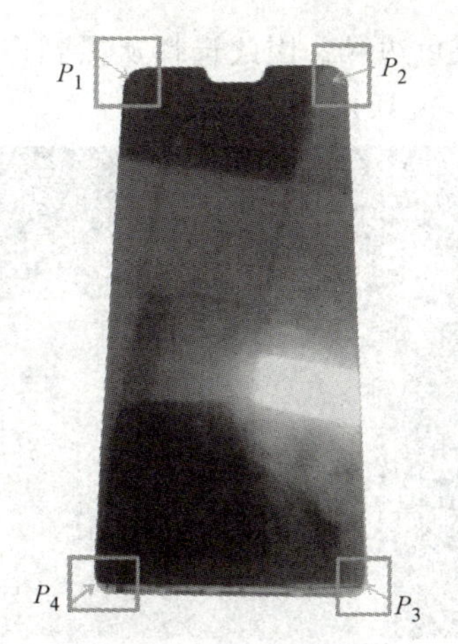

图 5-44　手机边缘检测点

3）工作距离 110mm，通过计算即可最终选择镜头焦距为 35mm。

5.4.2　方案架构

手机屏幕边缘缺陷检测系统主要包括四个 500 万像素工业相机、焦距为 35mm 的工业镜头。采用背光源使成像更均匀，且可在成像时消除水滴、杂质等干扰。被测物体静止拍摄，现场无干扰，如图 5-45 所示。

方案效果如图 5-46 所示。

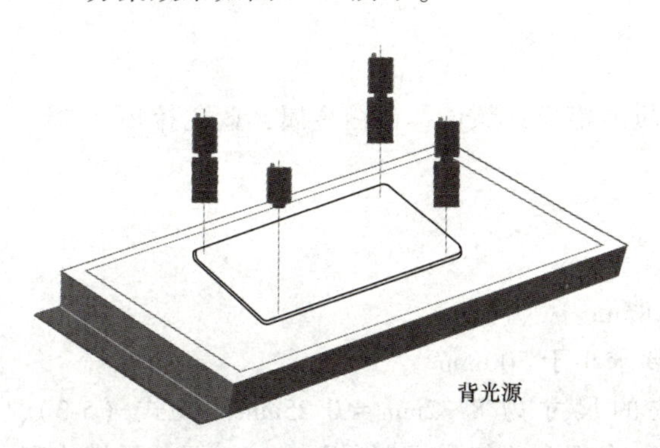

图 5-45　架设方案

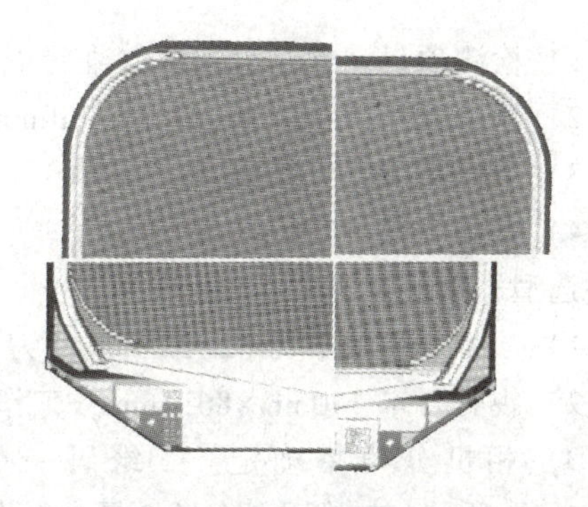
图 5-46　四相机成像效果图

5.4.3　算法检测方案

VM 算法平台中提供了一系列用于缺陷检测的视觉工具。由于本例中产品边缘包含圆弧形状与直线形状，本例可选用边缘组合缺陷检测工具进行缺陷检测。

使用边缘组合缺陷检测需要将检测 ROI 放置于边缘之上。当前产品为直线+圆弧+直线的形状，因此在边缘组合缺陷检测工具内部选择对应类型特征，并按实际情况填写参数即可，如图 5-47 所示。

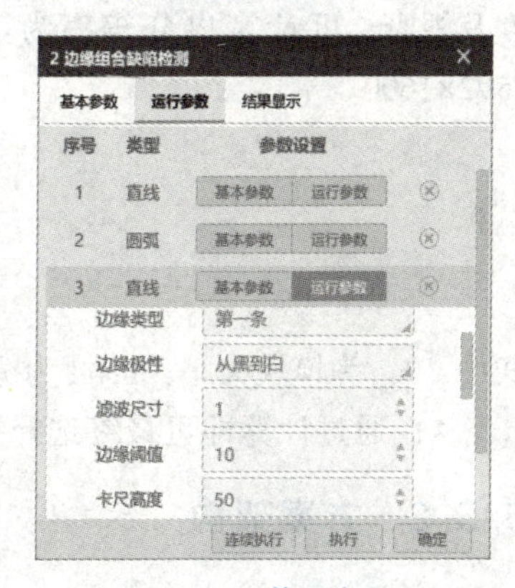

图 5-47　算法参数

边缘缺陷检测中，根据 ROI 放置方向，从左到右为黑色背景到灰色边缘，因此选择从黑到白的边缘极性，其检测效果如图 5-48 所示，实际生产效果如图 5-49 所示。

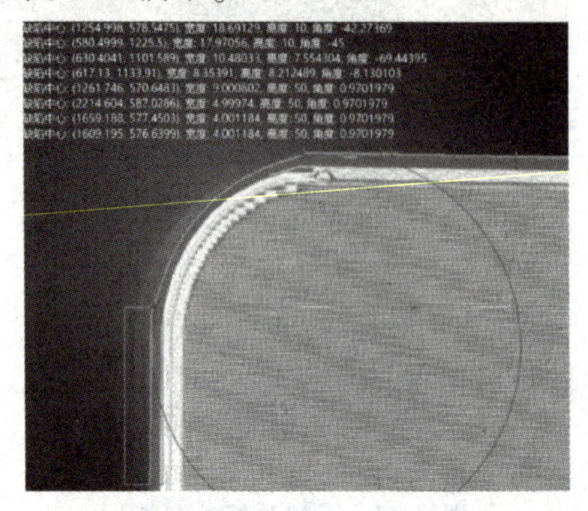

图 5-48　检测效果图

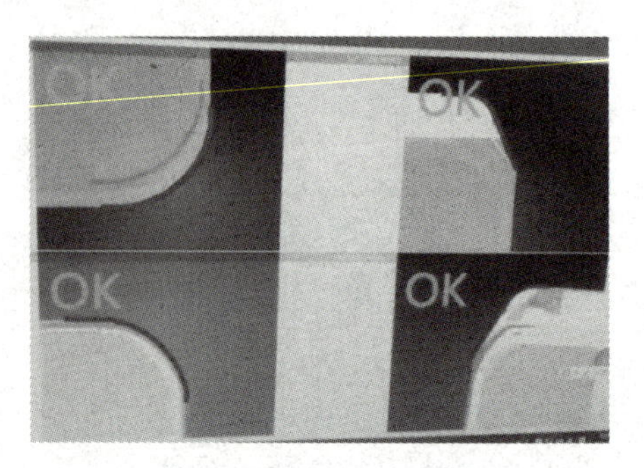

图 5-49　实际生产效果图

5.5　铁罐饮品盖二维码检测

在饮料瓶各个生产段工艺处理时，通过视觉识别将产品身份二维码信息识别并提取出来，跟踪库存容量、生产流程信息以及产品生产质量等能够帮助企业掌握生产过程中相关的数字信息，快速定位问题与预防风险，方便企业提高产品的可靠性和安全性。

5.5.1　方案背景

1）检测项目：饮品盖铁环二维码识别。

2）饮品盖形状：圆形；尺寸：40mm；材质：铝板；颜色：银白金属，蓝色拉环。

3）条码类型：二维码。

4）条码个数：2 个。

选型思路：

1）二维码模块数为 32×32，尺寸为 8mm×8mm。

2）视野要求 140mm×86.4mm，工作距离要求小于 500mm。

3）相机分辨率确定：二维码一个模块的尺寸为 8/32mm = 0.25mm，如式（5-3）、式（5-4）所示，二维码一个模块最少需要占据 4 个像素才能满足解码要求，根据条码模块宽度及视野，可计算出分辨率为：2240×1400。因此可选择 500 万像素的读码器，分辨率为 2592×1600。

$$\frac{h_{\mathrm{m}}}{4}=\frac{H}{\text{pixel}} \tag{5-3}$$

$$\frac{f}{D}=\frac{h}{H} \tag{5-4}$$

式中，h_{m} 为模块大小，pixel 为分辨率，D 为工作距离，H 为视野大小，h 为相机传感器尺寸。

4）通过计算即可最终选择镜头焦距为 35mm。

5.5.2　方案架构

铁罐饮品盖二维码检测系统主要包括 500 万像素工业相机，焦距为 35mm 的工业镜头，两个红色条形光源。饮料瓶通过传送带传送，无现场干扰，如图 5-50、图 5-51 所示。其成像效果如图 5-52 所示。

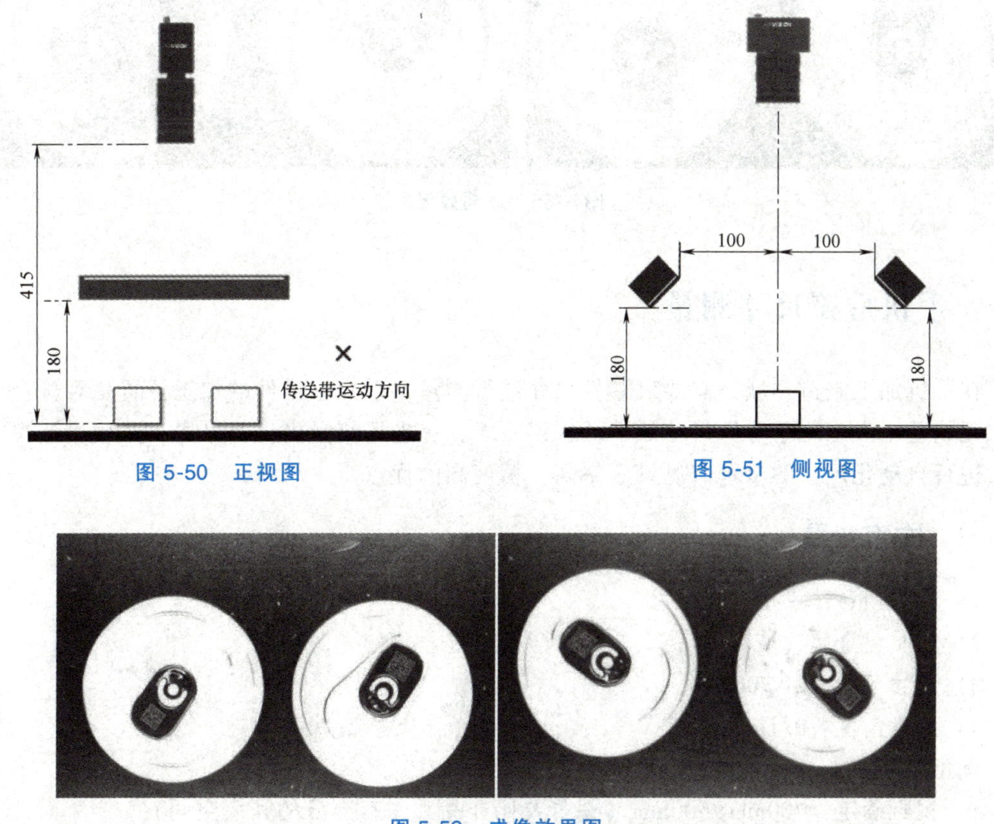

图 5-50　正视图

图 5-51　侧视图

图 5-52　成像效果图

5.5.3　算法检测方案

VM 算法平台内置了二维码解码功能，使用二维码识别工具即可完成解码。运行参数中选择 QR 码类型，二维码个数可以适当调高以增加候选码数量，提高读取率，如图 5-53、图 5-54 所示。读码效果如图 5-55 所示。

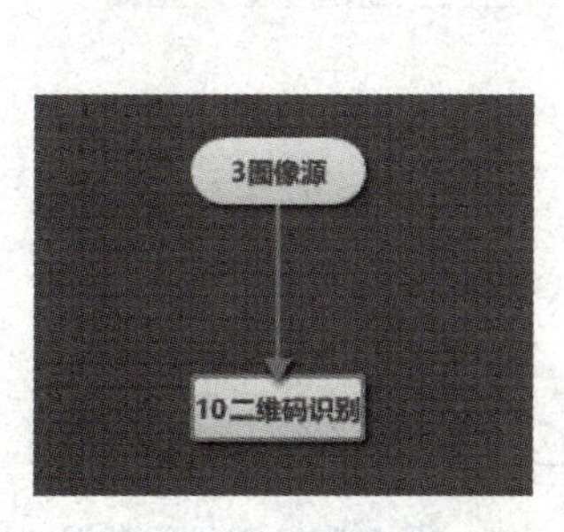

图 5-53　检测流程

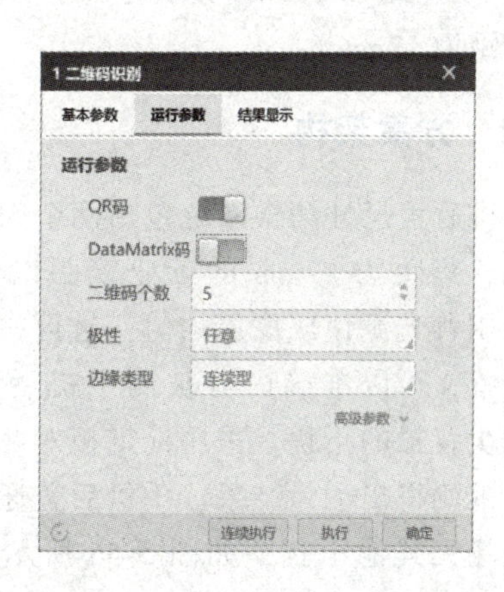

图 5-54　算法参数

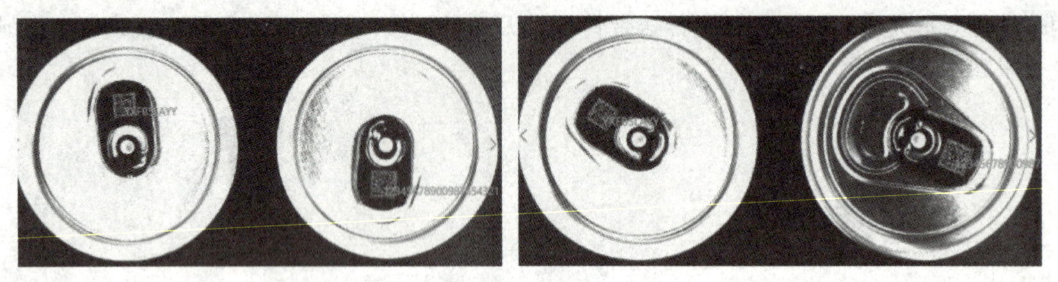

图 5-55　读码效果图

5.6　手机后盖尺寸测量

在手机加工制造领域，需要对零件尺寸进行测量，以确定零件的加工位置是否符合加工要求无偏差。人工测量零件尺寸效率低、误差大，三坐标测量机价格昂贵，采用机器视觉的方法进行自动化尺寸测量具有测量效率高、精度高的优点。

5.6.1　方案背景

1）检测项目：手机后盖尺寸。

2）材质：金属、玻璃。

3）尺寸范围：2~700mm。

4）测量精度：0.1mm。

选型思路：

1）视野确定：700mm×500mm（视野要比样品大，有充分的冗余空间）。

2）工作距离小于 400mm，若采用单相机视野不够，且需要选用高分辨率相机才能满足精度要求，因此选择双相机系统进行测量。

3）相机分辨率确定：根据算法精度（最少 3 个像素）和单像素精度（每个像素最少 0.05mm），横向像素数量至少为：350/0.05×3=21000 个像素，选用 500 万像素工业相机分辨率可达到（2448×2048）。

4）工作距离 375mm，通过计算即可最终选择镜头焦距为 12mm。

5.6.2　方案架构

手机后盖尺寸测量系统包括两个 500 万像素工业相机、焦距为 12mm 的工业镜头以及白色背光源。采用背光源使成像更均匀，且可在成像时消除部分干扰，可以准确区分被测手机后盖与其他特征，减少背景的干扰。采用标定板对两个相机进行标定，准确得出测量结果。手机后盖通过传送带传送，现场无其他干扰，如图 5-56 所示。成像效果如图 5-57 所示。

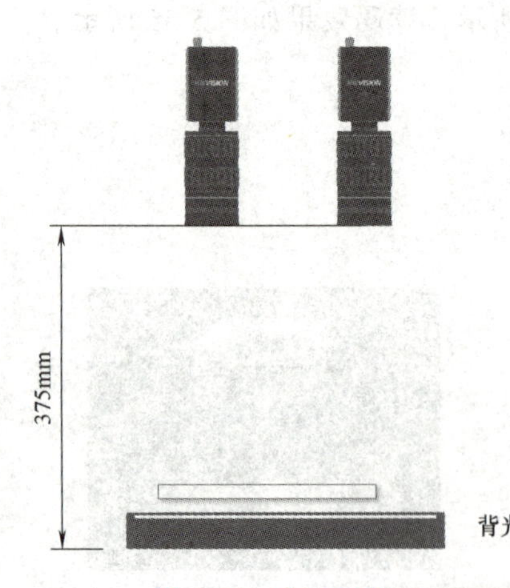

图 5-56　架设示意图

5.6.3　算法检测方案

此方案需要测量手机对角线长度，因此需要使用双相机分别拍两个对角。首先将双相机标定在同一坐标系内，再分别找到对应的角点，通过标定结果进行坐标转换、求差。

VM 算法平台内置标定板，标定板内部提供位置信息。在 VM 算法平台内部提供有生成标定板的工具，选择参数进行生成，如图 5-58 所示。

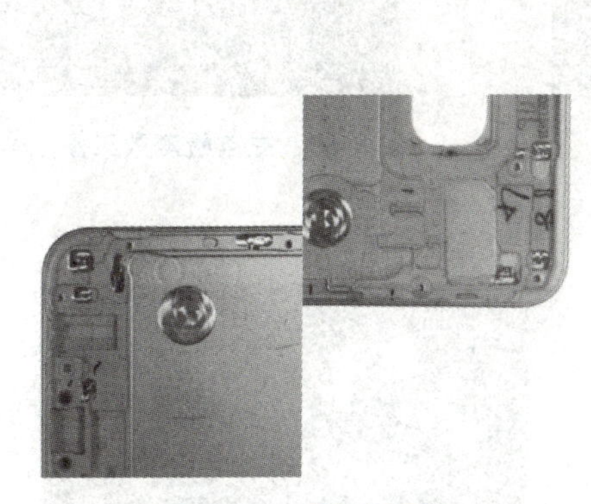

图 5-57　成像效果图

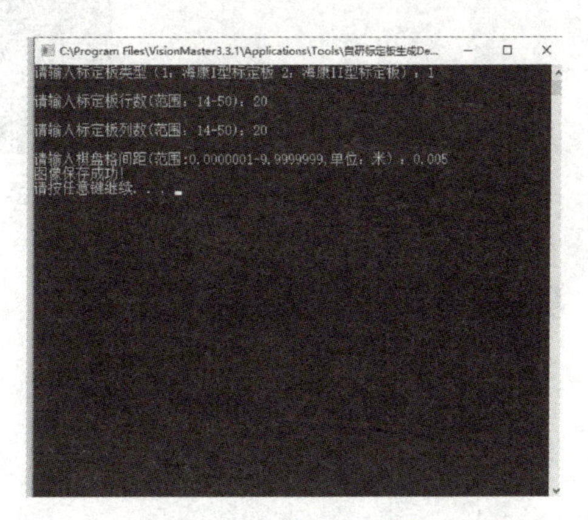

图 5-58　标定板生成

使用双相机对同一个标定板拍照并标定，可以得到两台相机分别相对于标定板的位置，进而将两台相机标定在同一坐标系内，如图 5-59、图 5-60 所示。

图 5-59　右相机拍摄的标定图片

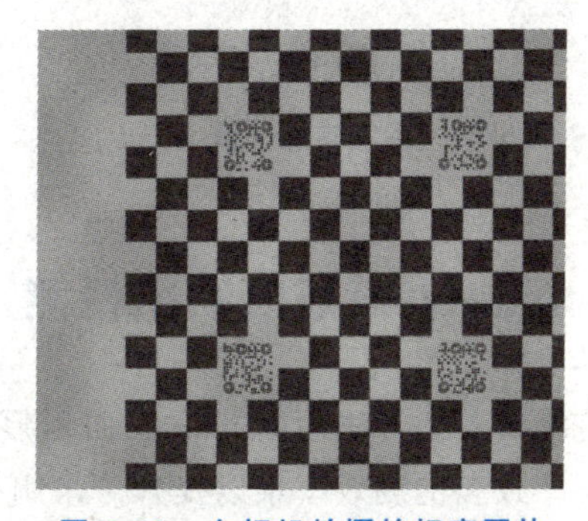

图 5-60　左相机拍摄的标定图片

标定算法已内置于模块中，在两台相机的标定过程中注意选择对应的标定板类型，要与生成时的标定板类型一致，如图 5-61 所示。标定流程如图 5-62 所示。

在后续工序中加载标定文件，即可将位置信息换算出来。

边缘交点算法检测使用内置的边缘交点工具，将 ROI 分别放在相交的两条边缘上，选择对应的极性、阈值等参数。在此根据 ROI 箭头方向分别选择边缘 1 从白到黑，边缘 2 从黑到白，如图 5-63 所示。

边缘交点通过标定转换工具进行坐标换算，导入之前标定生成的标定模型进行转换，如图 5-64 所示。

在坐标转换后，对两个角点的数据使用点点测量进行运算即可，算法检测流程如图 5-65 所示。

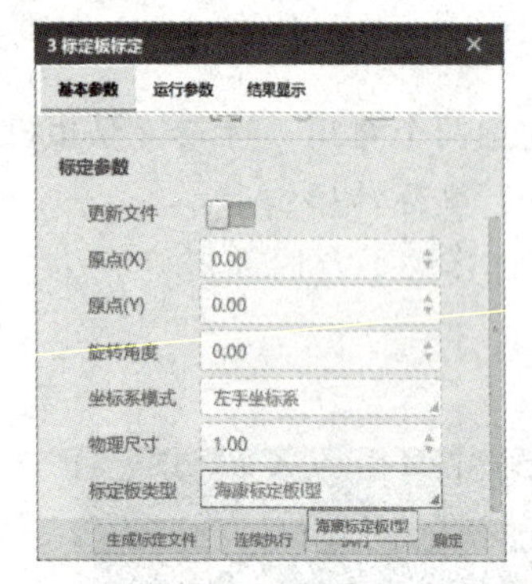

图 5-61　标定板标定参数

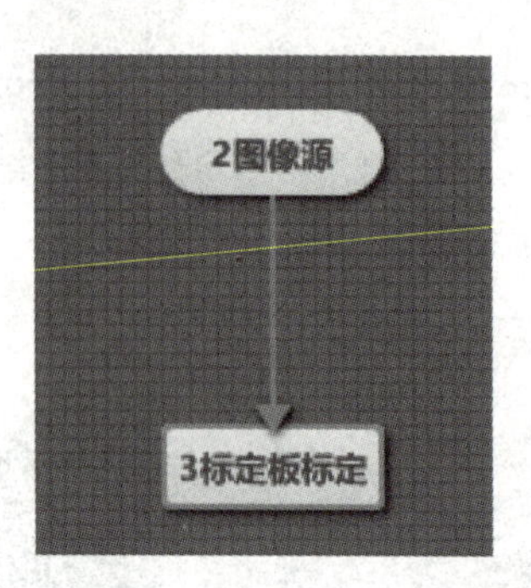

图 5-62　标定流程

图 5-63　交点检测效果图

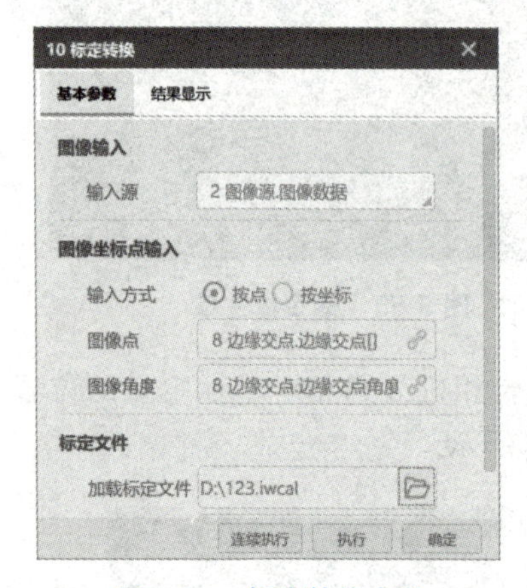

图 5-64　标定转换参数

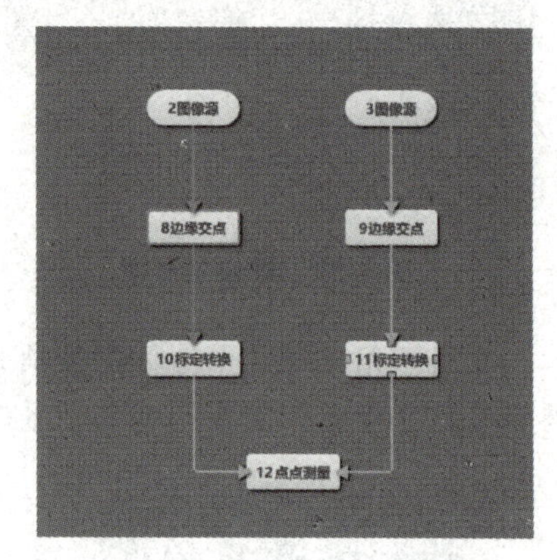

图 5-65　算法检测流程

5.7　ipad 表面划痕缺陷检测

传统的人工方法检测 ipad 表面划痕缺陷，可能会因为工人经验等主观因素，导致检测结果不一致和检测效率难以提升。采用机器视觉的方法可以对缺陷进行检测，快速且准确地识别划痕，大幅提高了生产线的效率，提高了 ipad 产品的生产质量。

5.7.1　方案背景

1）检测对象：ipad。

2）检测项目：划痕检测。

3）被测物尺寸：7.9in。

4）划痕宽度：最小 0.3mm。

选型思路：

1）视野确定：320mm×300mm（视野要比样品大，有充分的冗余空间）。

2）相机分辨率确定：根据算法精度（最少 3 个像素）和单像素精度（每个像素最少 0.3mm），长边像素数量至少为：350/0.3×3=3500 个像素，选用 1200 万像素工业相机

（4024×3036）。

3）工作距离 310mm，通过计算即可最终选择镜头焦距为 12mm。

5.7.2　方案架构

ipad 表面划痕缺陷检测系统主要由 1200 万像素工业相机，焦距为 12mm 的工业镜头以及箱体光源组成。为了使视野范围内的 ipad 成像更均匀，所以选用箱体光源。ipad 静止拍照，现场无其他干扰，如图 5-66 所示。成像效果如图 5-67 所示。

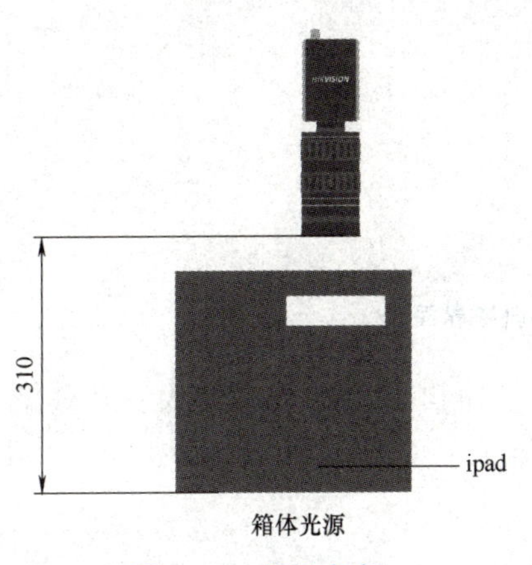

图 5-66　架设方案

图 5-67　成像效果

5.7.3　算法检测方案

检测时使用深度学习分割算法进行检测，生成缺陷的热度图像，使用 Blob 工具进行识别。深度学习缺陷检测工具在使用前需要进行训练。训练工具中选择图像分割进行训练，如图 5-68 所示。

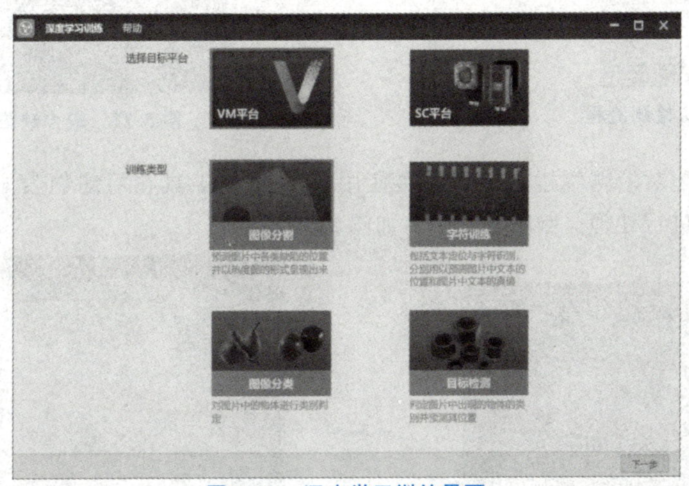

图 5-68　深度学习训练界面

选择 VM 算法平台与图像分割训练并导入图片，如图 5-69 所示。

选择缺陷进行标注，训练后生成模型，导入检测流程使用，如图 5-70 所示。

检测流程使用深度学习算法，即 DL 图像分割模块作为检测算法。DL 图像分割将与训

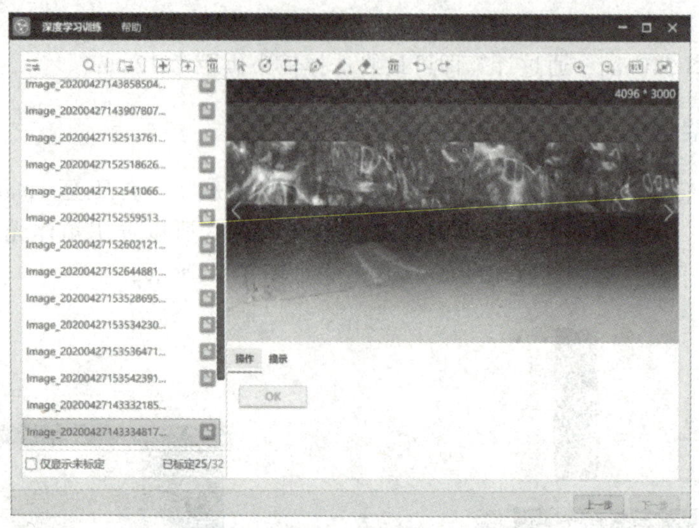

图 5-69　深度学习分割训练界面

练特征相似的值按概率大小生成不同亮度的色块于输出图上，概率越大亮度越高，如图 5-71、图 5-72 所示。

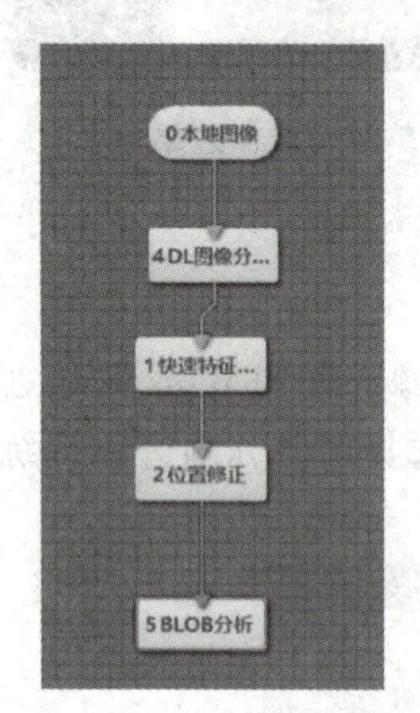

图 5-70　算法检测流程

图 5-71　较少缺陷检测效果图

使用特征匹配对检测物进行定位，再使用 Blob 分析工具在检测物表面区域圈出亮区，用于后续的流程进行处理、判断等工序，如图 5-73 所示。

图 5-72　较多缺陷检测效果图

图 5-73　定位效果图

特征匹配首先选取适当的特征模板，然后利用 Blob 工具将图像分割工具输出的概率图作为图像输入源，在运行参数中选择高于 60，面积大于 100 的灰度色块作为缺陷点，如图 5-74、图 5-75 所示。

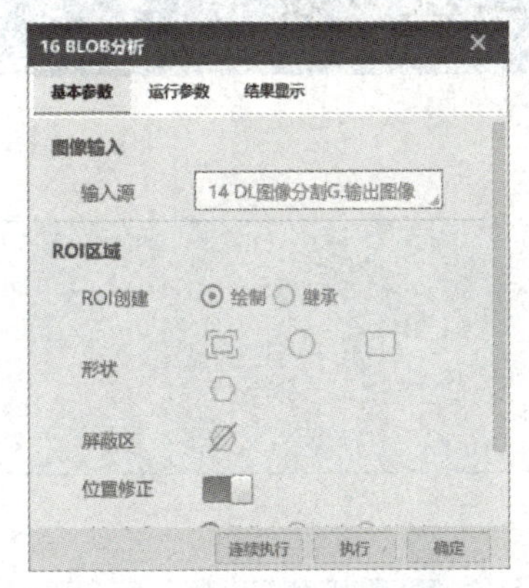

图 5-74　Blob 参数示意图

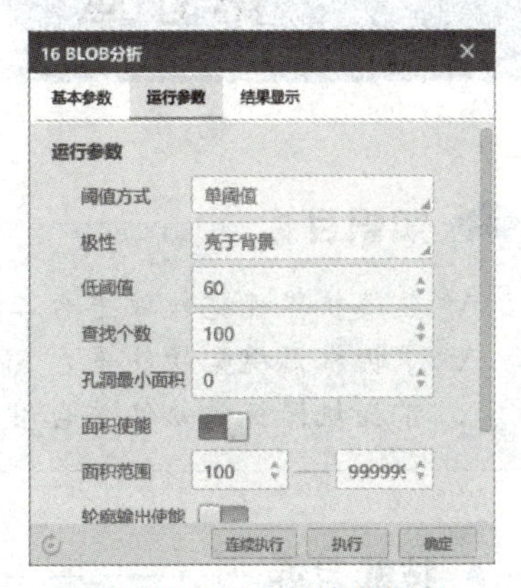

图 5-75　Blob 输出结果图

最后在原图上将 Blob 结果叠加，如图 5-76 所示，即可显示出缺陷检测结果，如图 5-77 所示。

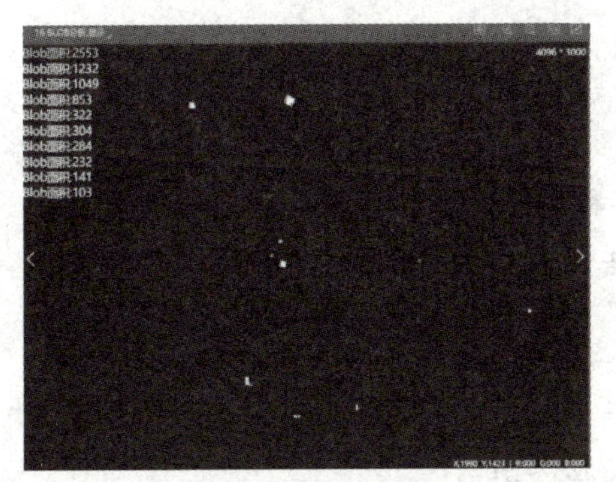

图 5-76　缺陷检测结果叠加 Blob

图 5-77　最终检测效果图

思考与练习

1. 请简述应用于手机孔加工定位的检测案例中，使用的何种打光照明方式，其有哪些好处。

2. 请简述应用于牛奶包装袋 OCR 的检测案例中，使用的何种打光照明方式，其有哪些好处，并试举出另一种可以产生类似效果的光源。

3. 在圆查找工具中，边缘极性的方向为____________，直线边缘缺陷检测中，边缘极性的方向为____________。

4. 请计算：在 200mm×150mm 的视野下，读取模块数量为 32×32、尺寸为 8mm×8mm 的二维码需要多大分辨率的相机？

5. 请简述在手机后盖尺寸测量案例中算法检测流程的关键步骤。

第 6 章　机器视觉系统二次开发

知识目标

√ 熟悉机器视觉软件平台二次开发的基本流程
√ 掌握机器视觉软件平台 SDK 中常用函数的接口
√ 掌握机器视觉软件平台用户自定义程序的设计方法

技能目标

√ 能够基于视觉 SDK 的 C/C++接口函数完成软件方案设计
√ 能够运行 DEMO 程序并进行一般功能开发

6.1　二次开发接口介绍

VM 算法平台集成机器视觉多种算法组件，适用多种应用场景，可快速组合算法，实现对工件或被测物的查找、测量、缺陷检测等。通过这些强大的视觉分析工具库，可简单灵活的搭建机器视觉应用方案，无需编程。满足视觉定位、测量、检测和识别等视觉应用需求。具有功能丰富、性能稳定、用户操作界面友好的特点。

VM 算法平台 SDK 提供了基础接口、展现接口、平台数据接口、平台控制接口，使用该 SDK 可以对接 VM 算法平台，灵活地开发和扩展机器视觉应用。

SDK 提供两套编程接口：C/C++接口和 C#接口。软件内分别为 C/C++接口和 C#接口提供了 Demo，同时提供相应编程接口的详细说明和使用方法说明文档。由于 SDK C/C++接口与 C#接口基本一致，本章内容仅以 C/C++接口作为示例进行介绍。

6.2　二次开发运行环境介绍

VM 算法平台安装以及运行的配置要求见表 6-1。

表 6-1　算法平台环境需求

操作系统	Windows7/10(64 位中、英文操作系统)
.NET 运行环境	.NET3.5 及以上
CPU	Intel Pentium IV 3.0GHz 或以上
内存	8GB 或更高
网卡	Intel i210 系列以上性能网卡
显卡	显存 1G 以上显卡，深度学习 DL 训练工具模块需要显存 4G 以上
USB 接口	需要有支持 USB3.0 的接口

6.3 注意事项

该软件需搭配加密狗使用，使用该软件前，请安装相应加密狗驱动和工业相机等硬件设备驱动。

不排除未知杀毒软件将该软件识别为病毒的情况，为方便使用，建议将本软件加入该杀毒软件的白名单中或关闭电脑上的杀毒软件。

6.4 编程导引

6.4.1 C/C++接口流程

1. 方案操作相关接口流程

算法平台软件方案相关操作过程可实现方案加载、方案执行以及方案保存等，主要过程如图 6-1 所示。

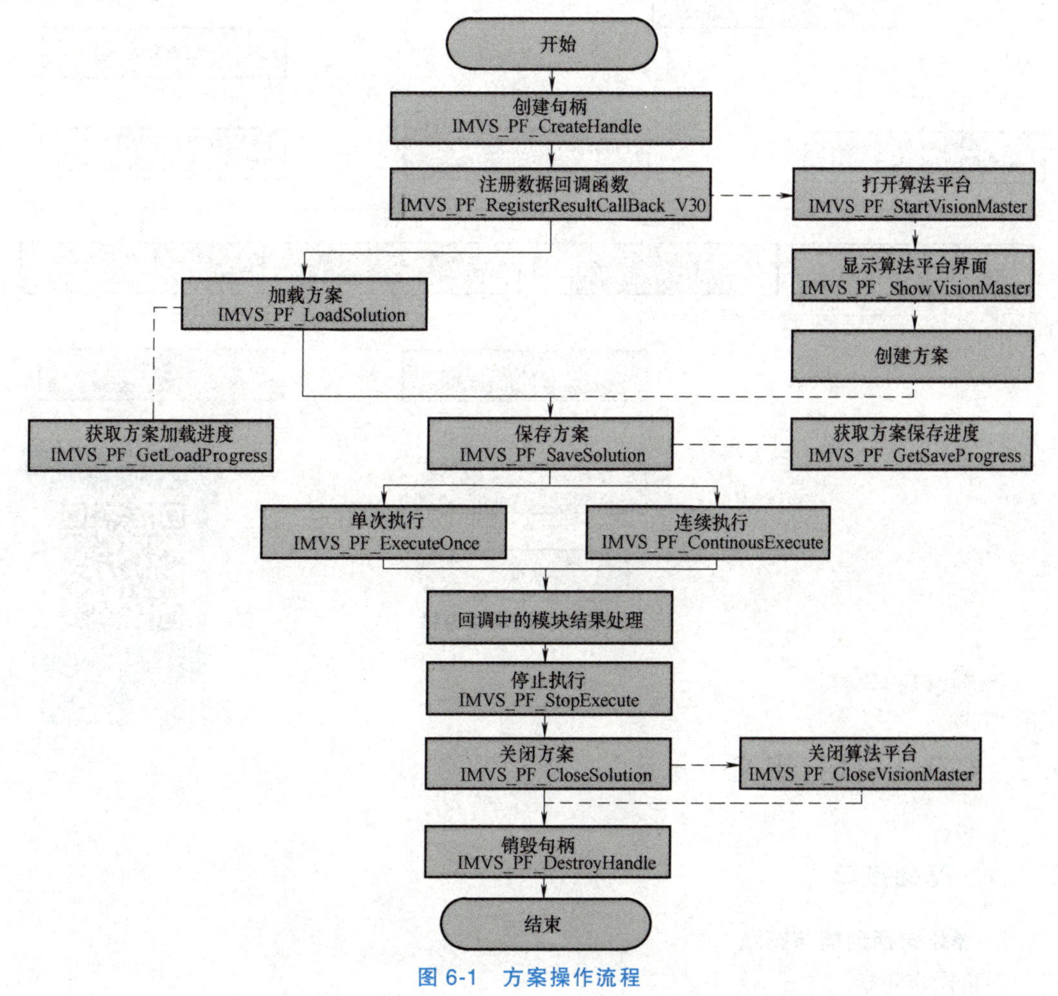

图 6-1　方案操作流程

示例代码扫码参考。

2. 参数设置相关接口流程

算法平台软件方案参数设置操作过程可实现当前所有模块列表获取、参数值设置、参数值获取、批量设置模块参数以及获取模块参数列表等，主要过程如图 6-2 所示。

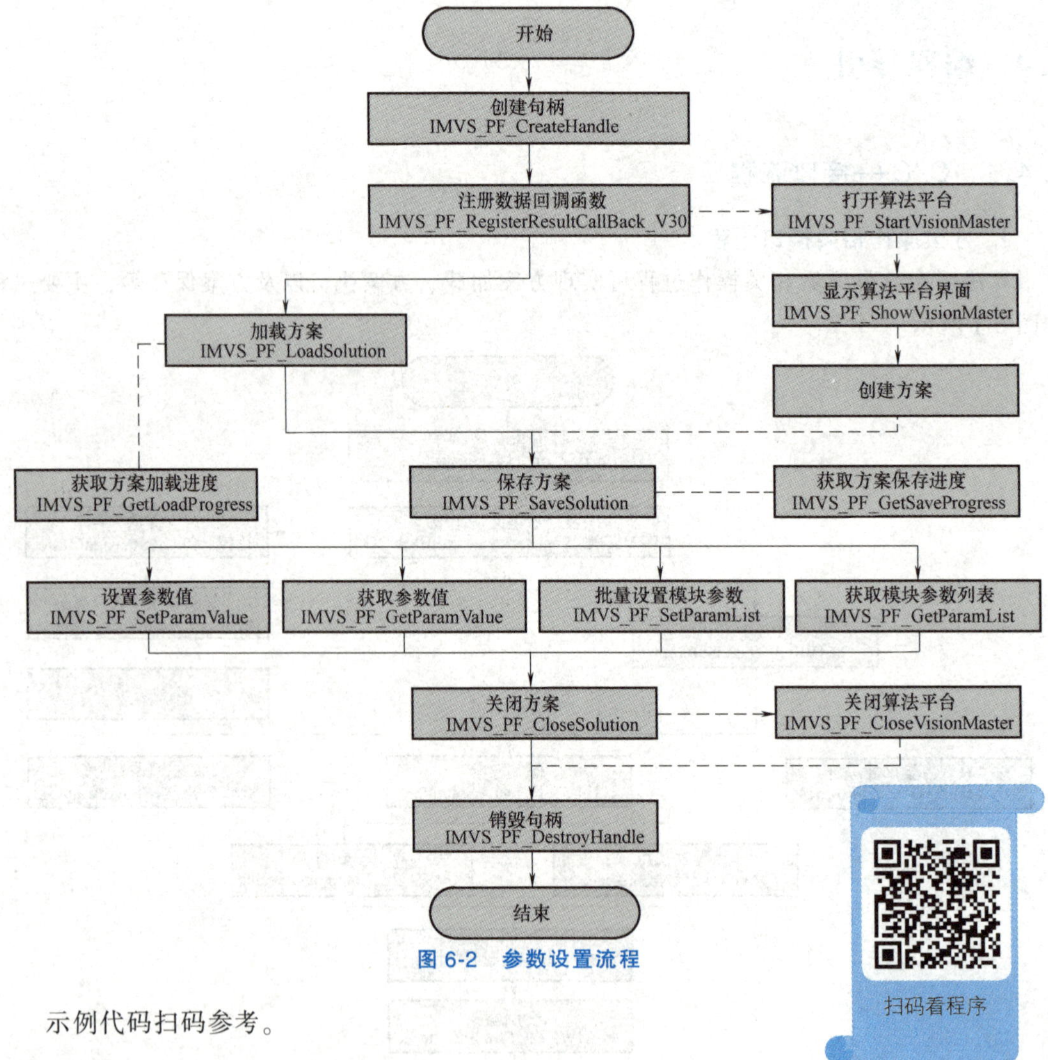

图 6-2　参数设置流程

示例代码扫码参考。

6.5　C/C++接口定义

6.5.1　基础接口

1. 操作句柄创建与销毁

创建操作句柄

```
int IMVS_PF_CreateHandle(
void * * const handle
);
```

参数：

handle

[out] 操作句柄

返回值：

成功返回 IMVS_EC_OK，失败返回错误码。

示例代码：

```
#include<iMVS-6000PlatformSDKC.h>
int main(void)
{
    void * handle=IMVS_NULL;
    int iRet=IMVS_EC_UNKNOWN;
    iRet=IMVS_PF_CreateHandle(&handle);
    return iRet;
}
```

2. 获取加密权限信息

获取加密狗或软加密权限信息

```
int IMVS_PF_GetDongleAuthority(
    IN const void * const handle
);
```

参数：

handle

[in] 操作句柄

返回值：

成功返回加密狗状态值，失败返回错误码。

注意：

加密狗状态宏定义见表 6-2。

表 6-2 加密狗状态宏定义

宏定义	宏定义值	含 义
IMVS_EC_OK	0	授权正常
IMVS_EC_ENCRYPT_DONGLE_OUTDATE	0xE0000700	加密狗未检测到或检测异常
IMVS_EC_ENCRYPT_DONGLE_OLD_EXPIRE	0xE0000701	算法平台老版本加密狗试用时间过期
IMVS_EC_ENCRYPT_ALGORITHM_CHECK_FAIL	0xE0000702	算法库检测授权失败
IMVS_EC_ENCRYPT_ALGORITHM_EXPIRE	0xE0000703	算法库使用期已过

软加密权限定义见表 6-3。

表 6-3　软加密权限定义

宏定义	宏定义值	含　义
IMVS_EC_OK	0	授权正常
IMVS_EC_ENCRYPT_SOFT_OUTDATE	0xE0000704	软加密权限未检测到或检测异常
IMVS_EC_ENCRYPT_SOFT_NOT_ACTIVATED	0xE0000705	产品授权未激活
IMVS_EC_ENCRYPT_SOFT_NOT_SUPPORT	0xE0000706	软锁不支持的功能 ID
IMVS_EC_ENCRYPT_SOFT_FEATURE_EXPIRE	0xE0000707	授权的功能已过期
IMVS_EC_ENCRYPT_SOFT_ACCESS_DENIED	0xE0000708	访问被拒绝
IMVS_EC_ENCRYPT_SOFT_NO_TIME	0xE0000709	时钟不可用
IMVS_EC_ENCRYPT_SOFT_NO_DRIVER	0xE000070A	软加密驱动环境未安装
IMVS_EC_ENCRYPT_SOFT_TS_DETECTED	0xE000070B	程序在终端运行
IMVS_EC_ENCRYPT_SOFT_RDP_DETECTED	0xE000070C	程序在远程端运行
IMVS_EC_ENCRYPT_SOFT_VM_DETECTED	0xE000070D	程序在虚拟机运行

示例代码：

```
#include "iMVS-6000PlatformSDKC.h"
#include "stdio.h"
#include "string"
int main(void)
{
    void * handle=IMVS_NULL;
    int iRet=IMVS_EC_UNKNOWN;
    iRet=IMVS_PF_CreateHandle(&handle);
    if(IMVS_EC_OK != iRet)
    {
        return iRet;
    }
    std::string strPlatformPath="D:\\Program Files\\VisionMaster\\Applications\\VisionMaster.exe";
    iRet=IMVS_PF_StartVisionMaster(handle, strPlatformPath.c_str(), IMVS_PF_DEFAULT_WAIT-
TIME);
    if(IMVS_EC_OK != iRet)
    {
        return iRet;
    }
    iRet=IMVS_PF_GetDongleAuthority(handle);
    printf("Dongle Authority Status: %d", iRet);
    return iRet;
}
```

6.5.2　展现接口

1. 启动/关闭算法平台程序

启动算法平台程序

```
int IMVS_PF_StartVisionMaster(
const void * const handle,
const char * const strPlatformPath,
const unsigned int nWaitTime
);
```

参数：

handle

[in] 句柄，IMVS_PF_CreateHandle 接口的输出值。

srtPlatformPath

[in] 算法平台 exe 文件所在绝对路径。

nWaitTime

[in] 等待时间，单位：ms。默认等待时间为 IMVS_PF_DEFAULT_WAITTIME。

返回值：

成功返回 IMVS_EC_OK，失败返回错误码。

注意：

通过 SDK 接口打开界面时，单击界面右上角关闭按钮，界面程序不退出，隐藏在后台运行。

接口启动算法平台程序后，按用户设置的等待时间等待算法平台初始化完成，超过等待时间未初始化完成时，接口会返回接收超时错误，建议加长等待时间。

示例代码：

```
#include<iMVS-6000PlatformSDKC.h>
#include<string>
int main(void)
{
    int iRet=IMVS_EC_UNKNOWN;
    void * handle=IMVS_NULL;
    iRet=IMVS_PF_CreateHandle(&handle);
    if(IMVS_EC_OK ! =iRet)
    {
        return iRet;
    }
    std::string strPlatformPath="D:\\Program Files\\VisionMaster\\Applications\\VisionMaster.exe";
    iRet=IMVS_PF_StartVisionMaster(handle, strPlatformPath.c_str(), IMVS_PF_DEFAULT_WAIT-
TIME);
    return iRet;
}
```

关闭算法平台程序

```
intIMVS_PF_CloseVisionMaster(
const void * const handle
);
```

参数:

handle

[in] 句柄, IMVS_PF_CreateHandle 接口的输出值。

返回值:

成功返回 IMVS_EC_OK, 失败返回错误码。

注意:

关闭算法平台时存在一定耗时, 在关闭算法平台接口返回成功的情况下算法平台可能没有完全关闭。因此在调用关闭算法平台接口之后马上调用开启算法平台接口可能会返回错误, 建议用户在调用开启算法平台接口返回错误之后重新调用开启。

示例代码:

```
#include<iMVS-6000PlatformSDKC.h>
#include<string>
int main(void)
{
    int   iRet=IMVS_EC_UNKNOWN;
    void *   handle=IMVS_NULL;
    iRet=  IMVS_PF_CreateHandle(&handle);
    if  (IMVS_EC_OK ! =iRet)
    {
    return iRet;
    }
    std::string strPlatformPath = "D:\\Program   Files\\VisionMaster\\Applications\\VisionMaster.
exe";
    iRet=  IMVS_PF_StartVisionMaster(handle, strPlatformPath.c_str() , IMVS_PF_DEFAULT_
WAITTIME);
    if  (IMVS_EC_OK ! =iRet)
    {
    return iRet;
    }
    iRet=  IMVS_PF_CloseVisionMaster(handle);
    return   iRet;
}
```

2. 界面/模块结果输出接口展示

控制算法平台界面的显示/隐藏

```
int IMVS_PF_ShowVisionMaster(
const void * const handle,
const unsigned int nShowType
);
```

参数：

handle

[in] 句柄，IMVS_PF_CreateHandle 接口的输出值。

nShowType

[in] 显示类型。

返回值：

成功返回 IMVS_EC_OK，失败返回错误码。

注意：

支持界面程序正常显示、隐藏。在控制算法平台界面显示/隐藏时，需先打开算法平台界面程序。

显示类型宏定义见表 6-4。

表 6-4 显示类型宏定义

宏定义	宏定义值	含义
IMVS_PF_STATUS_PLATFORM_HIDE	0	表示隐藏
IMVS_PF_STATUS_PLATFORM_SHOW	1	表示显示

示例代码：

```
    #include<iMVS-6000PlatformSDKC.h>
    #include<string>
int main(void)
    {
        int  iRet=IMVS_EC_UNKNOWN;
        void *   handle=IMVS_NULL;
        iRet=  IMVS_PF_CreateHandle(&handle);
        if  (IMVS_EC_OK !=iRet)
        {
        return iRet;
        }
        std::string strPlatformPath="D:\\Program  Files\\VisionMaster\\Applications\\VisionMaster.
exe";
        iRet=  IMVS_PF_StartVisionMaster(handle, strPlatformPath.c_str(), IMVS_PF_DEFAULT_
WAITTIME);
        if  (IMVS_EC_OK !=iRet)
        {
        return iRet;
        }
```

```
        unsigned int nShowType=IMVS_PF_STATUS_PLATFORM_SHOW;
        iRet=  IMVS_PF_ShowVisionMaster(handle, nShowType);
        return  iRet;
}
```

弹出指定模块的结果输出展现接口

```
intIMVS_PF_ShowModuleInterface(
const void * const handle,
const unsigned int nModuleID
);
```

参数：

handle

[in] 句柄，IMVS_PF_CreateHandle 接口的输出值。

nModuleID

[in] 模块 ID，参考 IMVS_PF_GetAllModuleList 接口。

返回值：

成功返回 IMVS_EC_OK，失败返回错误码。

示例代码扫码参考。

3. 载入/卸载前端运行界面

载入前端运行界面窗口到第三方界面接口，因为前端运行界面可编辑，用户定义父窗口大小时应根据编辑的前端运行界面大小调整。默认情况下，父窗口宽高比例设置时应大于 1，以免造成显示异常。切换方案后，需要卸载前段运行界面，再重新载入。

```
int IMVS_PF_AttachFrontedWnd(
const void * const handle,
const void * const hParentWnd
);
```

参数：

handle

[in] 句柄，IMVS_PF_CreateHandle 接口的输出值。

hParentWnd

[in] 第三方界面或窗口句柄。

返回值：

成功返回 IMVS_EC_OK，失败返回错误码。

示例代码：

```
#include<iMVS-6000PlatformSDKC. h>
#include<string>
```

```
int main(void)
{
    void * handle=IMVS_NULL;
    int iRet=IMVS_EC_UNKNOWN;
    iRet=  IMVS_PF_CreateHandle(&handle);
    if  (IMVS_EC_OK ! =iRet)
    {
    return iRet;
    }
    std::string strPlatformPath="D:\\Program  Files\\VisionMaster\\Applications\\VisionMaster.exe";
    iRet=IMVS_PF_StartVisionMaster(handle, strPlatformPath.c_str() , IMVS_PF_DEFAULT_WAIT-
TIME);
    if(IMVS_EC_OK ! =iRet)
    {
      return iRet;
    }
    //加载方案
    std::string strPath="E:\\ProjectVS2008\\123\\10.sol";
    std::string strPassWord="123";
    iRet=IMVS_PF_LoadSolution(handle,strPath.c_str(),strPassWord.c_str());
    //载入到第三方界面或窗口中
    HWND hwnd=GetDlgItem(IDC_STATIC_PICSHOW)->GetSafeHwnd();
    iRet=IMVS_PF_AttachFrontedWnd(handle, hwnd);
    if(IMVS_EC_OK ! =iRet)
   {
       return   iRet;
   }
    iRet=IMVS_PF_ExecuteOnce(handle, NULL);
    return iRet;
}
```

卸载第三方界面中的前端运行界面接口

```
int IMVS_PF_UnAttachFrontedWnd(
const void * const handle,
const void * const hParentWnd
);
```

参数:

handle

[in] 句柄, IMVS_PF_CreateHandle 接口的输出值。

hParentWnd

[in] 第三方界面或窗口句柄。

返回值:

成功返回 IMVS_EC_OK，失败返回错误码。

示例代码描码参考。

6.5.3 平台数据接口

1. 参数获取与设置

设置参数值接口

```
int IMVS_PF_SetParamValue(
const void * const handle,
const unsigned int  nModuleID,
const char * const strName,
const char * const strValue
);
```

参数:

handle

[in] 句柄，IMVS_PF_CreateHandle 接口的输出值。

nModuleID

[in] 模块 ID，参考 IMVS_PF_GetAllModuleList 接口。

strName

[in] 参数名称。

strValue

[in] 参数值。

返回值:

成功返回 IMVS_EC_OK，失败返回错误码。

注意:

用户需要指定模块的编号，以及需要设置的参数名称。此接口只能设置单个参数的值。参数值以字符串形式传入，无法对所有类型进行判断，对于 bool 型参数只有参数值为 False 时，参数才设置为 False，参数值为其他值时均被设置为 True。

获取参数值接口

```
int IMVS_PF_GetParamValue(
const void * const handle,
const unsigned int nModuleID,
const char * const strName,
const unsigned int nStrValueSize,
char * const strValue
);
```

参数:

handle

[in] 句柄，IMVS_PF_CreateHandle 接口的输出值。

nModuleID

[in] 模块 ID，参考 IMVS_PF_GetAllModuleList 接口。

strName

[in] 参数名称。

nStrValueSize

[in] 参数值的分配大小。

strValue

[out] 参数值。

返回值：

成功返回 IMVS_EC_OK，失败返回错误码。

注意：

用户需要指定模块的编号，以及需要设置的参数名称。此接口只能设置单个参数的值。

示例代码扫码参考。

2. 方案保存与关闭

保存算法平台方案

```
int IMVS_PF_SaveSolution(
const void * const handle,
const IMVS_PF_SAVE_SOLUTION_INPUT(See 5.5.7) * const pstSaveInput
);
```

参数：

handle

[in] 句柄，IMVS_PF_CreateHandle 接口的输出值。

pstSaveInput

[in] 保存方案输入结构体指针。

返回值：

成功返回 IMVS_EC_OK，失败返回错误码。

注意：

保存方案时，用户可以将自己与方案相关的数据保存到方案中，在方案加载时，算法平台可以将用户的数据回调给用户。用户保存的数据格式自己定义，SDK 接口不关心用户数据格式。用户如果输入密码加密后，需要牢记密码，忘记密码后文件将无法打开。用户在调用保存方案接口后，可以在一定时间内循环调用获取进度接口。

用户不设置方案密码时，可将参数 strPassWord 赋为空字符串。

示例代码：

```
#include<iMVS-6000PlatformSDKC.h>
#include<string>
int main(void)
```

```
{
    int iRet=IMVS_EC_UNKNOWN;
    void * handle=IMVS_NULL;
    iRet=IMVS_PF_CreateHandle(&handle);
    if(IMVS_EC_OK ! =iRet)
    {
        return iRet;
    }
    std::string strPlatformPath="D:\\Program Files\\VisionMaster\\Applications\\VisionMaster.exe";
    iRet=IMVS_PF_StartVisionMaster(handle, strPlatformPath.c_str() , IMVS_PF_DEFAULT_WAIT-
TIME);
    if(IMVS_EC_OK ! =iRet)
    {
        return iRet;
    }
    unsigned int nShowType=IMVS_PF_STATUS_PLATFORM_SHOW;
    iRet=IMVS_PF_ShowVisionMaster(handle, nShowType);
    if(IMVS_EC_OK ! =iRet)
    {
        return iRet;
    }
    /*****************************************************
     *在界面上搭建方案
     *****************************************************/
    IMVS_PF_SAVE_SOLUTION_INPUT stSaveInput={0};
    std::string strPath="D:\\保存方案\\Example.sol";
    std::string strPassword="123";
    strcpy_s(stSaveInput.strPath, strPath.length()+1, strPath.c_str());
    strcpy_s(stSaveInput.strPassWord, strPassword.length()+1, strPassword.c_str());
    iRet=IMVS_PF_SaveSolution(handle, &stSaveInput);
    return iRet;
}
```

关闭算法平台当前的方案

```
int IMVS_PF_CloseSolution(
const void * const handle
);
```

参数：

handle

[in] 句柄，IMVS_PF_CreateHandle 接口的输出值。

返回值：

成功返回 IMVS_EC_OK，失败返回错误码。

注意：

保存是否结束通过返回的方案保存进度值进行标识，如果保存进度值为 100，且函数返回值为 IMVS_EC_OK，则保存成功，反之则保存失败。

保存结果错误码通过函数返回值返回。

示例代码：

```
#include<iMVS-6000PlatformSDKC. h>
#include<string>
int main( void)
{
    void * handle = IMVS_NULL;
    int   iRet   = IMVS_EC_UNKNOWN;
    iRet = IMVS_PF_CreateHandle( &handle) ;
    if( IMVS_EC_OK ! = iRet)
    {
        return iRet;
    }
    std::string strPlatformPath = " D:\\Program Files\\VisionMaster\\Applications\\VisionMaster. exe" ;
    iRet = IMVS_PF_StartVisionMaster( handle, strPlatformPath. c_str( ) , IMVS_PF_DEFAULT_WAIT-
TIME) ;
    if( IMVS_EC_OK ! = iRet)
    {
        return iRet;
    }
    iRet = IMVS_PF_CloseSolution( handle) ;
    if( IMVS_EC_OK ! = iRet)
    {
        return iRet;
    }
    return iRet;
}
```

3. 通过回调完成数据反馈

通过回调的方式将算法平台底层运行时的数据反馈给用户

```
int IMVS_PF_RegisterResultCallBack(
    IN const void * const handle,
    IN int (_stdcall * cbOutputPlatformInfo) ( OUT IMVS_PF_OUTPUT_PLATFORM_INFO( See 5. 5. 2) *
const pstOutputPlatformInfo, IN void * const pUser) ,
    IN void * const pUser
);
```

参数：

handle

[in] 句柄，IMVS_PF_CreateHandle 接口的输出值。

cbOutputPlatformInfo

[in] 回调函数。

pUser

[in] 调用方句柄。

返回值：

成功返回 IMVS_EC_OK，失败返回错误码。

示例代码扫码参考。

4. 控制运行结果的返回

控制模块返回/停止并返回用户运行结果

```
int IMVS_PF_CtrlCallBackModuResult(
    IN const void * const handle
    IN const unsigned int nModuleID,
    IN const unsigned int nCallbackStatus
);
```

参数：

handle

[in] 操作句柄。

nModuleID

[in] 模块 ID。

nCallbackStatus

[in] 回调状态（0：停止回调；1：开启回调）。

返回值：

成功返回 IMVS_EC_OK，失败返回错误码。

注意：

当输入模块 ID 为 30000 时，则控制所有模块返回/停止并返回用户运行结果；当输入回调状态不合法时返回参数错误。

示例代码：

```
#include "iMVS-6000PlatformSDKC.h"
#include "string"
int main(void)
{
    void * handle=IMVS_NULL;
    int    iRet   =IMVS_EC_UNKNOWN;
    iRet=IMVS_PF_CreateHandle(&handle);
    if (IMVS_EC_OK != iRet)
```

```
    {
        return iRet;
    }
    std::string strPlatformPath = "D:\\Program Files\\VisionMaster\\Applications\\VisionMaster.exe";
    iRet=IMVS_PF_StartVisionMaster(handle, strPlatformPath.c_str() , IMVS_PF_DEFAULT_WAIT-
TIME);
    if (IMVS_EC_OK ! =iRet)
    {
        return iRet;
    }
    //加载方案
    std::string strPath = "E:\\ProjectVS2008\\123\\10.sol";
    std::string strPassWord = "123";
    iRet=IMVS_PF_LoadSolution(handle, strPath.c_str(), strPassWord.c_str());
    if (IMVS_EC_OK ! =iRet)
    {
        throw iRet;
    }
    iRet=IMVS_PF_GetAllModuleList(handle,pstModuleInfoList);
    if (IMVS_EC_OK ! =iRet)
    {
        throw iRet;
    }
    //以屏蔽第一个模块结果为例
    unsigned int nModuleID =    pstModuleInfoList->astModuleInfo[0].nModuleID;
    unsigned int nCallbackStatus = 0
    iRet=IMVS_PF_CtrlCallBackModuResult(handle,nModuleID,nCallbackStatus);
    return iRet;
}
```

6.5.4　平台控制接口

1. 算法平台运行

算法平台运行一次

```
int IMVS_PF_ExecuteOnce(
const void * const handle,
const char * const strCommand
);
SOLUTION_VERSION_INFO * pstSolutionVersionInfo
);
```

参数:

handle

[in] 句柄, IMVS_PF_CreateHandle 接口的输出值。

strCommand

[in] 命令字符串。

返回值:

成功返回 IMVS_EC_OK, 失败返回错误码。

注意:

执行一次开始时, 数据回调接口通知流程忙碌状态。执行一次结束时, 数据回调接口通知流程处于空闲状态。功能模块执行结果通过回调函数通知给用户。当流程处于忙碌状态 (流程尚未结束) 时, 用户调用执行一次接口, 该接口会返回错误。执行一次时支持用户输入字符串, 用户可通过输入字符串传递控制命令, 如果用户不需要输入字符串, 可将该参数置为 NULL。

示例代码:

```
#include <iMVS-6000PlatformSDKC.h>
#include <string>
int main(void)
{
    void * handle=IMVS_NULL;
    int   iRet  =IMVS_EC_UNKNOWN;
    iRet=IMVS_PF_CreateHandle(&handle);
    if (IMVS_EC_OK ! =iRet)
    {
        return iRet;
    }
    std::string strPlatformPath="D:\\Program Files\\VisionMaster\\Applications\\VisionMaster.exe";
    iRet=IMVS_PF_StartVisionMaster(handle, strPlatformPath.c_str(), IMVS_PF_DEFAULT_WAITTIME);
    if (IMVS_EC_OK ! =iRet)
    {
        return iRet;
    }
    //加载方案
    std::string strPath="E:\\ProjectVS2008\\123\\10.sol";
    std::string strPassWord="123";
    iRet=IMVS_PF_LoadSolution(handle, strPath.c_str(), strPassWord.c_str());
    if (IMVS_EC_OK ! =iRet)
    {
        return iRet;
    }
    iRet=IMVS_PF_ExecuteOnce(handle, NULL);
    return iRet;
}
```

算法平台连续执行开始

```
int IMVS_PF_ContinousExecute(
const void * const handle
);
```

参数：

handle

[in] 句柄，IMVS_PF_CreateHandle 接口的输出值。

返回值：

成功返回 IMVS_EC_OK，失败返回错误码。

注意：

连续执行时，内部通过循环调用执行一次实现。执行一次开始时，数据回调接口通知流程处于忙碌状态。执行一次结束时，数据回调接口通知流程处于空闲状态。连续执行默认时间间隔为 0。功能模块执行结果通过回调函数通知给用户。若连续执行过程中加密狗出现异常，连续执行中断执行，等待加密狗正常后连续执行恢复至出现异常前执行状态。

示例代码：

```
#include <iMVS-6000PlatformSDKC.h>
#include <string>
int main(void)
{
    void * handle=IMVS_NULL;
    int   iRet  =IMVS_EC_UNKNOWN;
    iRet=IMVS_PF_CreateHandle(&handle);
    if (IMVS_EC_OK != iRet)
    {
        return iRet;
    }
    std::string strPlatformPath="D:\\Program Files\\VisionMaster\\Applications\\VisionMaster.exe";
    iRet=IMVS_PF_StartVisionMaster(handle, strPlatformPath.c_str() , IMVS_PF_DEFAULT_WAIT-
TIME);
    if (IMVS_EC_OK != iRet)
    {
        return iRet;
    }
    //加载方案
    std::string strPath="E:\\ProjectVS2008\\123\\10.sol";
    std::string strPassWord="123";
    iRet=IMVS_PF_LoadSolution(handle, strPath.c_str(), strPassWord.c_str());
    if (IMVS_EC_OK != iRet)
    {
        return iRet;
```

```
    }
    iRet=IMVS_PF_ContinousExecute(handle);
    return iRet;
}
```

2. 算法平台停止执行

算法平台停止执行

```
int IMVS_PF_StopExecute(
const void * const handle,
const unsigned int nWaitTime
);
```

参数：

handle

[in] 句柄，IMVS_PF_CreateHandle 接口的输出值。

nWaitTime

[in] 等待时间，单位为 s。

返回值：

成功返回 IMVS_EC_OK，失败返回错误码。

注意：

连续执行结束不检查加密狗权限，即使加密狗异常，也允许用户控制连续执行结束。

示例代码：

```
#include <iMVS-6000PlatformSDKC.h>
#include <string>
int main(void)
{
    void * handle=IMVS_NULL;
    int   iRet  =IMVS_EC_UNKNOWN;
    iRet=IMVS_PF_CreateHandle(&handle);
    if (IMVS_EC_OK != iRet)
    {
        return iRet;
    }
    std::string strPlatformPath="D:\\Program Files\\VisionMaster\\Applications\\VisionMaster.exe";
    iRet=IMVS_PF_StartVisionMaster(handle, strPlatformPath.c_str(), IMVS_PF_DEFAULT_WAIT-
TIME);
    if (IMVS_EC_OK != iRet)
    {
        return iRet;
    }
```

```
    //加载方案
    std::string strPath="E:\\ProjectVS2008\\123\\10.sol";
    std::string strPassWord="123";
    iRet=IMVS_PF_LoadSolution(handle, strPath.c_str(), strPassWord.c_str());
    if (IMVS_EC_OK != iRet)
    {
        return iRet;
    }
    iRet=IMVS_PF_ContinousExecute(handle);
    if (IMVS_EC_OK != iRet)
    {
        return iRet;
    }
    //停止执行
    unsigned int nWaitTime=5000;
    iRet=IMVS_PF_StopExecute(handle, nWaitTime);
    return iRet;
}
```

3. IMVS_PF_SetContinousExecuteInterval

设置连续执行两次运行之间的时间间隔

```
int IMVS_PF_SetContinousExecuteInterval(
const void * const handle,
const unsigned int nMilliSecond
);
```

参数：

handle

[in] 句柄，IMVS_PF_CreateHandle 接口的输出值。

nMilliSecond

[in] 两次运行之间的时间间隔（单位：ms）。

返回值：

成功返回 IMVS_EC_OK，失败返回错误码。

注意：

连续执行线程中执行一次完成后，按时间间隔等待，然后进行下次执行一次。

示例代码：

```
#include <iMVS-6000PlatformSDKC.h>
#include <string>
intmain(void)
{
```

```
    void * handle=IMVS_NULL;
    int    iRet   =IMVS_EC_UNKNOWN;
    iRet=IMVS_PF_CreateHandle(&handle);
    if (IMVS_EC_OK ! =iRet)
    {
        return iRet;
    }
    std::string strPlatformPath="D:\\Program Files\\VisionMaster\\Applications\\VisionMaster. exe";
    iRet=IMVS_PF_StartVisionMaster(handle, strPlatformPath. c_str() , IMVS_PF_DEFAULT_WAIT-
TIME);
    if (IMVS_EC_OK ! =iRet)
    {
        return iRet;
    }
    //加载方案
    std::string strPath="E:\\ProjectVS2008\\123\\10. sol";
    std::string strPassWord="123";
    iRet=IMVS_PF_LoadSolution(handle, strPath. c_str(), strPassWord. c_str());
    if (IMVS_EC_OK ! =iRet)
    {
        return iRet;
    }
    //设置连续执行时间间隔
    unsigned int nMilliSecond=500;
    iRet=IMVS_PF_SetContinousExecuteInterval(handle, nMilliSecond);
    if (IMVS_EC_OK ! =iRet)
    {
        return iRet;
    }
    iRet=IMVS_PF_ContinousExecute(handle);
    return iRet;
}
```

6.6 算法平台 SDK Demo 使用说明

6.6.1 SDK Demo 功能介绍

VM 算法平台二次开发 SDK Demo 主要由展现接口、平台控制接口、设置/获取模块回调状态接口、方案操作接口、模块数据导入接口、模块参数获取与参数设置接口、消息显示区以及图像结果显示区等部分组成。由于二次开发 SDK C/C++接口 Demo 与 C#接口 Demo 基本一致，此处仅以 C/C++接口 Demo 作为示例进行介绍。

图 6-3 所示编号 1 所标识的区域为展现接口所在区域，编号 2 所标识的区域为平台控制接口所在区域，编号 3 所标识的区域为方案操作接口所在区域，编号 4 所标识的区域为模块数据导入接口所在区域，编号 5 所标识的区域为基础接口所在区域，编号 6 所标识的区域为获取与设置参数接口所在区域，各功能区域的接口介绍见表 6-5。

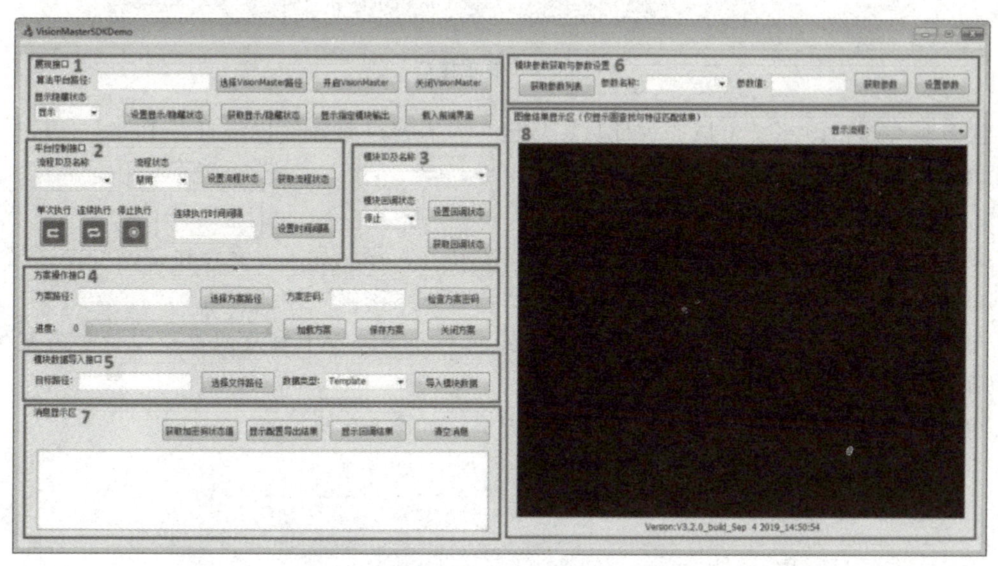

图 6-3　算法平台 SDK Demo 界面

表 6-5　SDK Demo 功能区域接口介绍

编号	接口	说　明
1	展现接口	该区域接口主要用于设置算法平台的路径、是否开启算法平台、是否显示算法平台界面、显示指定模块的结果输出界面等与界面相关的操作
2	平台控制接口	该区域接口主要用于控制算法平台所有流程以及特定流程是否启用、运行、连续执行时间间隔
3	设置/获取模块回调状态接口	该区域接口主要用于设置或获取回调状态
4	方案操作接口	该区域接口主要用于算法平台方案操作，包括方案的保存、加载和关闭以及加载进度和保存进度的获取
5	模块数据导入接口	该区域接口主要用于向指定模块导入模板数据、字库数据、标定文件数据以及图像数据，传入参数为导入数据文件路径
6	模块参数获取与参数设置接口	该区域接口主要用于模块参数值的获取、设置以及模块参数列表的获取、设置
7	消息显示区	消息显示区可以获取加密狗状态、显示配置导出结果和回调结果等
8	图像结果显示区	图像结果显示区可以显示算法处理后的图像结果，SDK 版本号等

6.6.2　SDK Demo 操作过程

1. 启动 VM 算法平台

单击“选择 VisionMaster 路径”按钮，选择 VisionMaster. exe 所在目录。

单击“开启 VisionMaster”按钮，开启 VisionMaster。VisionMaster 通过二次开发接口打开默认隐藏，可通过单击“显示/隐藏 VisionMaster”按钮显示 VisionMaster 界面，显示隐藏状态可通过“显示隐藏状态”下拉列表进行选择。如图 6-4 所示。

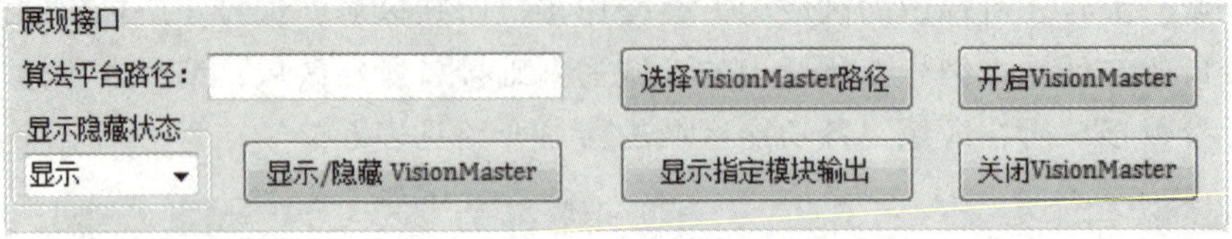

展现接口
算法平台路径：
选择VisionMaster路径
开启VisionMaster
显示隐藏状态
显示
显示/隐藏 VisionMaster
显示指定模块输出
关闭VisionMaster

图 6-4　展现接口

注意：在 Win10 系统上以非管理员账号运行时需要以管理员权限打开 Demo，否则无法正常调用接口。

2. 加载方案

单击“选择路径”按钮选择需要加载的方案所在目录，如果方案存在密码可在“密码”编辑框输入，判断方案是否存在密码可单击“检查方案密码”按钮检查。

单击“加载方案”按钮，加载方案。若界面上方案进行了修改或重新设计了方案可单击“保存方案”按钮进行保存。

单击“关闭当前方案”按钮可关闭当前方案。如图 6-5 所示。

方案操作接口
方案路径：
选择路径
加载方案
密码：
检查方案密码
保存方案
进度：
0
关闭方案

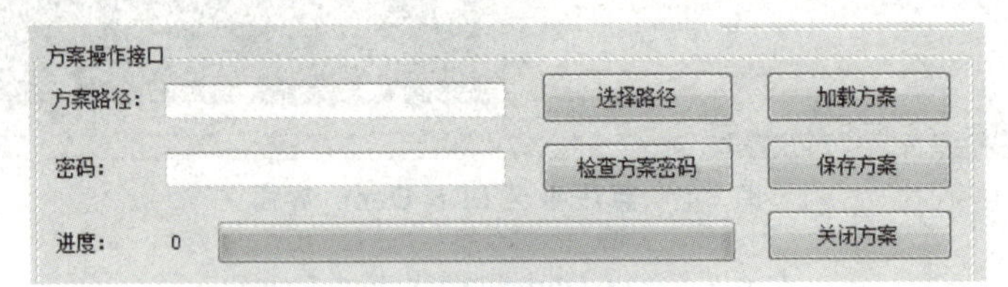

图 6-5　方案操作接口

3. 执行方案

单击“单次执行”按钮执行当前方案一次，单击“连续执行”按钮可连续执行方案。

连续执行时间间隔可在“连续执行时间间隔”编辑框输入，单击“设置时间间隔”按钮进行设置，单击“停止执行”按钮停止执行当前方案。其中圆查找以及模板匹配的执行结果如图 6-6、图 6-7 所示。

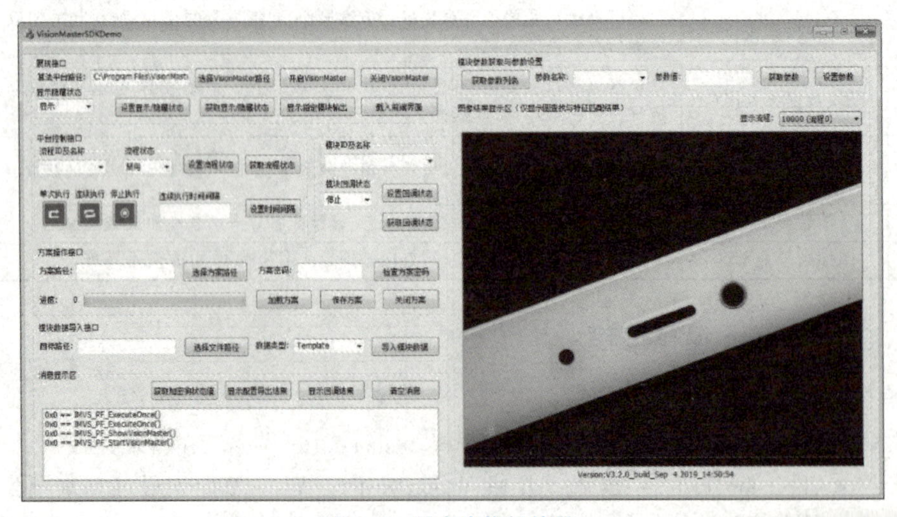

图 6-6　圆查找执行结果

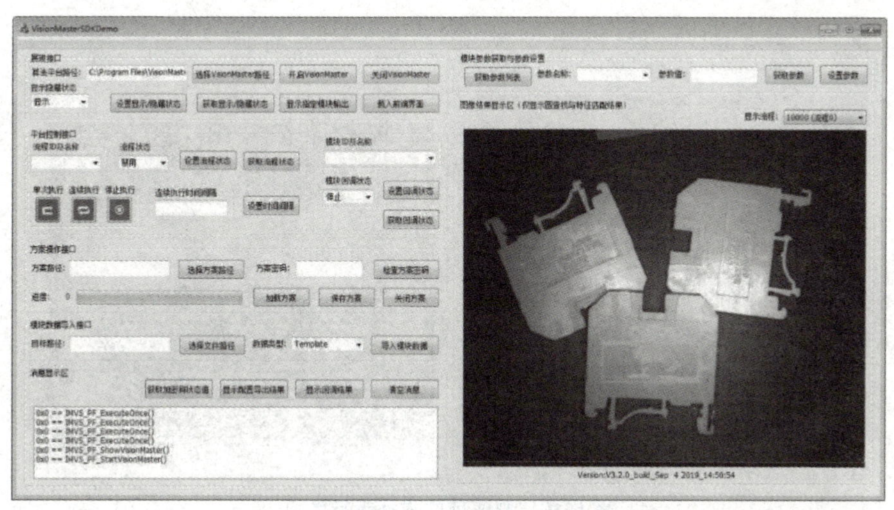

图 6-7　模板匹配执行结果

4. 参数获取与设置

单击“获取参数列表”按钮获取选定模块的参数列表。

通过“参数名称”下拉列表选择参数名称，单击“获取参数”按钮获取参数值，相应的参数值在“参数值”编辑框中显示。也可通过单击“设置参数”按钮设置“参数值”编辑框中输入的参数值，如图 6-8 所示。

图 6-8　模块参数获取与参数设置

5. 向指定模块导入数据

单击“导入数据类型”下拉列表选择导入数据类型，包括模板文件、字库文件、标定文件、深度学习字库文件以及图像文件。

单击“选择文件路径”按钮选择对应导入文件的路径，单击“导入模块数据”按钮向指定模块导入数据，如图 6-9 所示。

图 6-9　模块数据导入接口

6. 嵌入前端运行界面

在算法平台加载方案或搭建方案。

单击“单次执行”按钮，再单击“载入前端界面”按钮将前端运行界面嵌入到右边的图像显示区中，运行结果如图 6-10 所示。

6.6.3　Demo 软件开发步骤

1. 二次开发 C/C++接口 Demo 软件步骤

1）将二次开发相关 DLL 文件添加到 Demo 软件的工作目录下。

2）创建 MFC 工程（如图 6-11），添加相应的包含目录以及库目录，添加引用，添加相

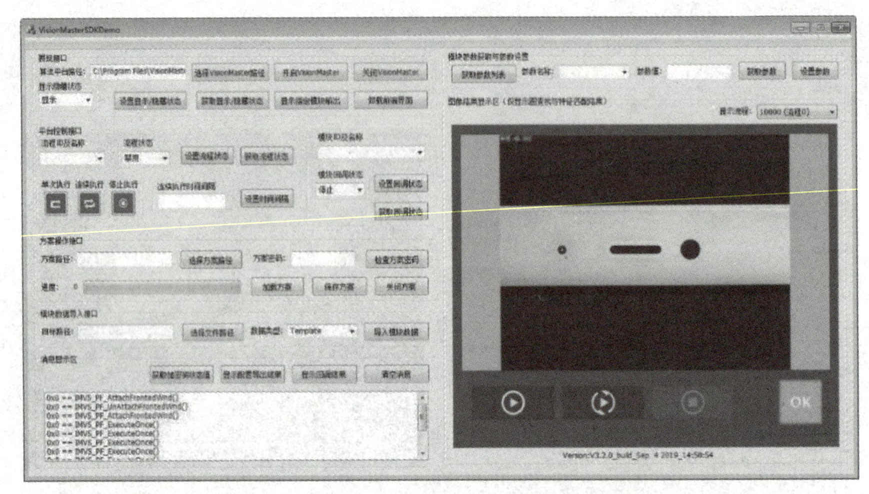

图 6-10　载入前端界面运行结果

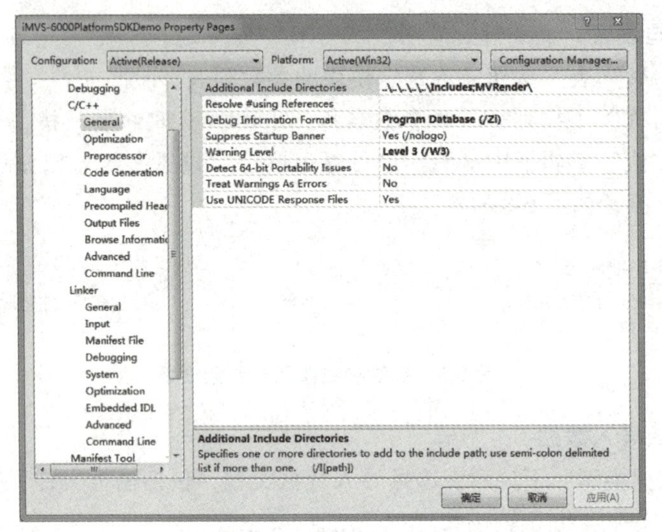

图 6-11　创建 MFC 工程

应的头文件以及源文件。

3）包含二次开发 C/C++接口头文件 #include " iMVS-6000PlatformSDKC. h"。

思考与练习

1. 请简述 VM 算法平台二次开发接口提供的功能。

2. 请简述 VM 算法平台调用二次开发接口进行方案操作的相关流程。

3. 请简述 VM 算法平台调用二次开发接口进行参数设置的相关流程。

4. 方案操作接口能够对方案进行的操作有：____________，平台控制接口能够进行的操作有：____________。

5. 请设计一个简单的 Demo，界面提供方案加载、流程持续运行和停止、显示运行界面的功能。

第7章　3D机器视觉技术与深度学习

知识目标

√ 了解3D视觉技术的行业应用和发展趋势
√ 掌握3D视觉技术的主要测量方法和特性
√ 掌握算法平台深度学习工具的使用

技能目标

√ 能够理解和掌握常见3D视觉技术方案,并进行方案选型与设计
√ 能够使用VisionMaste算法平台进行深度学习工具应用

7.1　3D视觉技术的兴起

随着机器视觉在工业领域的应用逐渐深入，传统的2D视觉方案已经趋向成熟，应用局限性也已经显现出来。2D视觉方案易受照明条件影响，一致性和稳定性难以保证，且无法实现三维高精度测量和定位，因此3D视觉方案应运而生，目的是解决工业自动化场景中的3D测量和定位难题，如图7-1所示。

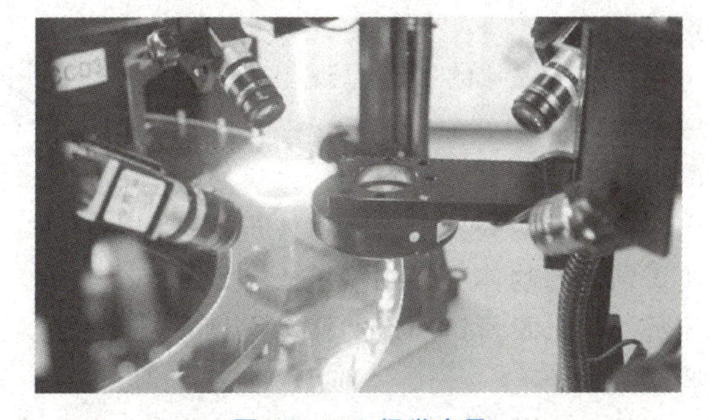

图7-1　3D视觉应用

相比于2D视觉方案，3D视觉方案具备如下优势：

1）3D视觉可以输出*X/Y/Z*三维数据，2D视觉只能输出*X/Y*二维数据。

2）3D视觉不依赖被测物表面颜色和对比度，而2D视觉通常需要专用的打光方案来提升特征对比度。

3）3D视觉不需要高精度的工装夹具辅助定位。

4）3D视觉可以从复杂场景中准确提取目标物，2D视觉成功率相对较低。

5）3D视觉可以实现高速在线扫描，2D视觉受传感器机理、图像亮度等因素限制，较难实现高速扫描。

6）2D视觉无法彻底实现机器人自动化，必须依赖3D视觉。

7.2 3D 视觉测量技术基本原理

7.2.1 技术原理

根据不同行业和应用，3D 视觉技术的选择也非常灵活，在工业领域，常见的几种技术分别是双目视觉法、激光三角测量法、结构光相位法以及 TOF 测量法，下面针对几种技术原理做简单介绍。

1. 双目视觉法

双目立体视觉是机器视觉的一种重要形式，它是基于视差原理并由多幅图像获取物体三维几何信息的方法。双目立体视觉系统一般由双摄像机从不同角度同时获得被测物的两幅数字图像，或由单摄像机在不同时刻从不同角度获得被测物的两幅数字图像，并基于视差原理恢复出物体的三维几何信息，重建物体三维轮廓及位置。双目立体视觉系统在机器视觉领域有着广泛的应用前景。

一个完整的双目立体视觉系统包含数字图像采集、相机标定、图像预处理与特征提取、图像校正、立体匹配、三维重建等部分。双目立体成像法具有高 3D 成像分辨率、高精度、高抗强光干扰等优势，而且可以保持低成本。但是需要通过大量的 CPU/ASIC 计算取得深度和幅度信息，其算法极为复杂较难实现。同时该技术容易受环境因素干扰，对环境光强度比较敏感，而且比较依赖图像本身的特征，因而拍摄暗光场景的效果比较差。

双目立体视觉的工作原理与人眼进行深度感知的原理类似，如图 7-2 所示。人的两眼分别可看见一幅图像，大脑可以计算出两眼之间的差异，距离物体近的一只眼所识别出的物体移动幅度更大，而距离物体远的一只眼所识别出的移动幅度就小一些。

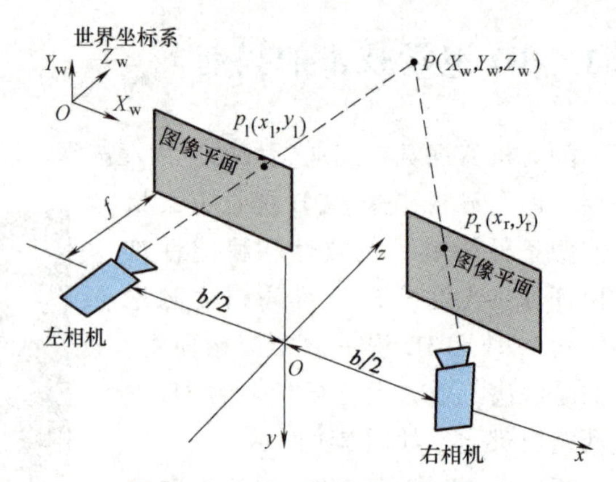

图 7-2 双目立体视觉工作原理

双目立体视觉相机所能测量的距离取决于两个内置传感器之间的距离，也就是基线距离，如图 7-3 所示。基线距离越宽，相机可测试的距离就越远。事实上，天文学家们使用一种相似的技术来测量恒星距地球的距离。先测量一颗恒星在天空中的位置，六个月后，当地球运转到轨道中离原始测量点最远位置时，再次测量同一恒星位置。这样，天文学家就可以利用大约 3 亿公里的基线距离计算出恒星距离地球的位置（恒星的深度信息）。

传统双目相机除图像采集系统外，无其他补光模块，属于被动式双目视觉，对于外界环境光线的强度和被测物表面纹理要求较高。在实际产品中，通常会增加补光模块，升级为主动式双目视觉，在增强被测物表面纹理的同时提升低照度环境下的性能，提升产品场景适应能力。总的来说，双目视觉技术因其算法复杂，帧率一般较低，只适用于静态或超低速获取三维空间信息的场景。

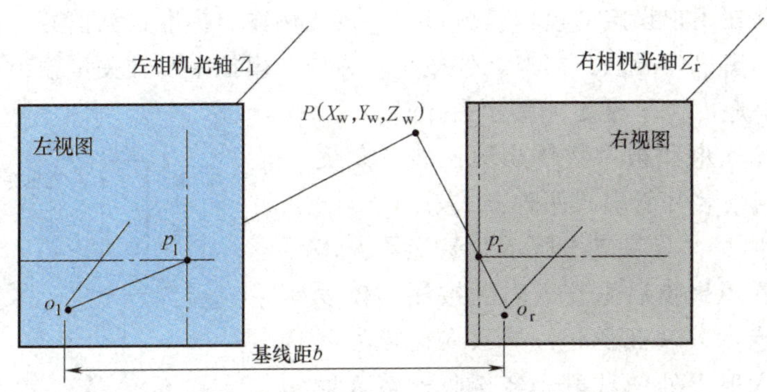

图 7-3　双目立体视觉测量距离

2. 激光三角测量法

激光三角测量法是一种通过图像采集系统，采集被测物表面漫反射的激光轮廓，进而基于设备已知的相对位置通过算法处理，获得被测物表面的三维轮廓数据，最终还原目标物体三维空间信息的方法。

激光三角测量法测距之初，所选择的激光器体积大，受环境干扰情况重，因此测量精度低，并未得到广泛应用。近年来随着半导体技术以及计算机技术的发展有了突飞猛进的成果，半导体激光器的出现使得测量光路更加简单，并且受环境干扰性小，计算机对图像的处理使计算距离更加精确、快速，因此激光三角法测试技术在测量物体位移方面得到了广泛应用。

激光三角测量法位移测量的原理是，用一束激光以某一角度聚焦在被测物体表面，然后从另一角度对物体表面上的激光光斑进行成像，物体表面激光照射点的位置高度不同，所接受散射或反射光线的角度也不同，用 CCD 光电探测器测出光斑像的位置，就可以计算出主光线的角度，从而计算出物体表面激光照射点的位置高度。当物体沿激光线方向发生移动时，测量结果就将发生改变，从而实现用激光测量物体的位移。由于激光发射光线和反射（散射）光线构成一个三角形，所以称此方法为激光三角测量法测距。

采用激光三角原理和回波分析原理进行非接触位置、位移测量的精密传感器，广泛应用于位置、位移、厚度、半径、形状、振动、距离等几何量的工业测量。其原理为：半导体激光器被镜片聚焦到被测物体。反射光被镜片收集，投射到线性 CCD 阵列上；信号处理器通过三角函数计算阵列上的光点位置得到距物体的距离，如图 7-4 所示。

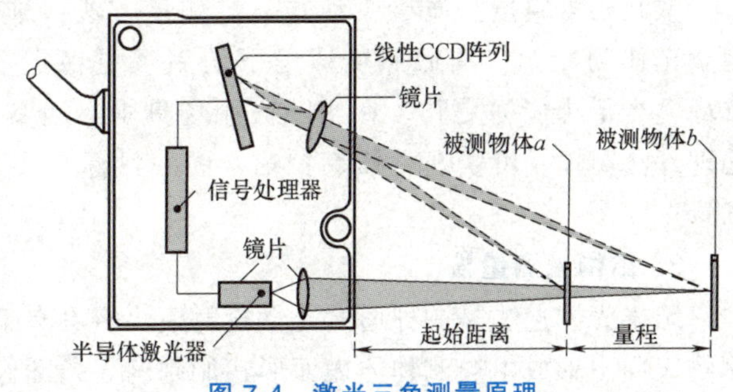

图 7-4　激光三角测量原理

激光发射器通过镜头将可见红色激光射向物体表面，经物体反射的激光通过接收器镜头，被内部的 CCD 线性相机接收，根据不同的距离，CCD 线性相机可以在不同的角度下“看见”这个光点。根据这个角度即知道激光和相机之间的距离，数字信号处理器就能计算出传感器和被测物之间的距离。

同时，光束在接收元件的位置通过模拟和数字电路处理，并通过微处理器分析，计算出相应的输出值，并在用户设定的模拟量窗口内，按比例输出标准数据信号。如果使用开关量输出，则在设定的窗口内导通，窗口之外截止。另外，模拟量与开关量输出可设置独立检测窗口，常用在产品厚度、平整度、尺寸等方面。

按照入射激光光束和被测物体表面法线的角度关系，一般分为直射式和斜射式两种方式。

(1) 直射式测量　如图 7-5 所示，激光器发出的光线，经会聚透镜聚焦后垂直入射到被测物体表面上，物体移动或者其表面变化，导致入射点沿入射光轴的移动。入射点处的散射光经接收透镜入射到光电探测器（PSD 或 CCD）上成像，移动物体前后采集的两幅图像经过软件处理求出其间距，根据公式可求得物体实际移动距离。

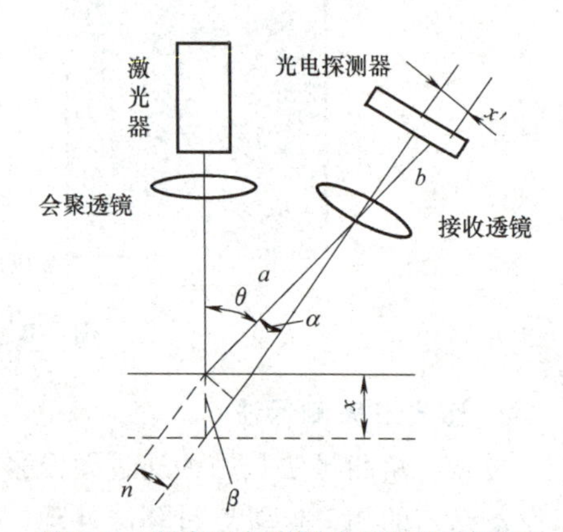

图 7-5　激光三角直射式测位移原理图

(2) 斜射式测量　如图 7-6 所示，激光器发出的光线和被测面法线成一定角度入射到被测面上，同样地，物体移动或其表面变化，将导致入射点沿入射光轴的移动。入射点处的散射光经接收透镜入射到光电探测器上。斜射式测量使入射光方向与测量物表面法线成一定的夹角，避免了直射式测量中要求的入射光方向与物体表面垂直的要求。由于直射式测量法散射后的光线只有很少一部分被 CCD 接收到，因此不能测量反射性很好的物体表面。斜射法不用限制物体表面反射率，只要物体表面平整即可。

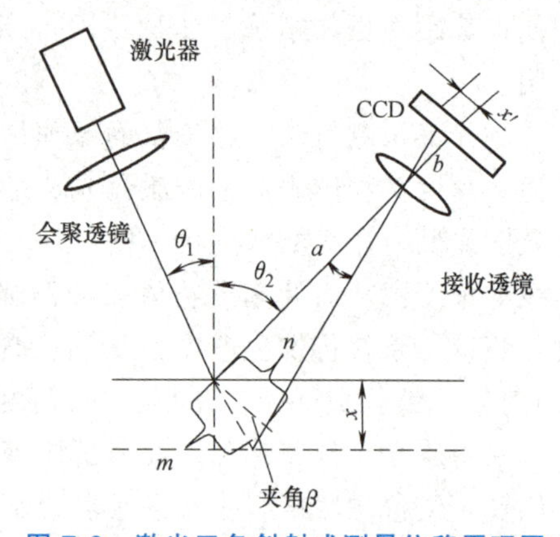

图 7-6　激光三角斜射式测量位移原理图

由于激光三角测量法投影的图案一般为点、线激光，一次拍摄只能获取单条截面的轮廓，实际使用场景中，需要通过平移机构，实现相机和被测物间的相对运动，进而实现扫描过程，从而将若干帧截面轮廓信息组成完整的三维信息。

激光三角测量法属于主动式三维测量方法，采用激光作为光源，在低照度环境下的表现更稳定，抗环境光干扰能力更强。在实际应用场景中，因其处理算法简单，可实现高帧率扫描，同一目标需要采集多张图像，因此只适用于动态应用场景。

3. 结构光测量法

结构光测量法是一种通过光学投射模块将具有编码信息的结构光投射到物体表面，在被测物表面上形成由被测物体表面形状调制的光条图像，再由图像采集系统采集被测物表面漫反射的光条图像，通过高精度算法处理后，得出被测物表面的三维轮廓数据，进而还原目标物体三维空间信息的方法。

常规的编码方式有两种，分别是空域编码和时域编码，如图 7-7、图 7-8 所示，空域编码是将编码方案通过一幅图案表达的方法，物体表面每个点的灰度分布对应器编码值，空域编码解码复杂，易受外界环境影响，精度相对较低。时域编码是将编码方案用投影图案序列

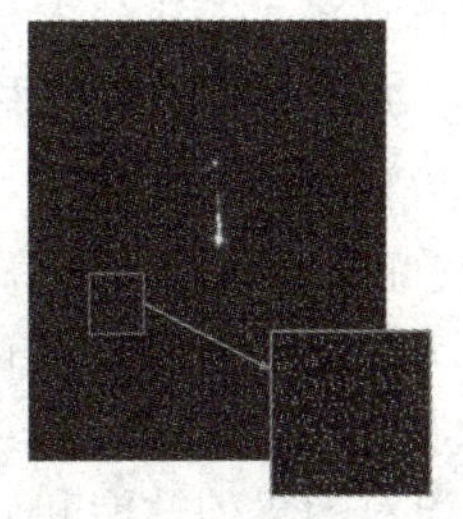

图 7-7　空域编码

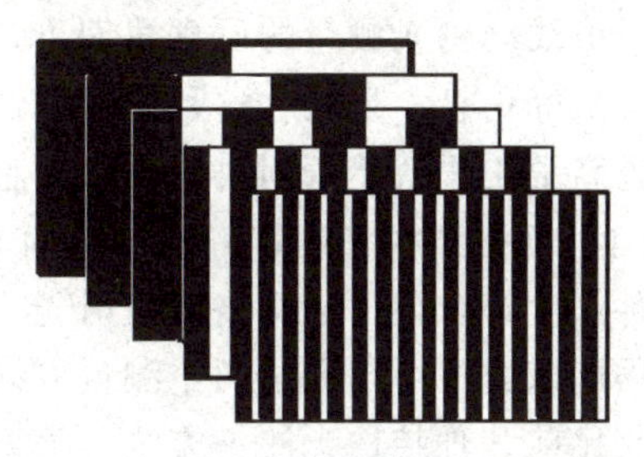

图 7-8　时域编码

表达，在不同时刻依次投影，物体表面上每一个点按照时间顺序组合成编码值，时域编码对结构光投影速度要求高，不适用于动态场景。

结构光测量基于激光三角测量法，按照光源的类型的不同，又分为点结构光、线结构光和面结构光三种。

（1）点结构光测量　点结构光测量中，激光器射出的激光光源是点光源，该点光源投射到待测物体表面后形成光点，通过分析由光学探测器获得的光点图像信息，就可以获得被测物体在这一点上的三维信息。但是由于点结构光每次测量仅能获取待测物表面一个点的三维坐标，所获得的信息量太少，所以如需测量整个待测物体表面，所需的时间较长，极为不便，如图 7-9a 所示。

（2）线结构光测量　线结构光测量中，由激光器射出的激光光束透过柱面透镜扩束，再经过准直，产生一束片状光。这片光束像刀刃一样横切在待测物体表面，因此线结构光测量被称为光切法。线结构光测量常采用二维面阵 CCD 作为接收器件，因此只要通过增加垂直于面阵探测器的第三维度方向，就可以实现对三维物体的测量。由于待测物表面高低不同，上述片状光束投射到待测物表面形成一条被待测物表面轮廓调制的投影光带。在另外的某个方向上，CCD 相机对该投影光条进行获取，该光条在 CCD 相机上形成一条与之对应的投影曲线。然后通过 CCD 相机坐标系和世界坐标系的变换关系，就可以将这条投影在 CCD 探测器二维的成像平面上的投影曲线坐标转换为物体表面的实际坐标。这样，与点结构光测量相比较，每次处理得到的信息量成几百倍甚至上千倍的增加。这样就客观地提高了对轮廓信息提取和测量的效率，更有助于减小复杂操作的误差，提升测量精度，如图 7-9b 所示。

（3）多线结构光测量　多线结构光测量在测量方式上类似线结构光测量，但是两者也有着一些明显的差别。这种形式的结构光测量，也常常被称为面结构光测量。首先激光器发出点光源通过光栅的调制产生多个切片光束，这些切片光束照射到待测物体表面后形成多条

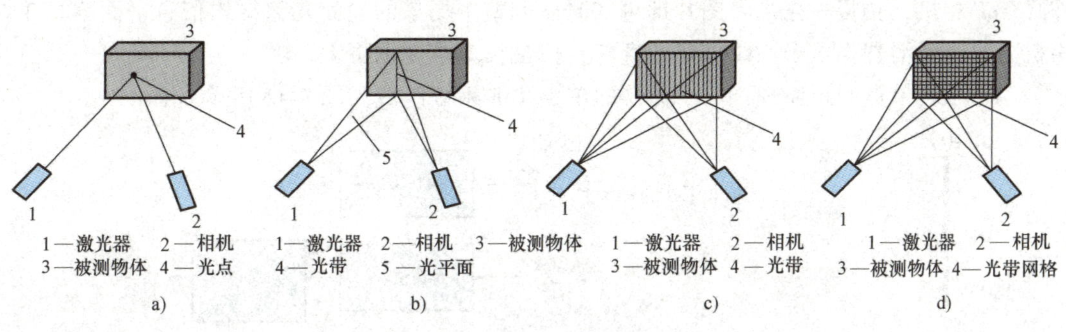

图 7-9　不同模式的结构光

光带。由线结构光测量的原理我们可知，这样一次测量所得的光条图案，能获得大量待测点的三维坐标信息。只是，这种测量方法对相机的景深要求特别高，并且会导致相机标定复杂化，提高了工作效率的同时，也很大程度上增加了工作量，如图 7-9c 所示。

（4）网格结构光测量　网格结构光测量也常常被称为面结构光测量，它首先需要用投影器件产生符合条件的网格状投射光，并投射到待测物表面，由于网格上的光条具有两个方向，因此该方法可以通过两个测量方向分析待测物表面的三维坐标信息，理论上更加精确。但是相比前几种结构光测量方法，该方法明显在结构上更加复杂，对相机的性能和后期的数字图像分析都有很大的考验，如图 7-9d 所示。

网格结构光测量法属于主动式三维测量方法，在低照度环境下的表现更稳定，对于环境光干扰的影响更敏感；在实际应用场景中，同一目标需要采集多张图像，处理算法复杂，因此只适用于静态应用场景。

4. ToF 测量法（Time of Flight）

ToF 测量法又被称作飞光时间测量法（如图 7-10），是通过给目标连续发射激光脉冲，然后用传感器接收在被测平面上反射回来的光脉冲，通过计算光脉冲的飞行往返时间来计算得到确切的目标物距离。因为返回时间很短，通过直接法测光飞行时间不可行，一般会使用经过调制后的光波计算其相位偏移来实现。

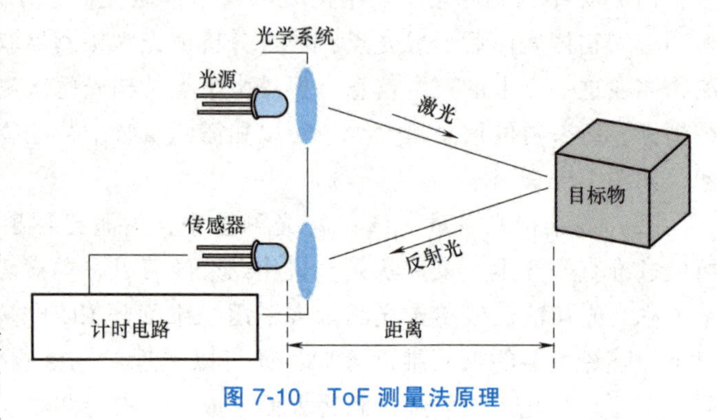

图 7-10　ToF 测量法原理

无人驾驶汽车上用的工业级激光雷达也采用到了 ToF 技术，利用激光束来探测目标的位置、速度等特征量，结合了激光、全球定位系统 GPS 和惯性测量装置（Inertial Measurement Unit，IMU）三者的作用，进行逐点扫描来获取整个探测物体的深度信息。

ToF 相机与普通相机成像过程类似，主要由光源、感光芯片、镜头、传感器、驱动控制电路以及处理电路等几部分关键单元组成。ToF 相机包括两部分核心模块，发射照明模块和感光接收模块，根据这两大核心模块之间的相互关联来生成深度信息。ToF 相机的感光芯片根据像素单元的数量也分为单点和面阵式感光芯片，为了测量整个三维物体表面位置深度信息，可以利用单点 ToF 相机通过逐点扫描方式获取被探测物体三维几何结构，也可以通过面阵式 ToF 相机，拍摄一张场景图片即可实时获取整个场景的表面几何结构信息，面阵式 ToF 相机更易受到消费类电子系统搭建的青睐，但是技术难度也更大。

（1）ToF 单点测距原理　一个简易的单点 ToF 系统组成如图 7-11 所示。

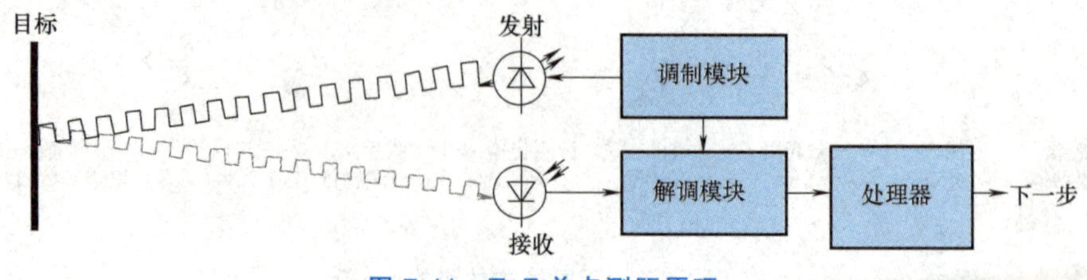

图 7-11　ToF 单点测距原理

它由一个发射二极管、接收二极管、调制模块、解调模块、处理器几部分组成。调制模块负责调制发射的红外调制波，通过发射二极管将信号发射出去。解调模块负责对二极管接收到的反射红外波解调。处理器中包含 A-D 转换和数据处理，A-D 转换是为了将模拟信号转化为数字信号。数据处理时将测得的相位差换算成深度信息。

（2）ToF 多点测距原理　一个完整的 ToF 系统组成如图 7-12 所示。

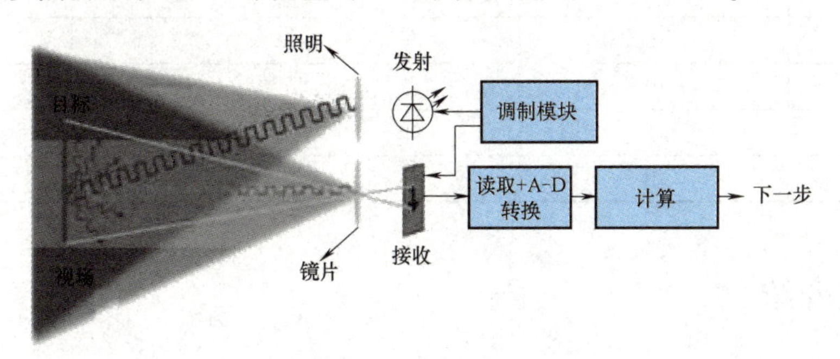

图 7-12　ToF 多点测距原理

它和传统 RGB 摄像头的组成结构基本相似。其与点单的 ToF 系统比较区别在于，测量范围不是一个点，而是一个面。因此，接收模块变成了点阵的光敏传感器，通常使用的是 CMOS 传感器。在传感器前面和发射二极管前面多了光学镜片，一个是为了调制红外波的辐射范围，一个是为了滤除 850nm 以外的光线，就是说，要保证进入传感器的光线只是 850nm 波长，这样才能保证测量的准确度。

因为相位差即代表物体与摄像头的距离，即深度，又由于每个点的相位差不同，所以才能组成有关物体整幅深度图像。

由于光学成像系统不同距离的场景为各个不同直径的同心球面，而非平行平面，所以在实际使用时，需要后续数据处理单元对这个误差进行校正。ToF 相机的校正是生产制造过程中必不可少的最重要的工序，没有校正工序，ToF 相机就无法正常工作。

ToF 测量法的三维重建是通过时域计算进行，并非基于特征匹配，故在测试距离变远时，精度也不会下降很多。但受制于 ToF 自身技术的成熟度，在测量精度上限上还有待提高。ToF 测量法属于主动式的三维测量方法，在低照度环境下的表现稳定，在实际应用场景中，会采用特殊波长的光源进一步加强对环境光的抗干扰能力，同时处理数据量小也让 ToF 在实时三维重建方面有较大优势，可适应于动态和静态的场景。

7.2.2　技术对比

从上述四种主流的 3D 测量技术来看，其优点和缺点都很明显，没有单独一种技术可以适用于所有的三维测量场景，从实际应用来看，双目与结构光在人脸识别，拆垛、码垛定位，静态尺寸测量等应用上最为广泛。激光三角测量法因其适用于高速动态场景的特点，在流水线场景下的三维测量独占鳌头。而 ToF 测量法具有高鲁棒性的特点，主要应用于距离估计、视觉导航和动态识别与跟踪。

如今随着三维测量技术的发展，四种测量方法也开始有相互融合的趋势，如结构光+双目等类型的方案逐渐丰富，相互之间取长补短，适用的场景也不断增多。表 7-1 所示为四种测量方法之间的横向对比。

表 7-1　四种主流 3D 视觉测量方法对比

测量方法	双目视觉法（主动式）	结构光测量法	激光三角测量法	ToF 测量法
精度水平	cm ~ mm	cm ~ μm	cm ~ μm	cm ~ mm
算法复杂度	高	高	低	低
扫描速度	中	慢	快	快
低照度性能	好	好	好	好
抗干扰能力	中	差	高	中
成熟度	高	中	高	高
硬件成本	中	高	中	低

7.3　参数介绍

与二维工业相机不同，三维相机除了采集图像外，设备本身已经集成了算法，所以相机性能参数方面与二维工业相机有所区别，下面对三维相机的性能参数进行详细介绍。

7.3.1　摄像指标

净距离、视场、测量范围等是立体相机的基本摄像指标，了解它们有助于相机的选型和架设。

1）测量范围（Measurement Range，MR）。传感器在深度方向的测量范围。如果目标超出了该区域，将无法获得有效三维数据。

2）净距离（Clearance Distance，CD）。传感器的最近工作距，如果目标与传感器之间的距离小于该值，将无法获得三维数据。

3）视场（Field of View，FOV）。近视场：传感器最近工作距离（CD）对应的视野大小。远视场：传感器最远工作距离（CD+MR）对应的视野大小。

4）扫描帧率（Frame Rate，FR）。扫描帧率是传感器在单位时间内获取的三维数据数量，单位为 fps（帧每秒）。

7.3.2　性能指标

1. 分辨率

分辨率表示能够通过成像系统分辨的物体的最小特征尺寸，如图 7-13 所示。

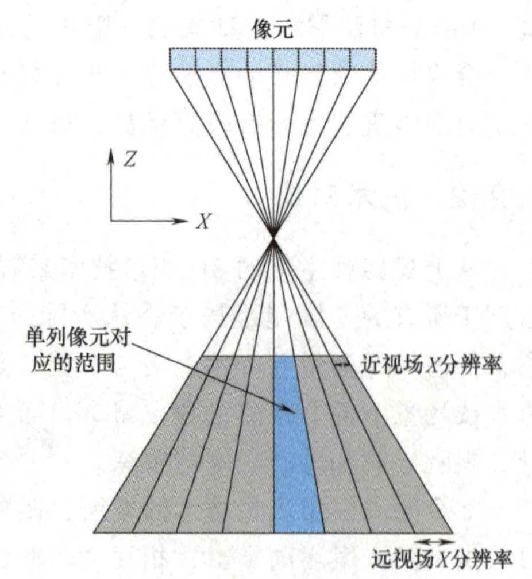

图 7-13　分辨率

双目、结构光、TOF 立体相机的 X/Y 方向分辨率是指位于视野范围中某一确定高度位置，各数据点沿 X/Y 方向的水平间距，即在 XY 平面的最小横向/纵向测量精度。此规格取决于该高度位置的视场大小和所使用的摄像机传感器像素数。

线激光立体相机的 X 轴分辨率是沿激光线方向的单像素精度，Y 轴分辨率定义为运行方向的轮廓间隔，取决于被测物与相机的相对速度和扫描帧率。

Z 方向分辨率（图 7-14）指示各点处可检测的最小高度差。该精度由相机架构（基线距或视野范围）和图像处理算法（是否采用亚像素）决定。视野范围内离传感器越近的位置，Z 方向分辨率越高。

2. Z 方向线性度

立体相机的输出和测量距离成正比，两者的关系表示出来几乎是一条直线，但其与理想的直线相比依然存在微小的偏差，Z 方向线性度（图 7-15）指传感器输出与测量距离之比与理想直线的偏差范围。通常用满量程的百分比表示。

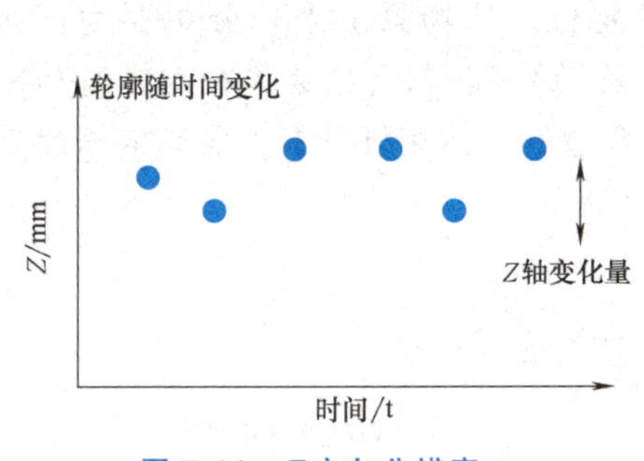

图 7-14　Z 方向分辨率

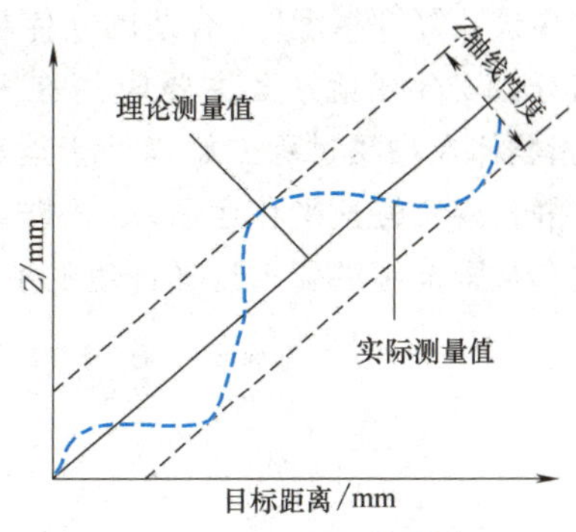

图 7-15　Z 方向线性度

3. Z 方向重复精度

Z 方向重复精度是在整个测量范围内，对同一目标区域进行反复测量，测量结果的最大偏差值。Z 方向重复精度指标体现了设备的测量稳定性能。

7.3.3　数据类型

1. 点云（Point Cloud）

通过立体相机扫描后得出的被测物表面三维坐标点的集合称为点云。点云的格式包括 *.ply、*.pts、*.asc、*.dat、*.stl 、*.imw、*.xyz 等。

2. 深度图（Depth Image）

深度图像也被称为距离影像，是指将从图像传感器到场景中各点的距离（深度值）转化为亮度数据，它直接反映了景物可见表面的几何形状。

在已知相机内参的前提下，点云数据和深度数据可以相互转化。深度图像经过坐标转换可以计算为点云数据，有规则及必要信息的点云数据也可以反算为深度图像数据，如图 7-16~图 7-18 所示。

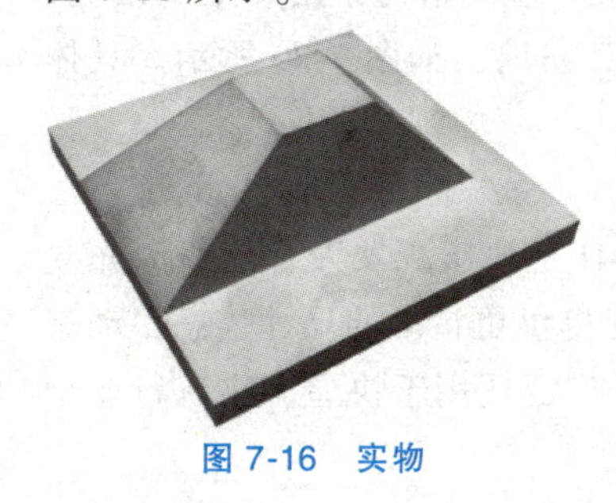

图 7-16　实物

图 7-17　点云图

图 7-18　深度图

7.4 如何挑选合适的立体相机

在众多的立体相机中，选择最适合当前使用环境的三维测量相机是搭建一个立体机器视觉方案的关键，根据不同测量方式的差异，本节将介绍立体相机选型的技巧。

7.4.1 选型技巧

鉴于不同技术方案都有其适用的场景，立体相机的选型讲究的原则为“先看用途，再看场景，终评精度”，合适的立体相机在方案中可以起到事半功倍的效果。从用途上来进行划分，三维视觉方案主要应用在两个方向：测量，定位。从场景上来划分主要为：动态（指物体在拍摄过程中始终处于运动状态，如平移、旋转），静态（指物体在拍摄过程中处于静止或者慢速平移运动）。依据这两个维度，选择合适的立体相机方案，最终依据测量精度和视野范围的要求选择合适的系统即可，如图 7-19 所示。

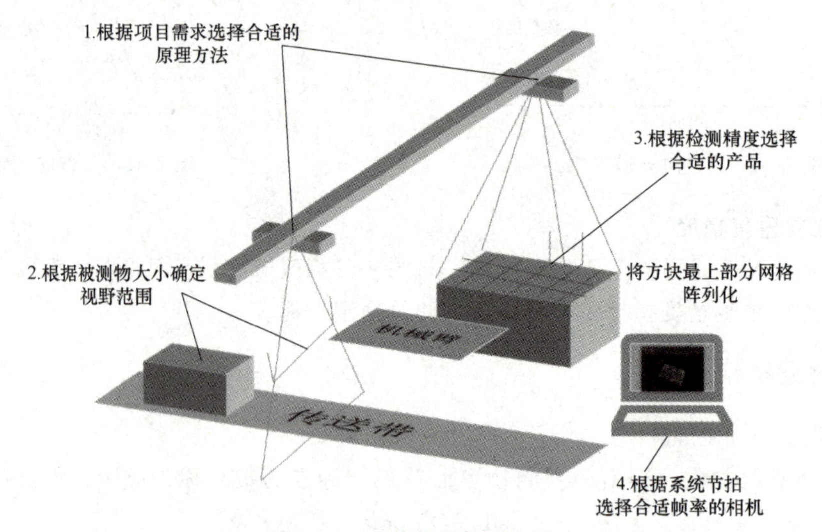

图 7-19 立体相机选型方法

7.4.2 常见立体相机

1. 3D 激光轮廓仪

3D 激光轮廓仪：MV-DP090-02B 基于激光三角测量原理，通过硬件内置的高精度算法，实时输出高帧率、微米级精度的 3D 点云数据或深度数据。该传感器结构紧凑、集成度高、操作便捷，广泛适用于 3C、电子制造等行业中的动态 3D 信息获取，如图 7-20 所示。具体参数见表 7-2。测量范围如图 7-21 所示。

2. 线激光立体相机

线激光立体相机：MV-DL2040-04B-H 和 MV-DL2025-04H-H 是海康机器人智能线激光立体相机，内置高精度测量算法，结合宽动态算法优化策略，能提供更精准的尺寸信息，动态范围更宽，鲁棒性更强，如图 7-22 所示，具体参数见表 7-3。广泛适用于快递、物流行业中的动态 3D 信息获取应用，测量范围如图 7-23 所示。

表 7-2 3D 激光轮廓仪参数

参数	MV-DP090-02B
单条轮廓点数	1920
近视场	77mm
远视场	112mm
净距离(CD)	119mm
测量范围(MR)	76mm
分辨率(*X* 轴)	0.048~0.071mm
分辨率(*Z* 轴)	0.016~0.032mm
重复精度(*Z* 轴)	3μm(传感器在光学平台上测试标准量块的数据)
扫描帧率	60~700Hz
数据类型	深度数据,3D 点云数据
同步信号模式	外触发信号,编码器信号
数据接口	千兆网
GPIO	1 路光隔输入、1 路光隔输出,1 路双向可配置非隔离 I/O
典型功耗	<10W(DC12V)
激光安全等级	3R
尺寸	202.3mm×48mm×93.5mm
重量	<900g
温度/湿度	工作温度 0~50℃,储藏温度-30~80℃,20%~85%RH 无凝结

图 7-20 3D 激光轮廓仪

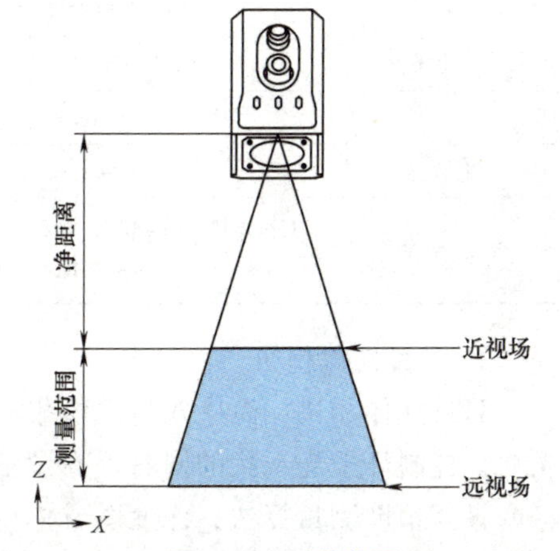

图 7-21 测量范围

图 7-22 线激光立体相机

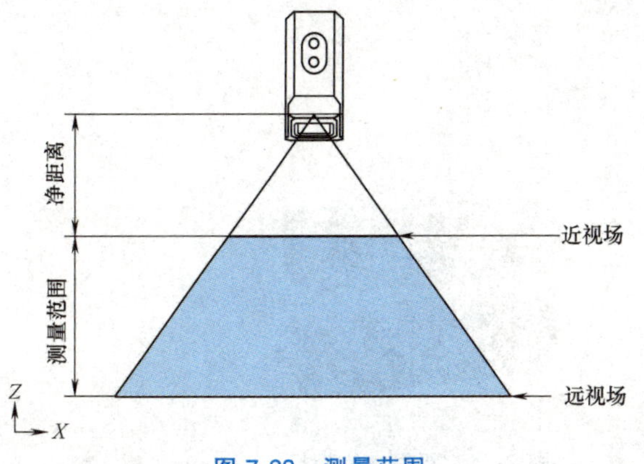

图 7-23 测量范围

表 7-3 线激光立体相机参数

参数	MV-DL2040-04B-H	MV-DL2025-04H-H
近视场	1000mm	1000mm
远视场	2235mm	2600mm
净距离(CD)	750mm	650mm
测量范围(MR)	1000mm	1000mm
检测精度	±5mm	±5mm(规则件)
检测速度	2.5m/s(±5mm 检测精度)	3m/s(±5mm 检测精度)
扫描帧率	300Hz($1m^3$ 测量范围)	600fps($1m^3$ 测量范围)
数据类型	点云数据、长宽高、积分体积	原始图、点云数据、体积(长宽高、积分体积)、定位坐标
同步信号模式	外触发,编码器输入	外触发,编码器触发(最高支持 15kHz 触发信号接入)
数据接口	千兆网	千兆网
GPIO	12-pin M12 接口提供 I/O:1 路光耦隔离输入,1 路光耦隔离输出,1 路串口输入	12-pin M12 接口提供 I/O:3 路光耦隔离输入(Line 0/3/6),3 路光耦隔离输出(Line 1/4/7),1 路 RS232 串口
典型功耗	<10.0W(DC12V)	<8W(DC12V)
激光安全等级	3B(500mW)	
尺寸	549.4mm×65mm×160mm	354.1mm×65mm×123.4mm
重量	<5kg	1.6kg
温度/湿度	工作温度-10~50℃,储藏温度-30~80℃,20%~85%RH 无凝结	工作温度 0~50℃,储藏温度-30~70℃,20%~85%RH 无凝结

3. 双目立体相机

双目立体相机：海康双目立体相机，采用工业级芯片，结合近红外激光模块和窄带通滤光片，抑制环境光干扰的同时提高设备的动态范围，如图 7-24 所示，具体参数见表 7-4。设备内置高精度测量算法，深度图或体积数据。广泛适用于静态体积测量、机械臂定位引导等应用，测量范围如图 7-25 所示。

图 7-24 双目立体相机

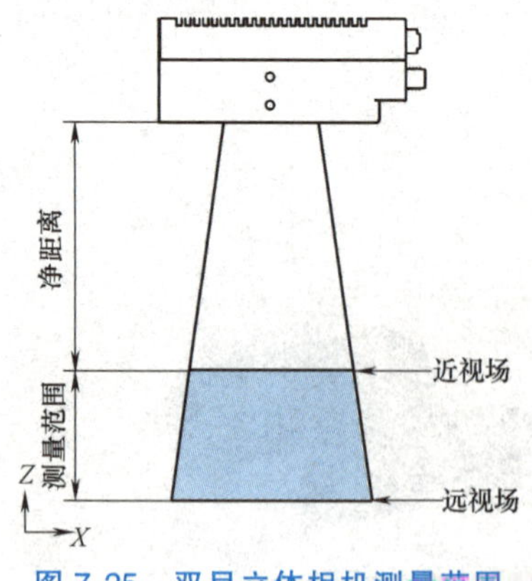

图 7-25 双目立体相机测量范围

表 7-4 双目立体相机技术参数

参数	MV-DS135-06GM-L	MV-DB1308-05H	MV-DB1612-05H
近视场	640mm×540mm	500mm×500mm	1100mm×950mm
远视场	1040mm×840mm	1000mm×1000mm	2050mm×1750mm
净距离(CD)	900mm	500mm	1000mm
测量范围(MR)	500mm	500mm	800mm
检测精度	8mm	5mm	±5mm(规则物体)
扫描帧率	深度图 14fps	深度图 14fps	深度图 9fps(1280×960)体积数据 4fps
数据类型	原始图,深度图,体积数据		
数据接口	千兆网		
GPIO	12-pin M12 接口提供供电和 1 路 RS232 串口		
典型功耗	<8W(DC12V)		
安全等级	3R	3R	3R
尺寸	45mm×140mm×58mm	45mm×140mm×61mm	46mm×181.6mm×58.2mm
重量	<600g	<700g	<800g
温度/湿度	工作温度 0~50℃,储藏温度-30~80℃,20%~85%RH 无凝结		

7.5 深度学习算法训练与测试

7.5.1 深度学习基本原理

深度学习是机器学习的一个分支领域，它是从数据中学习表示的一种新方法，强调从连续的层（layer）中进行学习，这些层对应于越来越有意义的表示。

深度学习中的深度是指数据模型具有一系列连续的表示层，其包含多少层被称为模型的深度（depth）。

在深度学习中，这些分层表示几乎都是通过神经网络（neural network）模型来学习得到的，神经网络的结构是逐层堆叠的。

神经网络中每层对输入数据所做的具体操作保存在该层的权重（weight）中，其本质是一串数字。用术语来说，每层实现的变换由其权重来参数化（parameterize），权重有时也被称为该层的参数（parameter）。如图 7-26 所示。

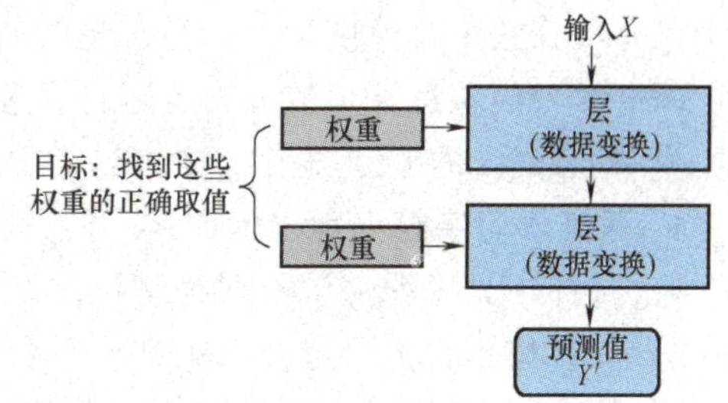

图 7-26 神经网络输入数据操作

“学习”的意思是为神经网络的所有层找到一组权重值，使得该网络能够将每个示例的输入与其目标正确地一一对应。一个深度神经网络可能包含数千万个参数，找到所有参数的正确取值可能是一项非常艰巨的任务，特别是考虑到修改某个参数值将会影响其他所有参数的行为。

想要控制神经网络的输出，就需要衡量该输出与预期值之间的差距，这是神经网络损失函数（loss function）的任务，该函数也叫目标函数（objective function）。

损失函数的输入是网络预测值与真实目标值，通过计算出一个差距值，衡量该网络在这个示例上的效果好坏，即用损失函数来衡量网络输出结果的质量，如图 7-27 所示。

深度学习的基本技巧是利用这个差距值作为反馈信号来对权重值进行微调，以降低当前示例对应的损失值。这种调节由优化器（optimizer）来完成，它实现了所谓的反向传播（back propagation）算法，这是深度学习的核心算法，如图 7-28 所示。

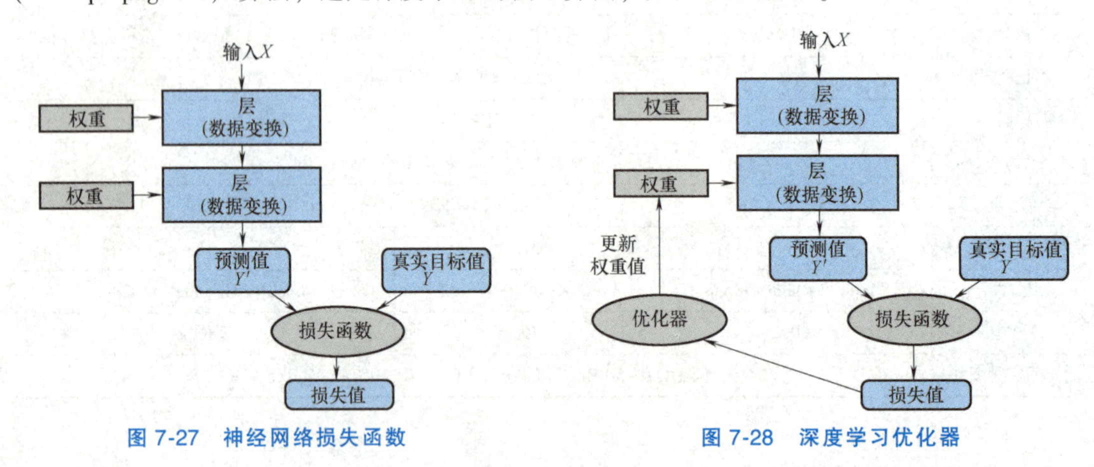

图 7-27　神经网络损失函数

图 7-28　深度学习优化器

一开始对神经网络的权重为随机赋值，因此网络只是实现了一系列随机变换。其输出结果自然也和理想值相差甚远，相应地，损失值也很高。但随着网络处理的示例越来越多，权重值也在向正确的方向逐步微调，损失值也逐渐降低。这就是训练循环（training loop），将这种循环重复足够多的次数，得到的权重值可以使损失函数最小。具有最小损失的网络，其输出值与目标值尽可能地接近，这就是训练好的网络。

7.5.2　深度学习算法训练与测试

VM 算法平台自带深度学习训练与测试工具，用于使用深度学习算法搭配视觉工具进行检测。深度学习模块使用与 VM 算法平台其他工具基本类似，因此本节主要以字符识别应用举例来介绍算法平台深度学习训练工具的使用。

深度学习模块运算量较大，且运行在独立 GPU 上，所以必须要独立显卡，通常硬件要求：模型训练为 8G 以上显存（含 8G）。推理运行为 2G 以上显存（含 2G）。

1. 深度学习字符识别模型训练

1）选择工具→深度学习训练工具，如图 7-29 所示。

2）在目标平台上可选择 VM 算法平台和 SC 平台，VM 算法平台用于软件库文件生成，SC 平台用于 SC 系列智能相机库文件生成。在软件中选择 VM 算法平台后选择字符训练模块，单击下一步，如图 7-30 所示。

3）单击“新建训练集”，选择训练图片所在的文件夹，单击“确定”加载图片（训练图片不得少于 11 张），如图 7-31 所示。

4）标注的样本最好能有代表性，覆盖大部分的背景和字体（推荐 200 张以上）。标注方式为“矩形工具”，框住需要识别的整行字符，矩形框的方向尽量和字符本身的方向保持

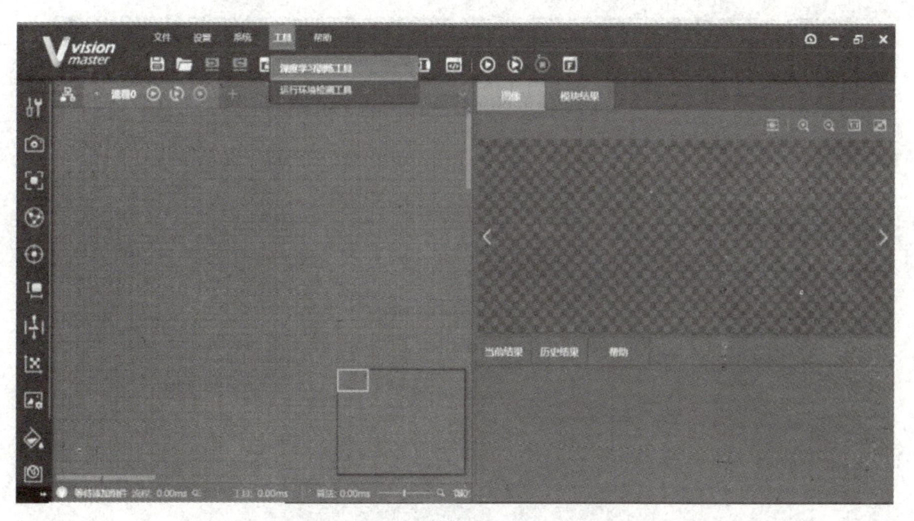

图 7-29　深度学习训练工具

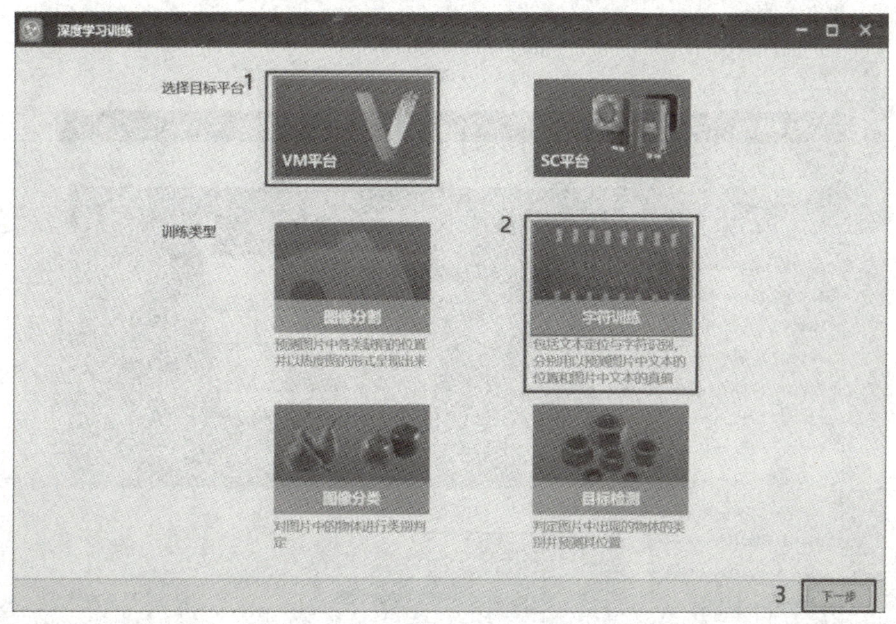

图 7-30　深度学习字符训练界面

一致，大小为上下边沿，尽量贴近字符边沿，左右预留 1/2 字符宽度，如图 7-32 所示。

注意：标定过程中如果需要保存标定数据，如图 7-33 所示，一定要单击“下一步”或“上一步”，避免训练工具意外关闭导致标签没有保存。

5）配置训练参数和训练。注意准确率阈值调到 1.01，即不提前停止，保持训练，如图 7-34 所示。迭代次数与图片数量有关，若图片数量大于 500 张，迭代次数设置为图片数量的 10 倍，若小于则默认。其余参数默认即可。需设置模型生成位置，不然将会把模型保存到默认设置的路径。

若在测试中发现出现误识别、多识别的情况，可以尝试增加训练样本、增大最大迭代次数。

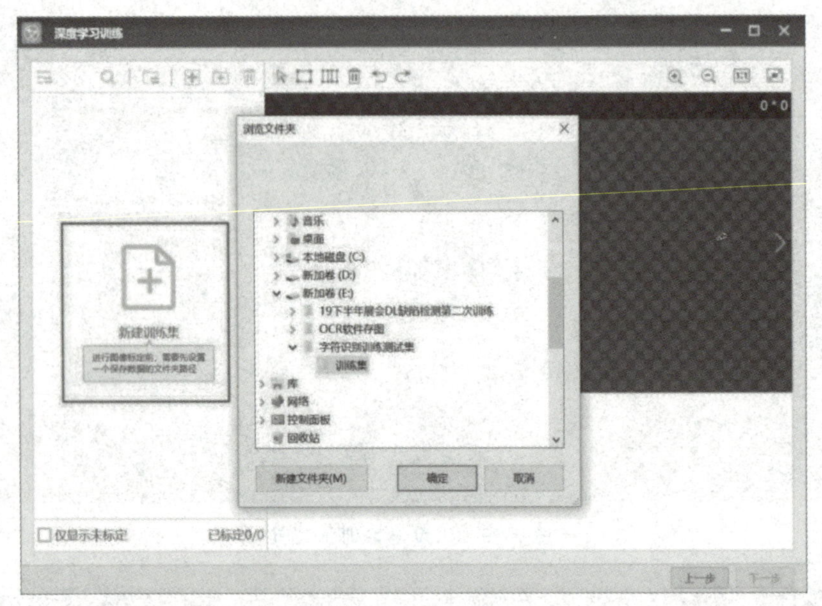

图 7-31　导入图片

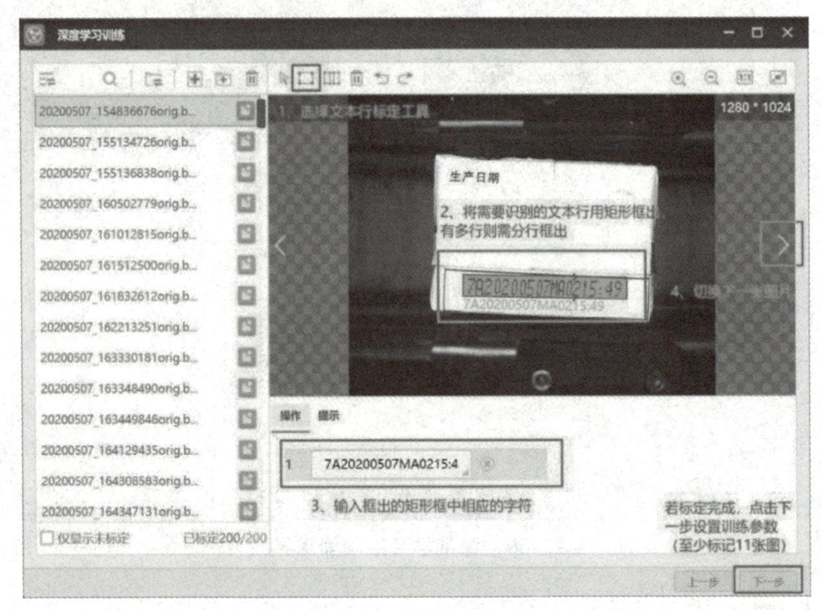

图 7-32　字符数据标定

参数解释：

字符模型类型：有三个选项，文本行识别、文本定位、单字符识别，训练识别模型选择文本行识别。

模型类型：有三个选项，轻量快速、普通、高精度。轻量快速为最常用的模型类型，适用于绝大多数场景，一般默认选择此类模型。普通模型效果稍逊于轻量快速模型，预测耗时比轻量快速模型少 2ms 左右。高精度模型适合于大量样本的场景，预测耗时比轻量快速模型多 10ms 左右。

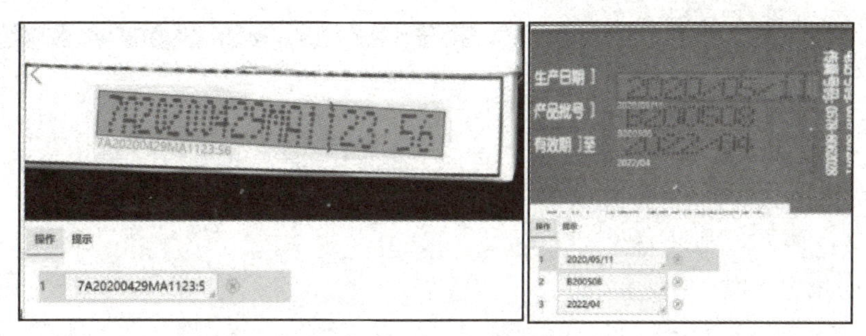

图 7-33　标准标定方式

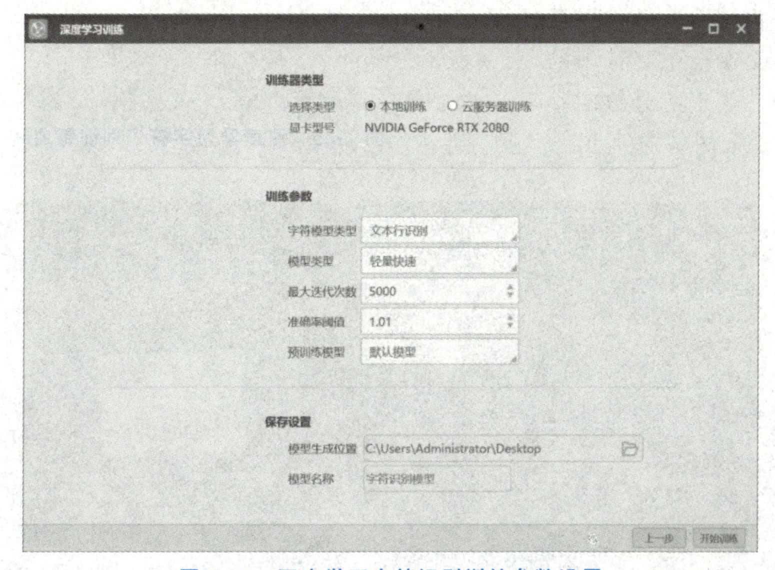

图 7-34　深度学习字符识别训练参数设置

最大迭代次数：图片训练迭代的最大次数，到达设置的次数工具停止训练。

准确率阈值：模型训练过程中若准确率达到设置的值，工具停止训练。为了不提前停止训练，提高模型的识别率，此参数需设置为 1.01。

预训练模型：针对特定的场景，如点阵字符，可选择点阵字符预训练模型，提高模型的效果。

6）训练曲线、训练误差。训练误差会随着迭代次数的增加降低，最后会平稳趋向于一个较小的值，如图 7-35 所示。训练完成后将会生成一个“xxx. bin”的模型文件，将其加载到 DL 字符识别模块中，测试模型效果。

2. 深度学习字符识别模型测试

1）新建一个图像模块，单击右下角的 ，将需要测试的图片放入模块中。

2）新建一个 DL 字符定位 GPU 模块，与图像源模块连接（使用 GPU 版本还是 CPU 版本根据实际需求决定）。

3）新建一个 DL 字符识别模型，与 DL 字符定位模块相连，如图 7-36 所示。

注意：字符识别的 ROI 可以继承 DL 字符定位或者手动设置（手动设置的 ROI 需和标签中保持一致）。

4）双击模块设置参数，模型文件路径选择刚刚训练好的模型位置（DL 字符定位参数设置见 DL 字符定位训练文档）。模型文件路径：选择训练好的 .bin 模型文件。字符过滤：在某些特定的场景下，如字符“8”与“B”形态非常类似，可开启字符过滤，对字符的类型进行人为的限制，从而提高识别率。最小置信度：识别出的文本行中字符串的最低置信得分，低于此分数的字符串会被过滤，如图 7-37 所示。

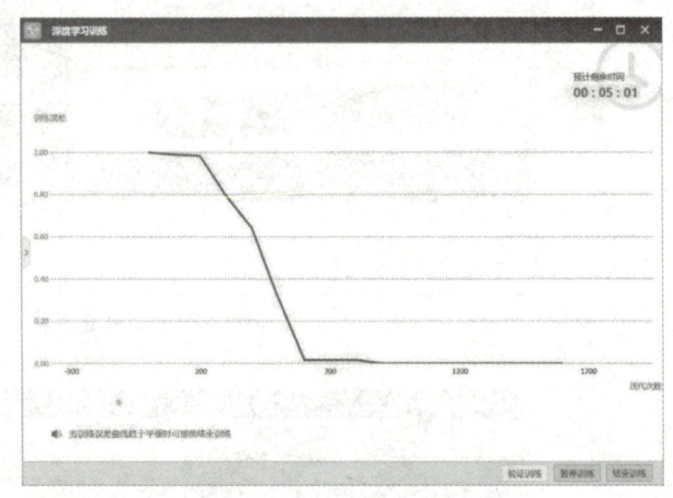

图 7-35　深度学习字符识别训练曲线

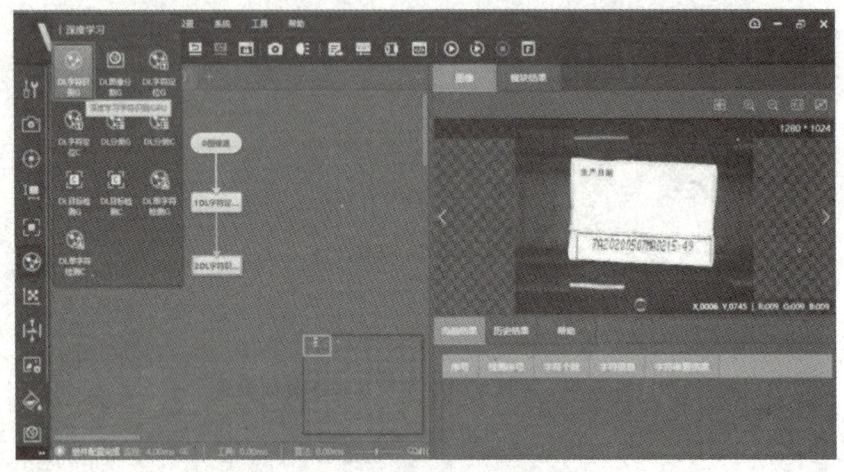

图 7-36　深度学习字符识别模块

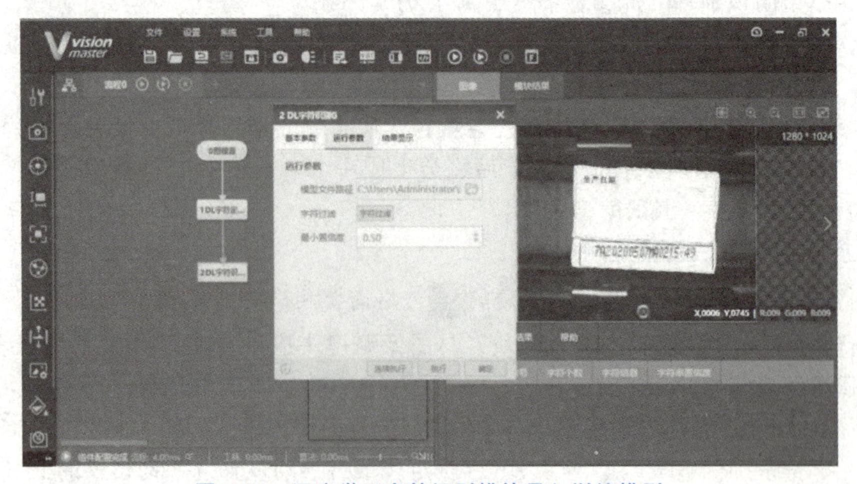

图 7-37　深度学习字符识别模块导入训练模型

5）单击运行按钮，观察测试结果是否与想要的一致。如图 7-38 所示。

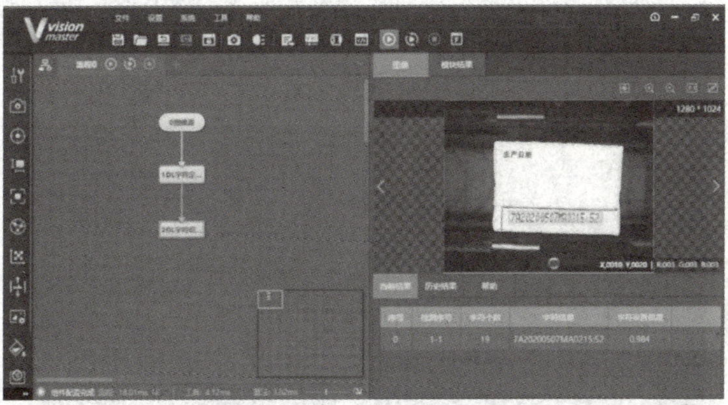

图 7-38　深度学习字符识别结果

7.6　深度学习在机器视觉上的应用

当前深度学习一般分为四类应用场景：图像分类、字符识别、图像分割（缺陷检测）、目标检测。下面举例介绍。

1. 电容正负极分类

项目背景：电路板上电容正负极可能会存在插反、歪斜的情况，影响电容的使用寿命，严重的还会引起安全隐患。因此在生产电容之后需要对表面进行正负极分类，剔除插反以及不良产品。由于产品本身成像稳定性较差，难以仅用一种方式确认所有特征，因此在视觉系统中，选用深度学习方法能够适应产品本身多样化的缺陷。

使用算法：使用深度学习图像分类的方式快速准确的分类电容正负极，剔除不良情况，如图 7-39 所示。

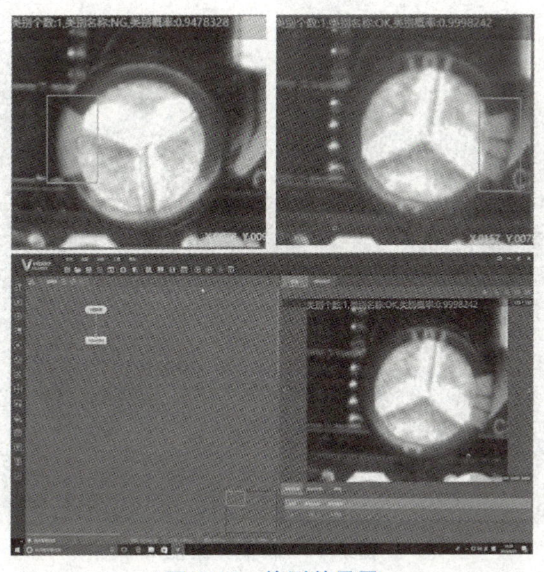

图 7-39　检测效果图

2. 变速箱齿轮焊缝有无分类

项目背景：汽车零部件有无焊缝对产品性能影响很大，人工检查耗时长且效率低，故引入深度学习图像分类算法，协助检测零件是否进行了焊接工艺，如图 7-40 所示。

难点：焊缝形态差距大，即使同一道焊缝也存在差异和背景干扰。

图 7-40　检测效果图

3. 面单标签目标检测

项目概况：物流运输行业需要准确定位到面单标签中心，机器手根据中心位置进行抓取和放置工件，同时根据面单标签上的信息进行二维码信息识别。因工件大小、角度、反光程度不一致，传统的特征匹配难以应对所有种类的差异，故引入深度学习目标检测进行目标定位，如图 7-41 所示。

难点：面单标签种类多（40 余种），大小、角度和位置不固定，反光程度不同。

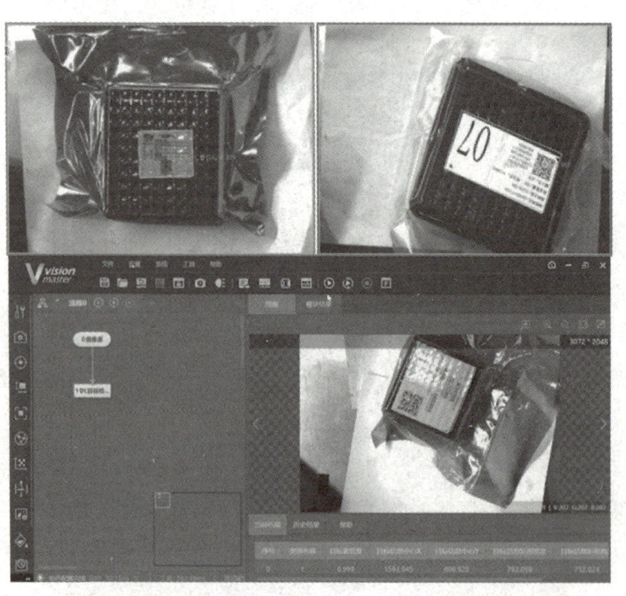

图 7-41　检测效果图

4. 袋装酸奶标签字符识别

项目情况：食品行业一般采用油墨喷码机来进行生产信息标签的喷印。生产信息是消费者重点关注的信息，若打印有误的产品流放到市场上会引起消费者的投诉，对于厂家来说也是用于追溯产品信息的一种方式。故对于喷码的要求十分严格，人力去做识别剔除成本较大，可以采用深度学习方式快速准确的对生产信息做出识别剔除，如图 7-42 所示。

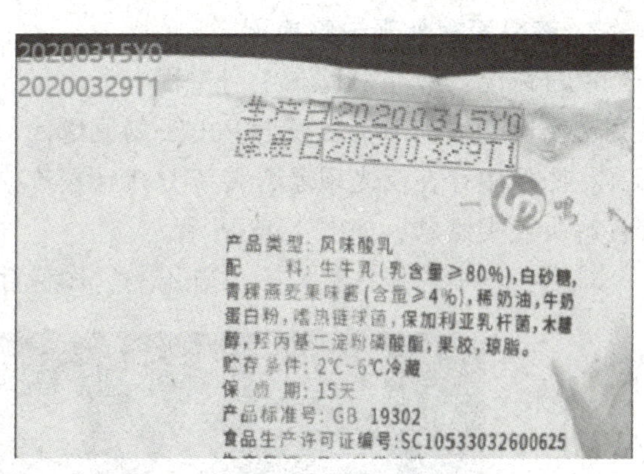

图 7-42　检测效果图

难点：字符打印位置波动较大。

5. 药盒标签字符识别

项目情况：医药行业有些产品包装盒上会有一层很薄的塑料薄膜，用激光打码容易将薄膜破坏，故采用油墨的形式来进行标签的喷印。客户要求对字符连续缺点进行检测，由于字符之间间隔较小，且要求较高的识别率，传统算法难以对字符进行识别检测，故采用深度学习的方式来解决行业难题，如图 7-43 所示。

难点：点阵字符，字符间隔较近（有些字符已经连在一起），要求对字符连续缺点进行检测，字符串长短检测。

6. 塑料件外观缺陷检测

项目情况：塑料件外观在生产过程中可能会出现划痕、小黑点、异物影响质量。且缺陷出现的位置不固定、大小形态也不一，生产节拍也较快。传统算法无法在较快的节拍中将所有的缺陷高准确率检出，采用深度学习图像对比方式可解决传统算法的难点，如图 7-44 所示。

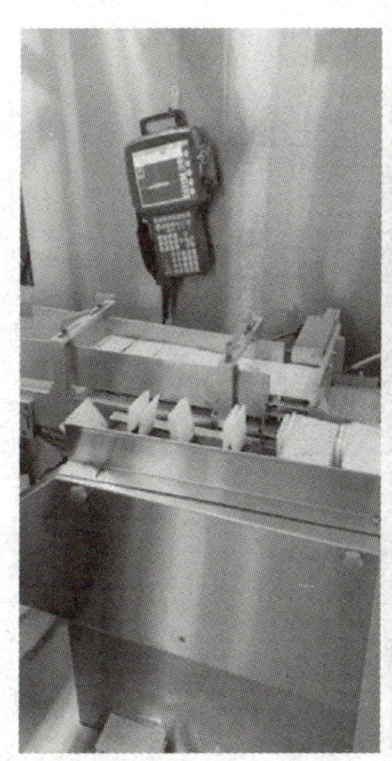

图 7-43　检测效果图

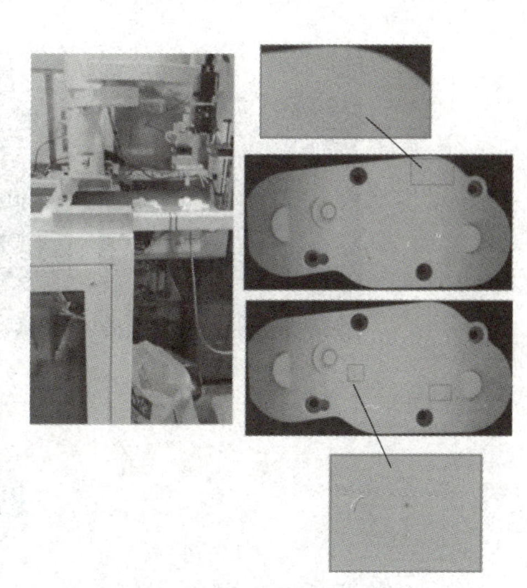

图 7-44　检测效果图

难点：缺陷大小、形态、位置不一，缺陷种类多，高节拍、高识别率要求。

7. 液晶面板外观缺陷检测

项目情况：液晶面板在生产过程中会由于人工、机械因素产生划痕，影响产品质量，流放到市场上会引起消费者投诉。由于划痕深浅、长短、位置不一，人工检测效率低且检出率不高。图像中存在反光现象，传统方式也较难检测对比度较低的划痕，采用深度学习方式能较好解决此类难题，如图 7-45 所示。

难点：划痕深浅、长短、位置不一，图像存在反光，对比度低。

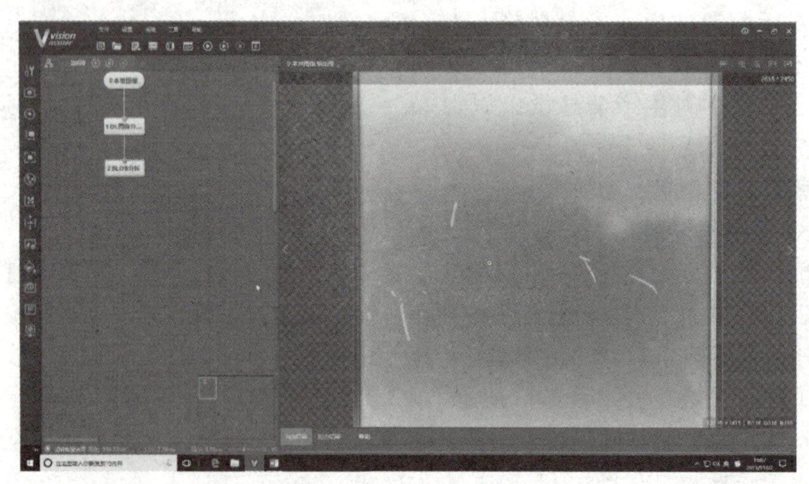

图 7-45　检测效果图

8. 过滤片缺陷检测

项目情况：某医药行业生产的过滤片存在拉丝的问题，人工目检方式效率低下，传统的视觉方案检出率又低。希望利用深度学习的方式来做这一缺陷的检出。深度学习通过图像分割算法对图片进行标记训练，得到每个像素点是缺陷的概率图，在概率图基础上结合 Blob 分析工具，实现表面缺陷检出，如图 7-46 所示。

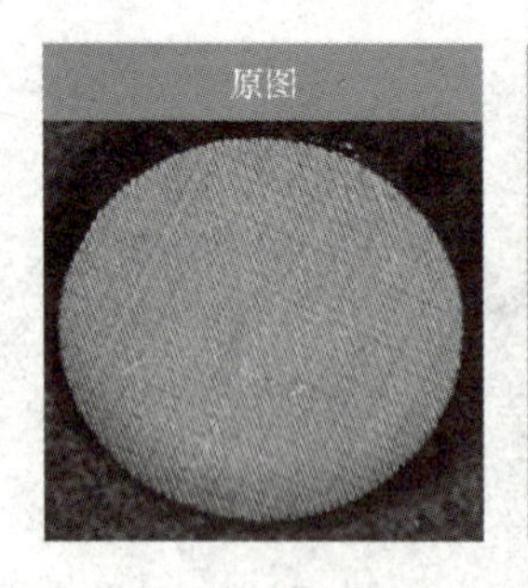

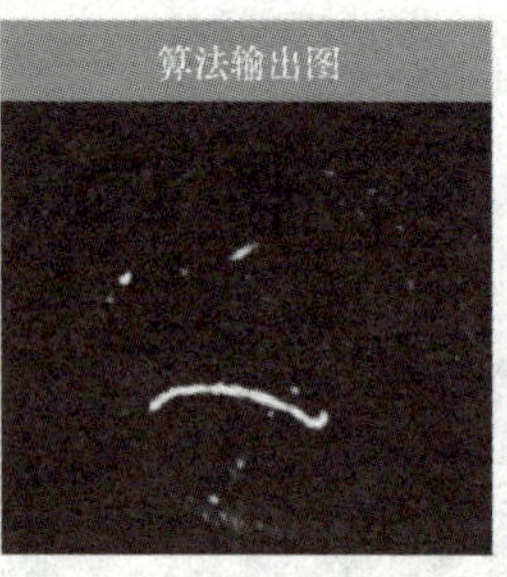

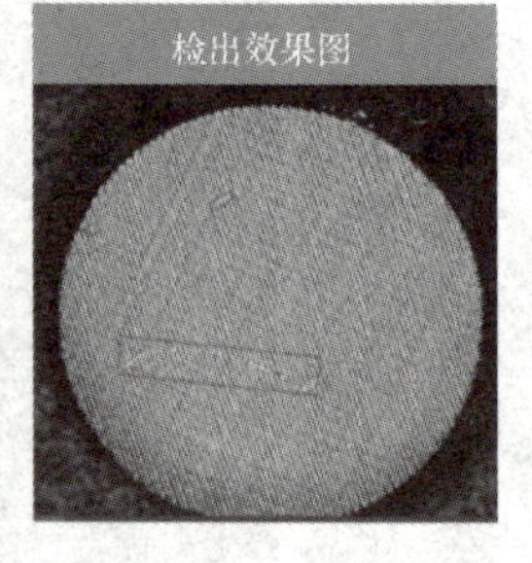

图 7-46　检测效果图

思考与练习

1. 3D 视觉系统有哪些主要技术？分别有什么特点？原理是什么？
2. 结构光测量法分为几类？各有什么特点？
3. 请简述深度学习技术的工作原理。

4. 一快递分拣传送线利用 3D 视觉实现在传送带不停止的情况下对经过的包裹进行体积测量，根据体积进行包裹分拣，请按要求选型 3D 相机：

（1）适应 2m/s 的传送带速度。

（2）预期架设距离<2m。

（3）最小包裹体积 150mm×150mm×70mm。

（4）最大包裹体积 1000mm×1000mm×1000mm。

第 8 章　机器视觉系统项目实践

知识目标

√ 熟悉机器人视觉系统实训平台的基本构成和功能
√ 掌握常见机器视觉应用的软硬件实践方案
√ 掌握机器视觉与机器人的手眼标定、坐标变换及通信方法

技能目标

√ 能够独立搭建机器视觉系统硬件方案
√ 能够熟练掌握机器人基于视觉引导的分拣、拼图、入库等项目
√ 能够对现有机器视觉实训项目进行性能优化和算法升级

8.1　机器人视觉系统实训平台简介

8.1.1　平台概述

机器人视觉系统实训平台（图 8-1）基于遨博 AUBO-E5 型协作机器人与海康机器视觉系统，面向机器视觉系统应用而开发设计，平台涵盖了机器人系统、工业视觉系统、自动化控制系统、计算机编程技术等实训内容，可以在一台设备上进行多种与机器视觉应用技术相关的学习和实训，平台结构紧凑、拆卸方便，便于应用，支持二次开发，是一款内容丰富、功能强大的机器人视觉系统实训平台。

8.1.2　平台组成

1. 协作机器人

6 轴协作机器人（图 8-2）主要由机器人本体、控制柜和示教器组成。机器人本体模仿人的手臂，共有 6 个旋转关节，每个关节表示一个自由度。

协作机器人是近年来市场上新兴的一类智能机器人，其兼顾工业机器人精度高、性能稳定的优点，同时具有轻型人机协作、安全易用、编程简单等特点。

（1）协作安全　具有灵敏的力度反馈特性，特有的碰撞监测功能，工作中一旦与人发生碰撞，便会立刻自动停止，无需安装防护栏，在保障人身安全的前提下，实现人与机器人的协同作业（图 8-3）。

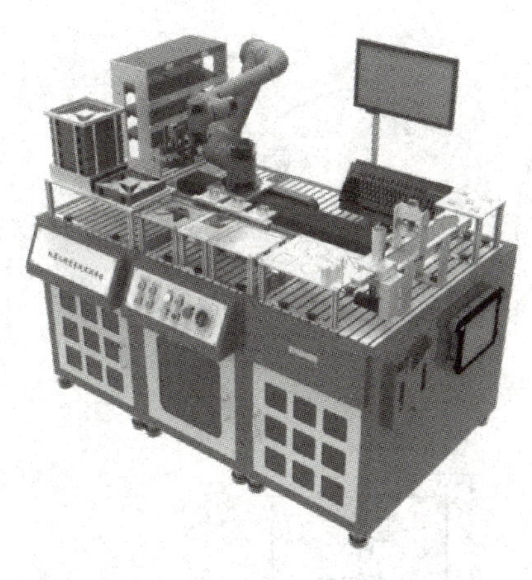

图 8-1 机器人视觉系统实训平台

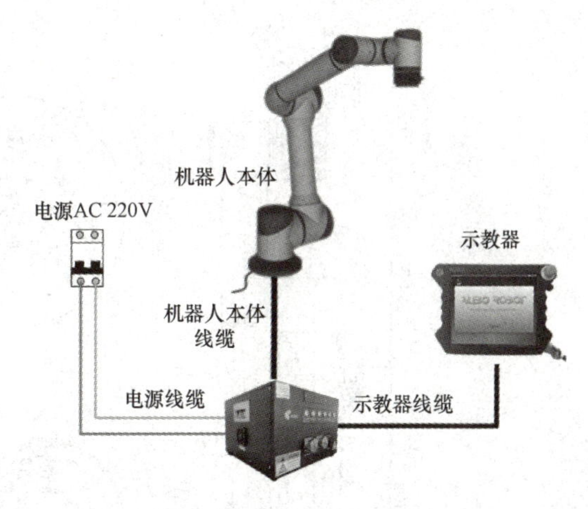

图 8-2 协作机器人系统

（2）高精度与灵敏度　机器人的重复定位精度可达±0.02mm，适用于各种自动化中对精度有高度要求的工作（图 8-4）。轻质量小型化的机身，面对不同的应用场景，也能快速部署和设置。

图 8-3 人机协作安全

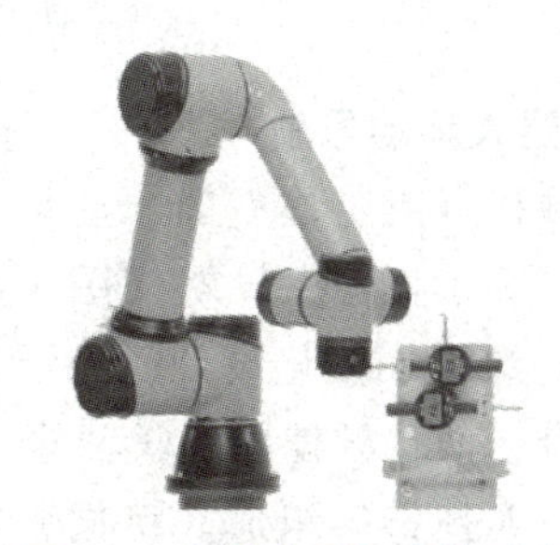

图 8-4 机器人重复定位测试

（3）单易操作　用户可直接通过手动拖拽来设置机器人的运行轨迹。可视化的图形操作界面，让非专业用户也能快速掌握（图 8-5）。

（4）智能与开放　系统支持多种形式的应用编程接口，提供多种平台 SDK 开发包，支持 Linux 下 C/C++编程、Lua 脚本语言编程、Windows VC++、Python 脚本编程、QT 跨平台编程开发。

图 8-5 机器人拖拽示教

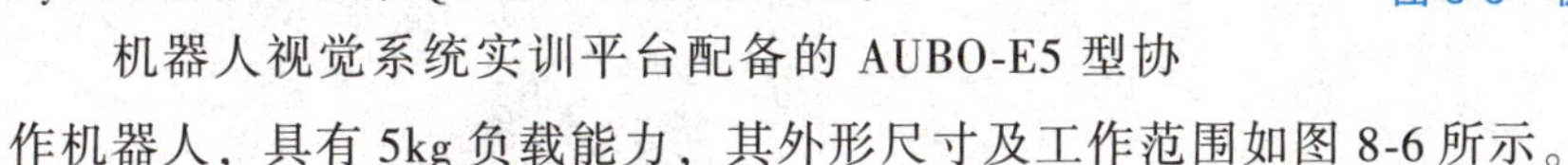

机器人视觉系统实训平台配备的 AUBO-E5 型协作机器人，具有 5kg 负载能力，其外形尺寸及工作范围如图 8-6 所示。

2. 模块化工作台

机器人工作台是机器人与功能模组安装固定的平台，台面采用铝合金型材搭建，机器人及各功能模组可以灵活的在工作台上安装固定，可以根据教学和实训课程要求，在工作台上安装不同的功能模组，如图 8-7 所示。

机器人工作平台通过 3 个小平台拼接而成，各个平台之间接线可以快速插拔，进而使得产品有足够的运行空间，也方便完善设备功能。

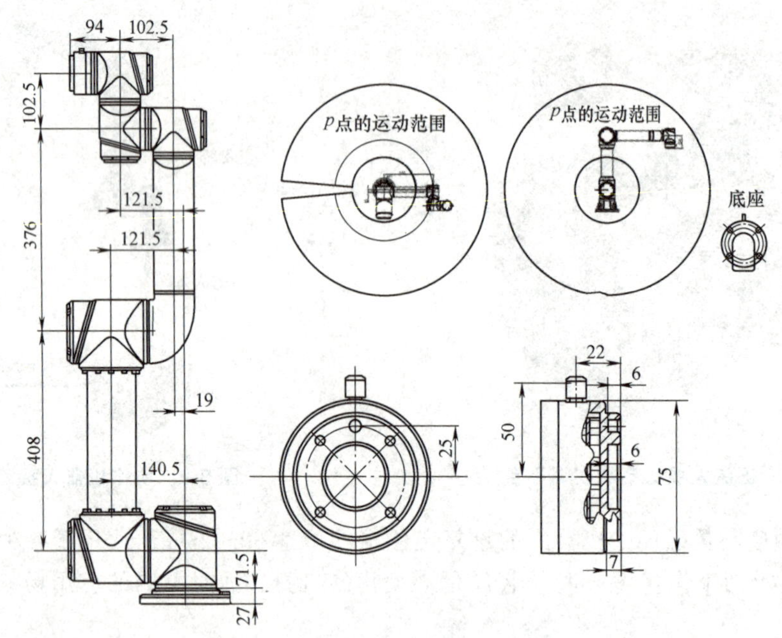

图 8-6　机器人尺寸及工作范围

3. 机器人移动导轨

为扩展机器人工作空间，此平台除了包含功能模块之外，还安装了机器人导轨（图 8-8）。机器人导轨将伺服电动机与螺杆一体化设计，主要由滚珠丝杠、直线导轨、铝合金、滚珠丝杠副、联轴器、电动机、光电开关、防尘罩、尼龙拖链等组成。将伺服电动机的旋转运动转换成直线运动，同时将伺服电动机转速控制、转数控制、扭矩控制转变成导轨的速度控制、位置控制、力矩控制，实现高精度直线运动。

图 8-7　机器人工作台效果图

4. 轨迹示教模块

轨迹示教模块（图 8-9）功能如下。

1）作业平面：水平面、垂直面、倾斜面。

2）运动轨迹：轨迹运动、直线运动、圆运动、圆弧运动、曲线运动等。

3）运动方式：坐标平移、坐标旋转。

图 8-8　机器人导轨效果图

图 8-9　轨迹示教模块

4）TCP 标定。

学生可以在此模块练习协作机器人的基本运动方式，对协作机器人的操作和使用有着一定的指导作用。

5. 输送线模块

直线输送模块由伺服电动机、编码器、控制器、同步带轮、上料机构、固定式工业相机等组成，安装在工作台上，用于输送和检测工件。直线输送系统可进行方向、速度控制，并通过编码器确定工件输送距离，如图 8-10 所示。

6. 工具快换模块

工具快换模块采用高精度快换连接机构，包括机器人侧和工具侧。机器人侧安装在机器人末端法兰上，工具侧安装在末端执行工具上。此工具快换模块用于实现协作机器人自动更换不同的末端执行工具，来满足一台机器人实现多种功能的需求。末端执行器包含气动夹爪、真空吸盘、模拟焊枪等。机器人末端工具库如图 8-11 所示。

图 8-10　输送线效果图

图 8-11　机器人末端工具库

7. 拼图模块

拼图模块包含 2 个工作单元，一个用来摆放 7 块七巧板物料，可供机器人进行定位抓取，另一个用来实现七巧板的拼接，如图 8-12 所示。

8. 自动托盘与仓储模块

自动托盘与仓储模块主要由托盘上料结构和立体仓储模块构成，其中托盘上料机构通过气缸完成拼图图案托盘的自动上料，用于机器人图像识别，立体仓储模块由多层小型仓储货架构成，用于拼图托盘的仓储管理，其中货位信息通过二维码图案进行识别，如图 8-13 所示。

图 8-12　拼图模块效果图

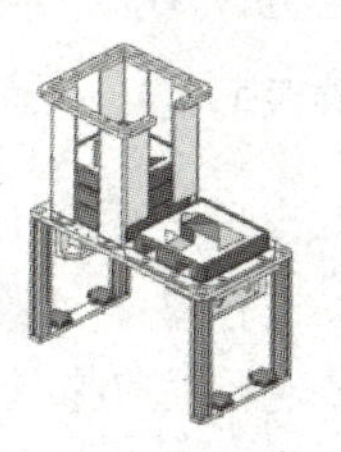

图 8-13　自动托盘与仓储模块

9. 视觉系统模块

平台上包含两套工业相机组成视觉系统模块（图 8-14），每套相机配有相对应的光源和镜头。一套相机安装在输送线上，对输送线上的圆柱物料进行编号识别与位置测量。另一套相机安装在机器人末端，随机器人移动，过程中对七巧板物料进行颜色识别、面积识别，并根据要求效果进行摆放，另一方面相机识别货架上面的条码标识，将样图托盘对应入库。

10. 电控实训模块

电控实训模块（图 8-15）分为两个部分，一个面板用来安装 PLC、断路器、接触器、继电器、伺服驱动器等硬件，另一个面板采用抽屉的形式安装在移动平台上，抽屉面板接线采用快速插头，方便设备线路的连接。面板表面按照平台上所用设备功能划分不同功能区，并把所有接线端子引至面板内部。所有控制过程的接线都可以在面板上进行连接，更方便动手实操。

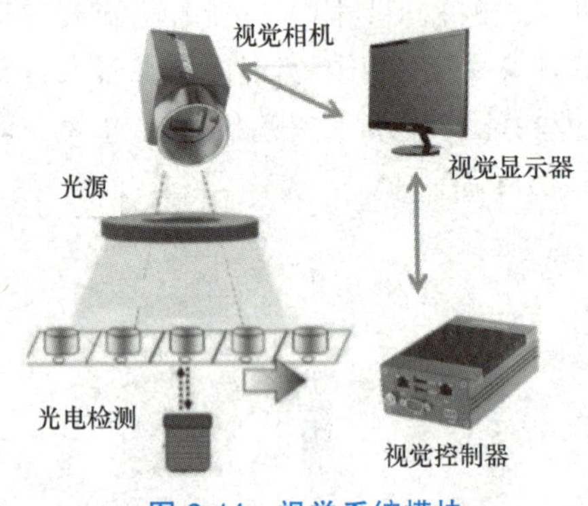

图 8-14　视觉系统模块

图 8-15　电控实训模块

8.1.3　平台功能

平台配有 2 种不同演示物料（图 8-16、图 8-17），出厂已经具有相应机器视觉应用任务的功能，整体可分为四个演示过程。

图 8-16　演示物料 1

图 8-17　演示物料 2

过程一：机器人根据轨迹示教模块上的轨迹路线，进行点位识别。通过该模块既可以练习机器人示教编程，又可以进行基于机器视觉的模拟焊接，如图 8-18 所示。

过程二：输送线上安装有圆柱物料上料机构，输送线上的固定相机对输送线上的物料进行拍照识别。机器人根据物料编号将圆柱物料放到相应的平面仓内，如图 8-19 所示。

过程三：机器人通过相机拍照，对样图上料机构推出的样图进行识别。再把散乱的七巧板物料通过视觉定位进行抓取拼接，完成与样图一致的模型，如图 8-20 所示。

过程四：机器人通过扫描库位上的二维码信息，与样图上料机构推出的样图进行匹配。若二维码库位信息与样图物料信息一致，则将样图物料进行物料入库，如图 8-21 所示。

图 8-18 轨迹识别控制

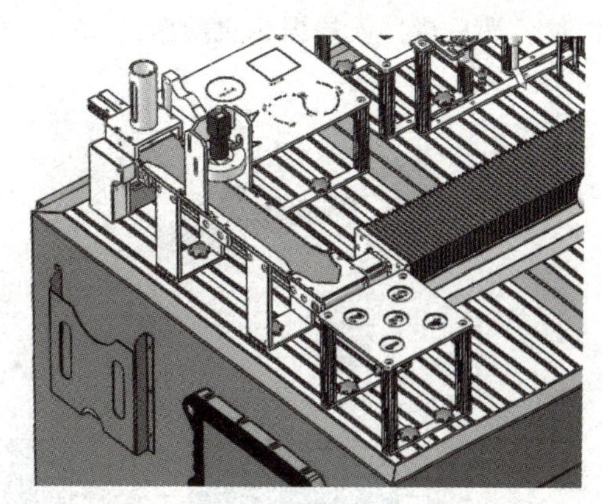

图 8-19 字符识别分拣

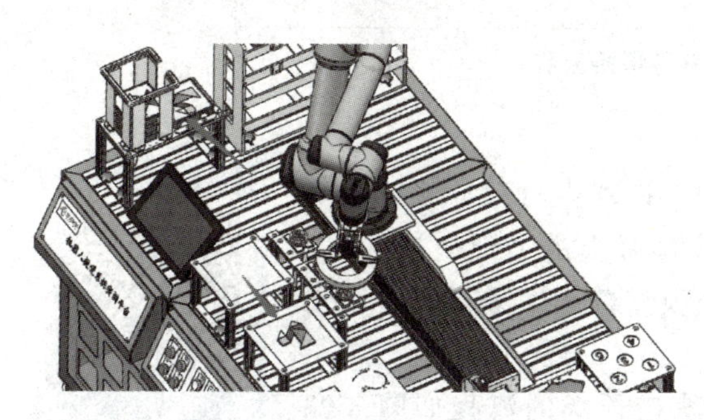

图 8-20 七巧板视觉拼图

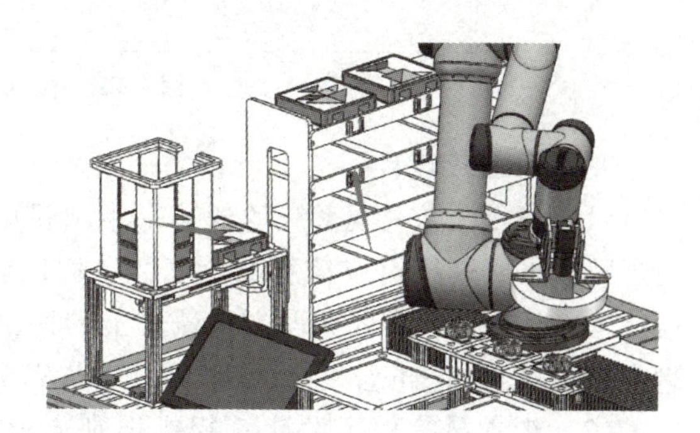

图 8-21 二维码扫码入库

8.2 视觉引导焊接项目实训

8.2.1 项目目标

1. 了解通过视觉引导，控制机器人焊接的应用
2. 掌握机器人与视觉系统的应用编程
3. 掌握相机算法平台中测量工具的使用

8.2.2 实训环境

1. AUBO-E5 机器人 1 套
2. 末端视觉系统 1 套
3. 轨迹示教模块 1 套
4. 模拟焊枪 1 套

8.2.3 原理与实操

1. 整体流程

在本项目中，通过机器人末端搭载的移动相机，对轨迹示教模块上的图形路径，进行识

别测量，然后机器人根据相机回传的点位信息，带动模拟焊枪进行相应轨迹控制，如图8-22所示。

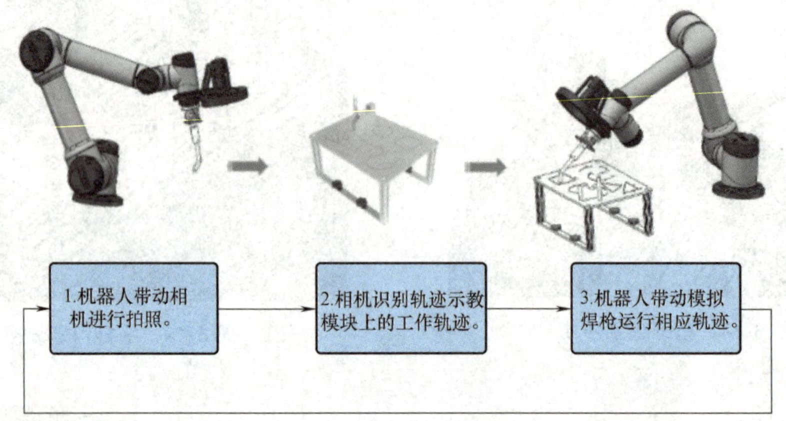

图 8-22 视觉引导焊接流程

2. 软件程序设计

(1) 机器人与视觉系统的通信 本项目中，机器人与视觉系统主要通过网络通信进行点位信息的交互，我们以轨迹板上的方形轨迹为例，运行轨迹时机器人需要获取方形轨迹上的四个顶点位置。编写轨迹识别脚本程序“gui_ji_shi_bie”，程序示例扫码参考。

(2) 视觉系统程序设计 相机识别方形轨迹顶点的流程如图8-23所示。

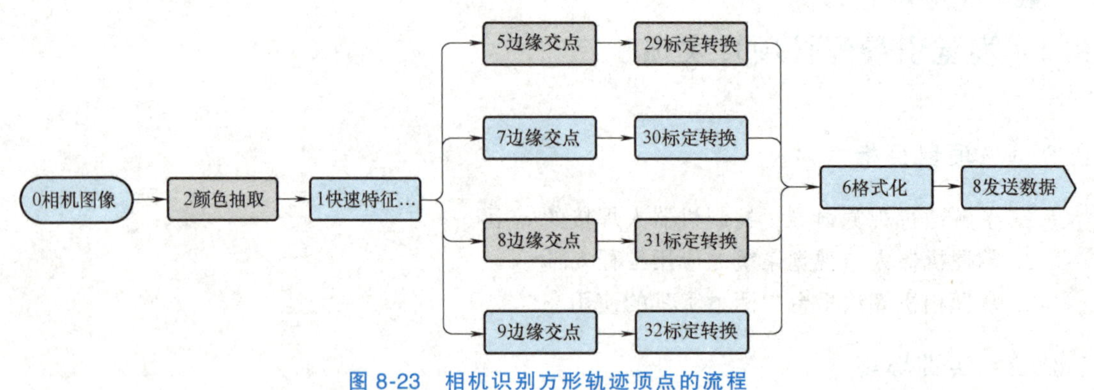

图 8-23 相机识别方形轨迹顶点的流程

(3) 机器人程序设计 机器人工作流程如图8-24所示。

创建一个工程文件，命名为“project_1”，调用已经编写完成的脚本文件，见表8-1。

表 8-1 机器人程序（project_1）注释表

程序	Loop 参数说明	注释
Loop	Loop 条件:无限循环	
程序	Script 参数说明	注释
Script	脚本文件:gui_ji_shi_bie	进行样图识别

如图 8-25 所示，创建工程文件“project_1”，保存程序，并低速运行，检验程序结果。

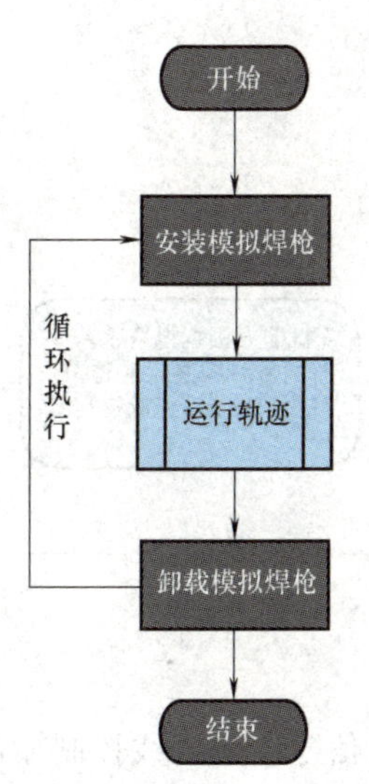

图 8-24　机器人工作流程

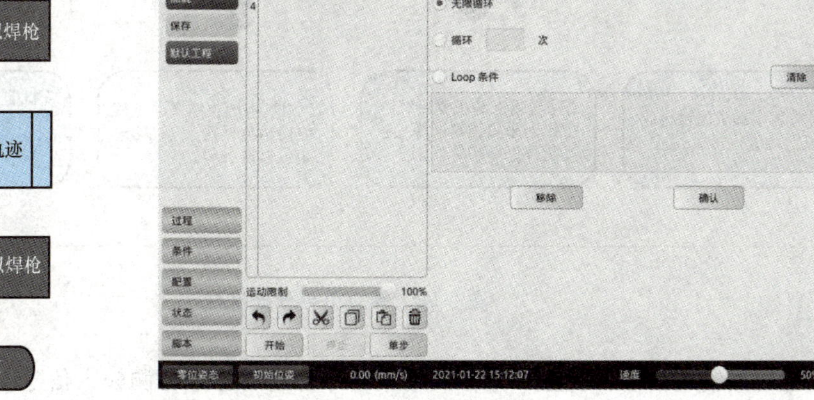

图 8-25　“project_1”程序界面

8.3　视觉引导分拣项目实训

8.3.1　项目目标

1. 了解机器视觉在搬运分拣行业中的应用
2. 熟悉机器人与视觉系统的编程及应用
3. 掌握工业机器人固定相机的标定方法

8.3.2　实训环境

1. AUBO-E5 机器人 1 套
2. 视觉输送线 1 套
3. 物料码放平台 1 套
4. 吸盘抓手 1 套
5. 圆柱形物料 5 个

8.3.3　原理与实操

1. 整体流程

本项目通过输送线上固定的相机系统，对圆柱形物料字符编号进行识别，通过网络将识别信息发送给机器人，机器人利用末端吸盘工具，按照相机系统传输过来的物料信息，对输送线上的物料进行分拣抓取。任务处理总体流程如图 8-26 所示。

2. 硬件信号

本项目所用到的硬件 IO 信号包括：物料有无检测输入信号，物料送料控制输出信号，

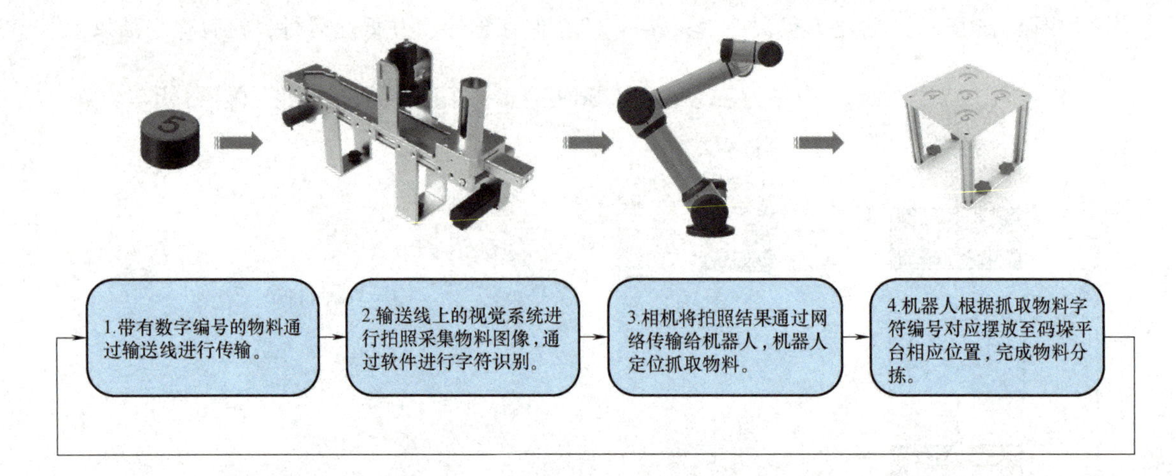

图 8-26　视觉引导分拣流程

物料到位检测输入信号，吸盘工具控制输出信号，物料抓取检测输入信号，输送线控制输出信号。在电控实训模块上连接控制线路见表 8-2。

表 8-2　机器人与外设信号连接表

序号	连接线颜色	A 端连接		B 端连接	
		功能模块	端口	功能模块	端口
1	黄色	机器人输入信号	DI00	外设信号	物料检测开关 1
2	红色	机器人电源	24V	外设信号	物料检测开关 1
3	黑色	机器人电源	0V	外设信号	物料检测开关 1
检测圆柱形物料上料机构有无料					
4	绿色	机器人输出信号	DO04	外设信号	电磁阀 5
5	红色	机器人电源	24V	外设信号	电磁阀 5
圆柱形物料上料					
6	黄色	机器人输入信号	DI01	外设信号	物料检测开关 2
7	红色	机器人电源	24V	外设信号	物料检测开关 2
8	黑色	机器人电源	0V	外设信号	物料检测开关 2
圆柱形物料到位检测					
9	绿色	机器人输出信号	DO03	外设信号	电磁阀 4
10	红色	机器人电源	24V	外设信号	电磁阀 4
吸盘工具吸取物料					
11	黄色	机器人输入信号	DI03	外设信号	气压检测开关
12	红色	机器人电源	24V	外设信号	气压检测开关
13	黑色	机器人电源	0V	外设信号	气压检测开关
检测物料是否抓取成功					
14	蓝色	机器人输出信号	DO16	PLC 输入信号	I125. 6
输送线运动控制					

3. 软件程序设计

(1) 机器人与视觉系统的通信　本项目中，输送线视觉系统物料识别和机器人定位抓取为主要工作处理任务，其中视觉系统和机器人的通信，采用网络通信方式。

机器人部分网络通信脚本“wu_liao_zhua_qu”示例如下：

```
pic_material = " "
len_material = 0
material_num = 0//创建变量并初始化

ip2 = "192. 168. 1. 99"//固定相机通信 IP 地址
port2 = 6000//固定相机通信端口号
tcp. client. connect( ip2, port2)//连接固定相机

tcp. client. send_str_data( ip2, port2, " e" )//触发相机拍照
pic_material = tcp. client. recv_str_data( ip2, port2)//读取相机返回值
sleep( 0. 15)

len_material = string. len( pic_material)
while( len_material = = 0)    do
      sleep( 0. 15)
      tcp. client. send_str_data( ip2, port2, " e" )
      pic_material = tcp. client. recv_str_data( ip2, port2)
      len_material = string. len( pic_material)
end//无物料时持续拍照
material_num = tonumber( string. sub( pic_material, 1, 1) )//从相机返回值中截取物料编号
set_global_variable( " V_I_material" , material_num)//将物料号赋值到机器人全局变量
```

(2) 视觉系统程序设计　物料视觉识别流程如图 8-27 所示。

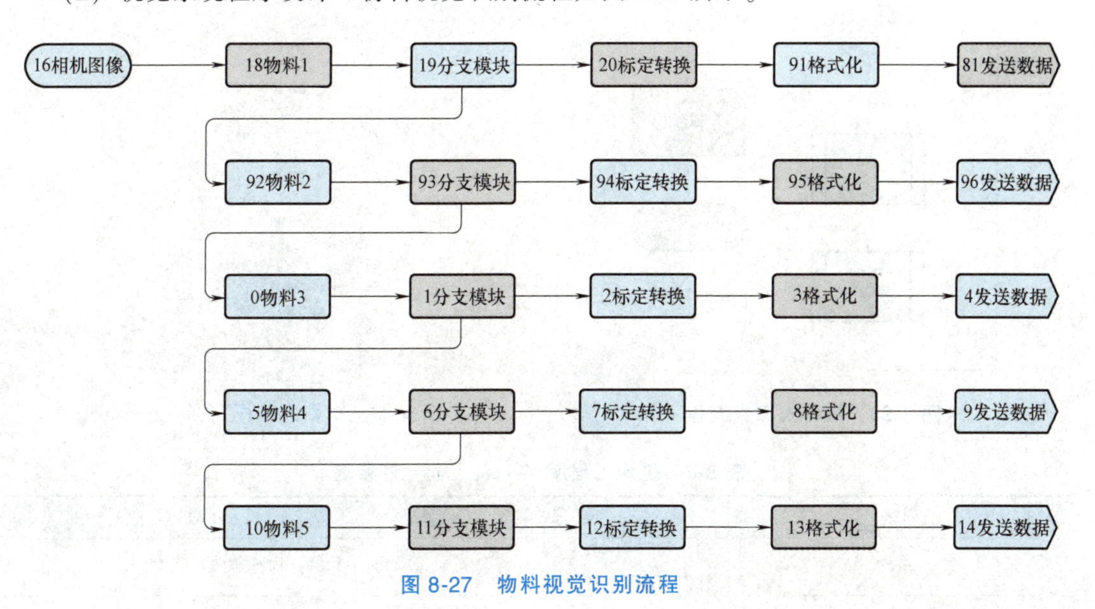

图 8-27　物料视觉识别流程

机器人通过上述脚本程序（wu_liao_zhua_qu）触发固定相机拍照，相机对物料编号进行识别。机器人根据相机的回传值，将物料放到指定位置。

在本实训项目中，主要练习视觉相机快速特征匹配工具以及标定板标定方法。通常情况下，物料匹配点回传值为物料在视野中的像素位置，通过标定转换工具把像素值转换为毫米值，再按照设定的字符串格式发送到机器人。

（3）机器人程序设计　机器人工作流程如图 8-28 所示。

首先，我们创建机器人程序中所需要使用到的变量及过程文件，机器人程序变量的创建见表 8-3。

表 8-3　机器人程序变量表

序号	变量名	变量类型	全局保持	初始值	功能
1	V_I_material	Int	false	0	记录圆柱形物料编号
2	V_I_mx	Int	false	0	放置圆柱形物料 x 方向偏移量
3	V_I_my	Int	false	0	放置圆柱形物料 y 方向偏移量
4	V_I_quantity	Int	false	0	记录库中物料数量

机器人的分拣程序分成两个部分，一部分负责触发相机拍照及物料在输送线上的抓取，另一部分针对物料编号，把物料放置在相应的平面料仓内。在示教器上创建一个过程文件并编辑程序（见表 8-4），示例中创建的过程文件名称为“shang_liao”。

如图 8-29 所示，创建过程文件“shang_liao”，并保存过程文件。

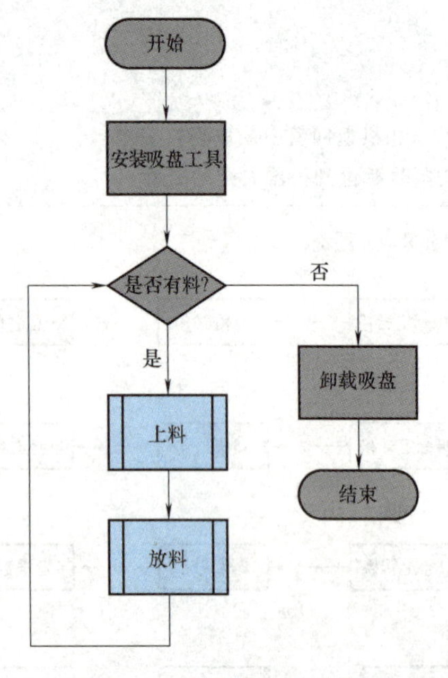

图 8-28　机器人工作流程

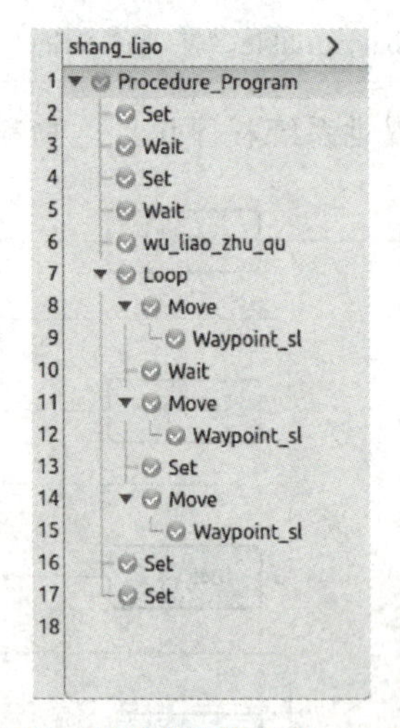

图 8-29　机器人程序（shang_ liao）

表 8-4　机器人程序（shang_liao）注释表

程序	Set 参数说明	注释
Set	输出接口：U_DO_04 状态：High	上料机构推料

（续）

程序	Wait 参数说明	注释
Wait	等待时间:0.5s	
程序	Set 参数说明	注释
Set	输出接口:U_DO_16 状态:High	输送线转动
程序	Wait 参数说明	注释
Wait	等待时间:0.5s	
程序	Script 参数说明	注释
Script	脚本文件:wu_liao_zhu_qu	进行物料编号识别
程序	Loop 参数说明	注释
Loop	Loop 条件:U_DI_03 = = 0	判断吸盘吸取物料是否成功
程序	Move 参数说明	注释
Move Waypoint_sl	直线 相对偏移: X:0 RX:0 Y:0 RY:0 Z:0.15 RZ:0 坐标系:Base 最大速度:10% 最大加速度:15%	Waypoint_sl:圆柱形物料抓取点
程序	Wait 参数说明	注释
Wait	Wait 条件:U_DI_01 = = 1	物料到达输送线末端
程序	Set 参数说明	注释
Move Waypoint_sl	直线 最大速度:10% 最大加速度:15%	Waypoint_sl:圆柱形物料抓取点
程序	Set 参数说明	注释
Set	输出接口:U_DO_03 状态:High	吸盘吸气,抓取物料
程序	Move 参数说明	注释
Move Waypoint_sl	直线 相对偏移: X:0 RX:0 Y:0 RY:0 Z:0.15 RZ:0 坐标系:Base 最大速度:10% 最大加速度:15%	Waypoint_sl:圆柱形物料抓取点
程序	Set 参数说明	注释
Set	输出接口:U_DO_16 状态:Low	停止输送线转动
程序	Set 参数说明	注释
Set	输出接口:U_DO_04 状态:Low	上料气缸收回

在示教器上创建一个过程文件并编辑程序，见表 8-5，示例中创建的过程文件名称为“fang_liao”。

如图 8-30 所示，创建过程文件“fang_liao”，并保存过程文件。

物料分拣应用实训中，机器人需要安装吸盘工具对物料进行吸取和搬运，这里我们可以建立过程文件，进行吸盘工具的自动安装。示例中过程文件名称分别为“zhuang_xi_pan”和“xie_xi_pan”。

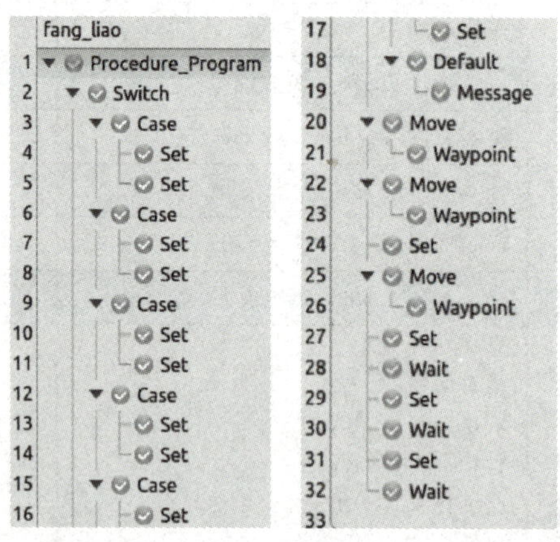

图 8-30 机器人程序（fang_liao）

表 8-5 机器人程序（fang_liao）注释表

程序	Switch 参数说明	注释
Switch	条件:V_I_material	根据物料编号判断物料放置位置
程序	Case 参数说明	注释
Case	条件:1	当物料编号为 1 时
程序	Set 参数说明	注释
Set	变量:V_I_mx = 0	x 方向设置 0 个步长值
程序	Set 参数说明	注释
Set	变量:V_I_my = 0	y 方向设置 0 个步长值
程序	Case 参数说明	注释
Case	条件:2	当物料编号为 2 时
程序	Set 参数说明	注释
Set	变量:V_I_mx = 0	x 方向设置 0 个步长值
程序	Set 参数说明	注释
Set	变量:V_I_my = 1	y 方向设置 1 个步长值
程序	Case 参数说明	注释
Case	条件:3	当物料编号为 3 时
程序	Set 参数说明	注释
Set	变量:V_I_mx = 0. 5	x 方向设置 0. 5 个步长值
程序	Set 参数说明	注释
Set	变量:V_I_my = 0. 5	y 方向设置 0. 5 个步长值
程序	Case 参数说明	注释
Case	条件:4	当物料编号为 4 时
程序	Set 参数说明	注释
Set	变量:V_I_mx = 1	x 方向设置 1 个步长值
程序	Set 参数说明	注释
Set	变量:V_I_my = 0	y 方向设置 0 个步长值

（续）

程序	Case 参数说明	注释
Case	条件:5	当物料编号为 5 时
程序	Set 参数说明	注释
Set	变量:V_I_mx = 1	x 方向设置 1 个步长值
程序	Set 参数说明	注释
Set	变量:V_I_my = 1	y 方向设置 1 个步长值
程序	Default 参数说明	注释
Default	条件:无	当物料编号为除了 1~5 的数值时
程序	Message 参数说明	注释
Message	类型:Information 消息:wu_liao_cuo_wu	去除不需要的物料
程序	Move 参数说明	注释
Move Waypoint_fl	轴动 相对偏移: X:-0. 1 * V_I_mx Y:0. 1 * V_I_my Z:0. 1 最大速度:20% 最大加速度:30%	Waypoint_fl:1 号料仓物料放置点 0. 1:料仓间距为 100mm
程序	Move 参数说明	注释
Move Waypoint_fl	直线 相对偏移: X:-0. 1 * V_I_mx Y:0. 1 * V_I_my Z:0 最大速度:5% 最大加速度:10%	Waypoint_fl:1 号料仓物料放置点 0. 1:料仓间距为 100mm
程序	Set 参数说明	注释
Set	输出接口:U_DO_03 状态:Low	吸盘停止吸气,放下物料
程序	Move 参数说明	注释
Move Waypoint_fl	直线 相对偏移: X:-0. 1 * V_I_mx Y:0. 1 * V_I_my Z:0. 1 最大速度:5% 最大加速度:10%	Waypoint_fl:1 号料仓物料放置点 0. 1:料仓间距为 100mm

（续）

程序	Set 参数说明	注释
Set	变量：V_I_quantity = V_I_quantity + 1	记录平面库中物料数量
程序	Wait 参数说明	注释
Wait	等待时间：0.5s	

最后创建一个工程文件，命名为“project_2”，见表 8-6。调用上面编写完成的 4 个过程文件（“shang_liao”、“fang_liao”、“zhuang_xi_pan”和“xie_xi_pan”）。

表 8-6　机器人程序（project_2）注释表

程序	Procedure 参数说明	注释
Procedure	过程文件：zhuang_xi_pan	安装吸盘抓手
程序	Loop 参数说明	注释
Loop	Loop 条件：U_DI_00 == 1	检测上料位置是否有料
程序	Procedure 参数说明	注释
Procedure	过程文件：shang_liao	机器人从输送线抓取物料
程序	Procedure 参数说明	注释
Procedure	过程文件：fang_liao	机器人将物料放置平面仓储
程序	Procedure 参数说明	注释
Procedure	过程文件：xie_xi_pan	拆除吸盘抓手

如图 8-31 所示，创建工程文件“project_2”，保存程序，并低速运行，检验程序结果。

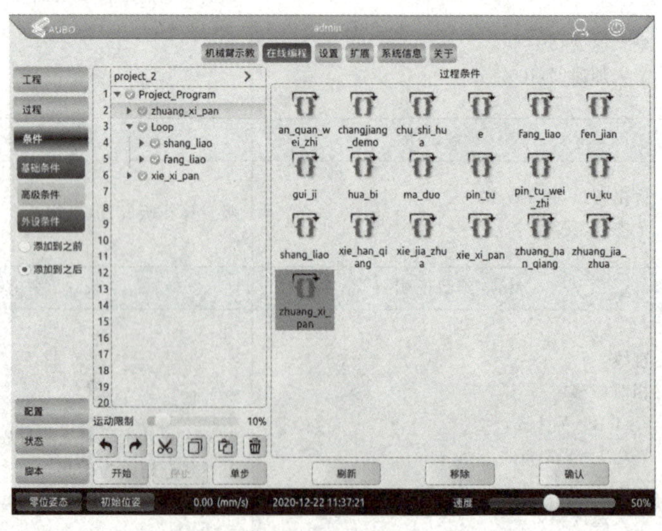

图 8-31　“project_2”程序界面

8.4　七巧板自动拼图项目实训

8.4.1　项目目标

1. 了解海康相机的编程及应用
2. 掌握遨博机器人脚本编程
3. 掌握工业机器人移动相机标定方法
4. 掌握工业机器人对上料机构的控制

8.4.2　实训环境

1. AUBO-E5 机器人 1 套
2. 末端视觉系统 1 套
3. 七巧板物料及样图 1 套
4. 拼图平台 1 套
5. 吸盘抓手 1 套

8.4.3　原理与实操

1. 整体流程

本实训内容中，相机主要包含两个功能。其一是机器人末端的移动相机对自动托盘上料机构提供的样图进行识别，机器人记录样图信息。其二是相机对拼图模块上面摆放的七巧板进行定位，引导机器人抓取七巧板摆放出与样图相同的图形。任务处理总体流程如图 8-32 所示。

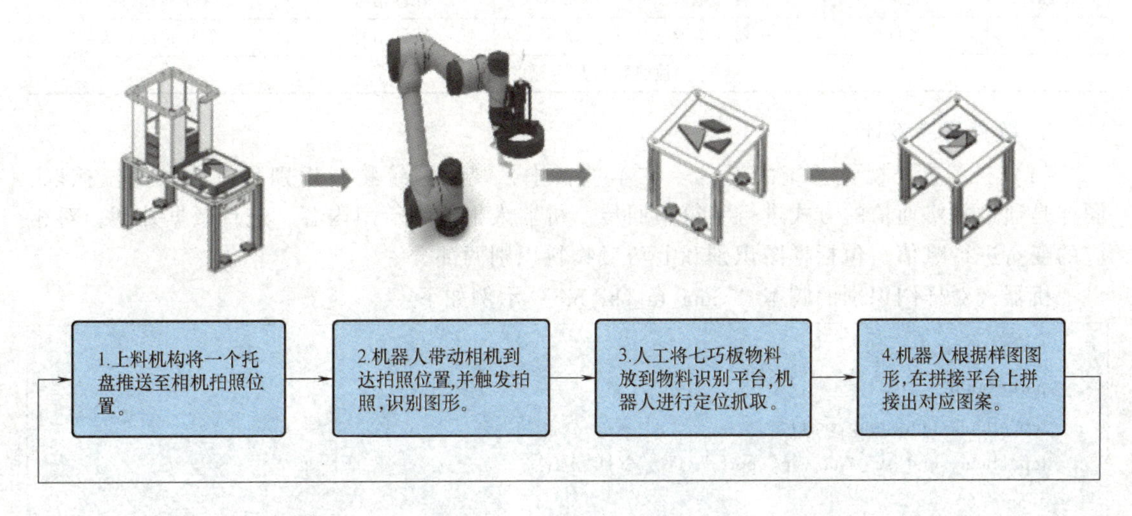

图 8-32　七巧板自动拼图流程

2. 硬件信号原理

本项目所用到的硬件 IO 信号包括：样图物料有无检测输入信号，样图物料送料控制输出信号，控制导轨移动输出信号，导轨到位输入信号，吸盘工具控制输出信号，物料抓取检测输入信号。

在电控实训模块上连接控制线路见表8-7。

表8-7　机器人与外设信号连接表

序号	连接线颜色	A端连接		B端连接	
		功能模块	端口	功能模块	端口
1	黄色	机器人输入信号	DI02	外设信号	样图检测开关
2	红色	机器人电源	24V	外设信号	样图检测开关
3	黑色	机器人电源	0V	外设信号	样图检测开关
检测上料机构有无料					
4	绿色	机器人输出信号	DO05	外设信号	电磁阀6
5	红色	机器人电源	24V	外设信号	电磁阀6
样图上料					
6	蓝色	机器人输出信号	DO15	PLC输入信号	I125.5
移动导轨					
7	蓝色	机器人输入信号	DI17	PLC输出信号	Q127.7
导轨到达拼图位置					
8	蓝色	机器人输入信号	DI16	PLC输出信号	Q127.6
导轨到达初始位置					
9	绿色	机器人输出信号	DO03	外设信号	电磁阀4
10	红色	机器人电源	24V	外设信号	电磁阀4
吸盘工具吸取物料					
11	黄色	机器人输入信号	DI03	外设信号	气压检测开关
12	红色	机器人电源	24V	外设信号	气压检测开关
13	黑色	机器人电源	0V	外设信号	气压检测开关
检测物料是否抓取成功					

3. 软件程序设计

（1）机器人与视觉系统的通信　在本项目中，视觉系统物料识别和机器人定位抓取，同样是通过网络通信的方式进行字符串回传。机器人根据字符串内容，进行数据处理，对相应的变量进行赋值。包括样图识别和七巧板物料识别两部分。

机器人对样图识别的脚本“yang_tu_shi_bie”示例如下：

```
ip = "192.168.1.99"
port = 6000
tcp.client.connect(ip,port)
tcp.client.send_str_data (ip, port," f") //样图拍照
sleep (6)
pic = tcp.client.recv_str_data (ip, port) //接收相机回传信息

if pic = = " e" then
  set_global_variable (" V_I_pic", 1)
```

```
elseif pic = = "fangwu" then
   set_global_variable ("V_I_pic", 2)
elseif pic = = "songshu" then
   set_global_variable ("V_I_pic", 3)
elseif pic = = "yu" then
   set_global_variable ("V_I_pic", 4)
elseif pic = = "yifu" then
   set_global_variable ("V_I_pic", 5)
elseif pic = = "jiangbei" then
   set_global_variable ("V_I_pic", 6)
else
   set_global_variable ("V_I_pic", 7)
end//针对不同图形，对机器人全局变量 V_I_pic 赋值

tcp. client. connect (ip, port)
tcp. client. send_str_data (ip, port, "c") //为相机切换程序
```

扫码看程序

机器人对七巧板物料识别及抓取的脚本“pin_tu”示例扫码参考。

(2) 视觉系统程序设计　样图识别流程如图 8-33 所示。

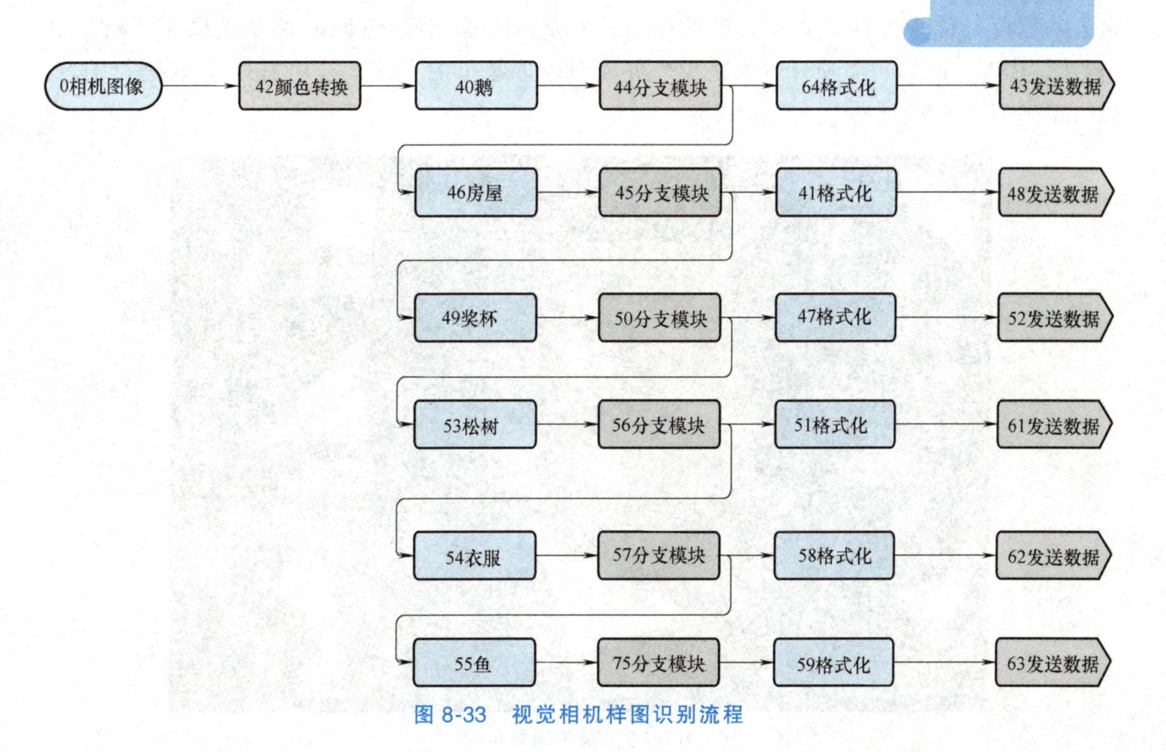

图 8-33　视觉相机样图识别流程

七巧板识别流程如图 8-34 所示。

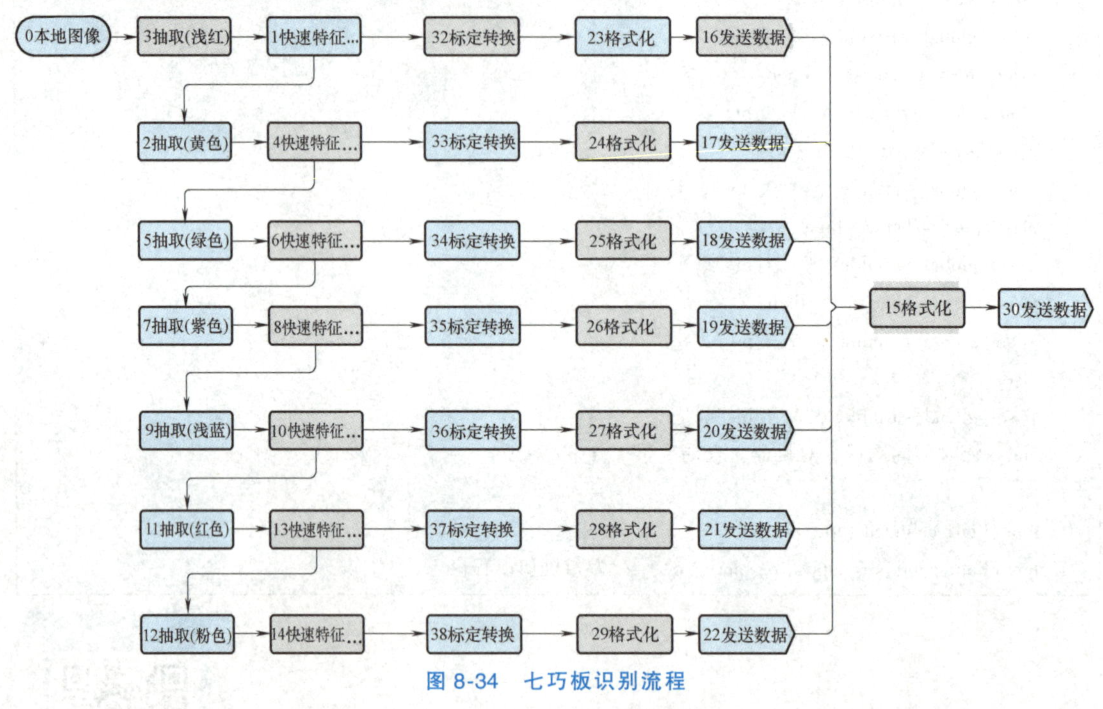

图 8-34　七巧板识别流程

机器人通过上述脚本程序（pin_tu）触发移动相机拍照，相机对七巧板进行识别定位。机器人根据相机的回传值，将物料放到指定位置。

在本实训项目中，主要练习视觉相机的多点标定，以及对不同颜色物料进行颜色抽取，来去除底板与其他物料对抓取对象的干扰。VisionMaster 中颜色抽取工具提供了 3 种方式（RGB、HSV、HSI），本项目中为减小外界光对抽取结果的干扰，选用 HSV 方式进行抽取。执行结果如图 8-35 所示。

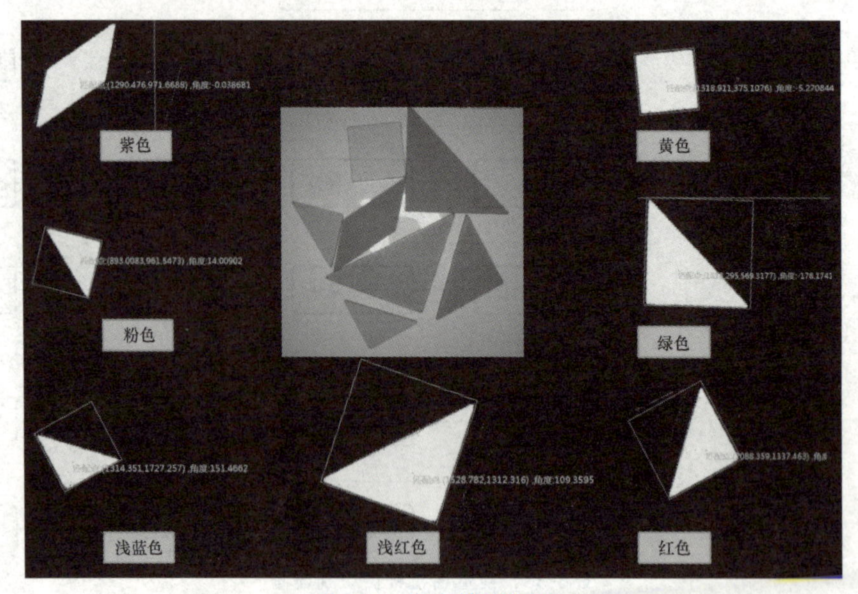

图 8-35　颜色抽取结果

（3）机器人程序设计　机器人工作流程如图 8-36 所示。

首先，我们创建机器人程序中所需要使用到的变量及过程文件，机器人程序变量的创建见表 8-8。

表 8-8　机器人程序变量表

序号	变量名	变量类型	全局保持	初始值	功能
1	V_I_pic	Int	false	0	区分样图
2	V_I_qqb	Int	false	0	区分七巧板物料
3	V_D_rz	Double	false	0	放置物料时的旋转角度

机器人的拼图程序分成抓取和摆放两个部分，物料抓取部分我们通过上述脚本程序已经完成。物料的摆放过程，首先判断样图种类（V_I_pic，包含 6 个样图），然后根据当前机器人所抓取的物料颜色（V_I_qqb，其中每个样图包含 7 种物料）来决定摆放位置。其中每块物料都建立一个参考点，在参考点上旋转合适角度（V_D_rz），计算最终位置。在示教器上创建一个过程文件并编辑程序见表 8-9，示例中创建的过程文件名称为“pin_tu”。

如图 8-37 所示，创建过程文件“pin_tu”，并保存过程文件。

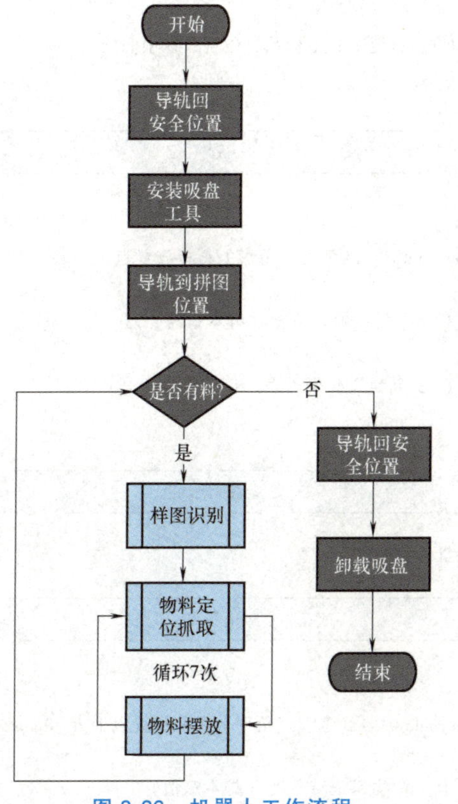

图 8-36　机器人工作流程

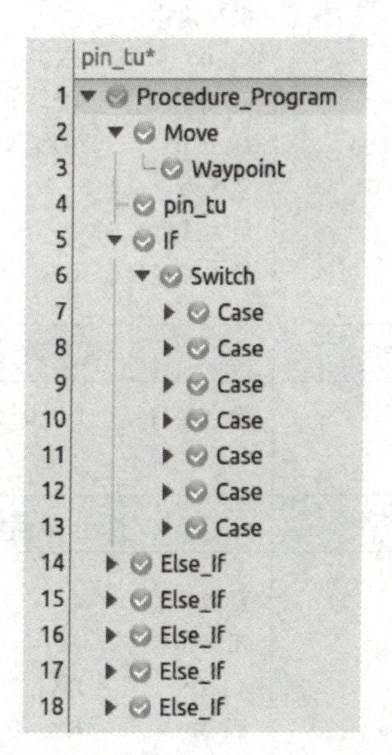

图 8-37　机器人程序（pin_tu）

表 8-9　机器人程序（pin_tu）注释表

程序	Move 参数说明	注释
Move Waypoint01	轴动 最大速度:30% 最大加速度:50%	机器人移动到拍照位置

（续）

程序	Script 参数说明	注释
Script	脚本文件：pin_tu	七巧板物料识别与定位
程序	If 参数说明	注释
If	条件：V_I_pic == 1	判断是拼接哪一个样图（1 代表图形为鹅）
程序	Switch 参数说明	注释
Switch	条件：V_I_qqb	判断当前抓取的是七巧板中的哪一个物料
程序	Case 参数说明	注释
Case	条件：1	V_I_qqb 等于 1，代表抓取物料为红色大三角形七巧板
程序	Move 参数说明	注释
Move Waypoint02	轴动 相对偏移： X：0　　RX：0 Y：0　　RY：0 Z：0　　RZ：V_D_rz 坐标系：tool_1 最大速度：30% 最大加速度：50%	Waypoint02：红色大三角形七巧板放置点上方 50mm 处 V_D_rz：物料旋转角度（脚本赋值） tool_1：新建工具坐标系，位于吸盘中心处
程序	Move 参数说明	注释
Move Waypoint03	直线 相对偏移： X：0　　RX：0 Y：0　　RY：0 Z：0.05　　RZ：V_D_rz 坐标系：tool_1 最大速度：5% 最大加速度：10%	Waypoint03：红色大三角形七巧板放置点 V_D_rz：物料旋转角度（脚本赋值） tool_1：新建工具坐标系，位于吸盘中心处
程序	Set 参数说明	注释
Set	输出接口：U_DO_03 状态：Low	吸盘停止吸气
程序	Move 参数说明	注释
Move Waypoint04	直线 相对偏移： X：0　　RX：0 Y：0　　RY：0 Z：0　　RZ：V_D_rz 坐标系：tool_1 最大速度：5% 最大加速度：10%	Waypoint04：红色大三角形七巧板放置点上方 50mm 处 V_D_rz：物料旋转角度（脚本赋值） tool_1：新建工具坐标系，位于吸盘中心处
程序	Case 参数说明	注释
Case	条件：2	V_I_qqb 等于 2，代表抓取物料为黄色正方形七巧板

（续）

程序	Move 参数说明	注释
Move Waypoint05	轴动 相对偏移： X:0　RX:0 Y:0　RY:0 Z:0　RZ:V_D_rz 坐标系：tool_1 最大速度：30% 最大加速度：50%	Waypoint05：黄色正方形七巧板放置点上方 50mm 处 V_D_rz：物料旋转角度（脚本赋值） tool_1：新建工具坐标系，位于吸盘中心处
程序	Move 参数说明	注释
Move Waypoint06	直线 相对偏移： X：0　RX：0 Y：0　RY：0 Z：0.05　RZ：V_D_rz 坐标系：tool_1 最大速度：5% 最大加速度：10%	Waypoint06：黄色正方形七巧板放置点 V_D_rz：物料旋转角度（脚本赋值） tool_1：新建工具坐标系，位于吸盘中心处
程序	Set 参数说明	注释
Set	输出接口：U_DO_03 状态：Low	吸盘停止吸气
程序	Move 参数说明	注释
Move Waypoint07	直线 相对偏移： X：0　RX：0 Y：0　RY：0 Z：0　RZ：V_D_rz 坐标系：tool_1 最大速度：5% 最大加速度：10%	Waypoint07：黄色正方形七巧板放置点上方 50mm 处 V_D_rz：物料旋转角度（脚本赋值） tool_1：新建工具坐标系，位于吸盘中心处
程序	Case 参数说明	注释
Case	条件：3	V_I_qqb 等于 3，代表抓取物料为绿色三角形七巧板
程序	Move 参数说明	注释
Move Waypoint08	轴动 相对偏移： X：0　RX：0 Y：0　RY：0 Z：0　RZ：V_D_rz 坐标系：tool_1 最大速度：30% 最大加速度：50%	Waypoint08：绿色三角形七巧板放置点上方 50mm 处 V_D_rz：物料旋转角度（脚本赋值） tool_1：新建工具坐标系，位于吸盘中心处

（续）

程序	Move 参数说明	注释
Move Waypoint09	直线 相对偏移： X:0　　RX:0 Y:0　　RY:0 Z:0.05　　RZ:V_D_rz 坐标系：tool_1 最大速度：5% 最大加速度：10%	Waypoint09：绿色三角形七巧板放置点 V_D_rz：物料旋转角度（脚本赋值） tool_1：新建工具坐标系，位于吸盘中心处

程序	Set 参数说明	注释
Set	输出接口：U_DO_03 状态：Low	吸盘停止吸气

程序	Move 参数说明	注释
Move Waypoint10	直线 相对偏移： X：0　　RX：0 Y：0　　RY：0 Z：0　　RZ：V_D_rz 坐标系：tool_1 最大速度：5% 最大加速度：10%	Waypoint10：绿色三角形七巧板放置点上方 50mm 处 V_D_rz：物料旋转角度（脚本赋值） tool_1：新建工具坐标系，位于吸盘中心处

程序	Case 参数说明	注释
Case	条件：4	V_I_qqb 等于 4，代表抓取物料为紫色平行四边形七巧板

程序	Move 参数说明	注释
Move Waypoint11	轴动 相对偏移： X：0　　RX：0 Y：0　　RY：0 Z：0　　RZ：V_D_rz 坐标系：tool_1 最大速度：30% 最大加速度：50%	Waypoint11：紫色平行四边形七巧板放置点上方 50mm 处 V_D_rz：物料旋转角度（脚本赋值） tool_1：新建工具坐标系，位于吸盘中心处

程序	Move 参数说明	注释
Move Waypoint12	直线 相对偏移： X：0　　RX：0 Y：0　　RY：0 Z：0.05　　RZ：V_D_rz 坐标系：tool_1 最大速度：5% 最大加速度：10%	Waypoint12：紫色平行四边形七巧板放置点 V_D_rz：物料旋转角度（脚本赋值） tool_1：新建工具坐标系，位于吸盘中心处

（续）

程序	Set 参数说明	注释
Set	输出接口：U_DO_03 状态：Low	吸盘停止吸气
程序	Move 参数说明	注释
Move Waypoint13	直线 相对偏移： X：0 RX：0 Y：0 RY：0 Z：0 RZ：V_D_rz 坐标系：tool_1 最大速度：5% 最大加速度：10%	Waypoint13：紫色平行四边形七巧板放置点上方 50mm 处 V_D_rz：物料旋转角度（脚本赋值） tool_1：新建工具坐标系，位于吸盘中心处
程序	Case 参数说明	注释
Case	条件：5	V_I_qqb 等于 5，代表抓取物料为浅蓝色三角形七巧板
程序	Move 参数说明	注释
Move Waypoint14	轴动 相对偏移： X：0 RX：0 Y：0 RY：0 Z：0 RZ：V_D_rz 坐标系：tool_1 最大速度：30% 最大加速度：50%	Waypoint14：紫色平行四边形七巧板放置点上方 50mm 处 V_D_rz：物料旋转角度（脚本赋值） tool_1：新建工具坐标系，位于吸盘中心处
程序	Move 参数说明	注释
Move Waypoint15	直线 相对偏移： X：0 RX：0 Y：0 RY：0 Z：0.05 RZ：V_D_rz 坐标系：tool_1 最大速度：5% 最大加速度：10%	Waypoint15：浅蓝色三角形七巧板放置点 V_D_rz：物料旋转角度（脚本赋值） tool_1：新建工具坐标系，位于吸盘中心处
程序	Set 参数说明	注释
Set	输出接口：U_DO_03 状态：Low	吸盘停止吸气
程序	Move 参数说明	注释
Move Waypoint16	直线 相对偏移： X：0 RX：0 Y：0 RY：0 Z：0 RZ：V_D_rz 坐标系：tool_1 最大速度：5% 最大加速度：10%	Waypoint16：浅蓝色三角形七巧板放置点上方 50mm 处 V_D_rz：物料旋转角度（脚本赋值） tool_1：新建工具坐标系，位于吸盘中心处

（续）

程序	Case 参数说明	注释
Case	条件:6	V_I_qqb 等于 6，代表抓取物料为红色小三角形七巧板
程序	Move 参数说明	注释
Move Waypoint17	轴动 相对偏移： X：0　RX：0 Y：0　RY：0 Z：0　RZ：V_D_rz 坐标系：tool_1 最大速度：30% 最大加速度：50%	Waypoint17：红色小三角形七巧板放置点上方 50mm 处 V_D_rz：物料旋转角度（脚本赋值） tool_1：新建工具坐标系，位于吸盘中心处
程序	Move 参数说明	注释
Move Waypoint18	直线 相对偏移： X：0　RX：0 Y：0　RY：0 Z：0.05　RZ：V_D_rz 坐标系：tool_1 最大速度：5% 最大加速度：10%	Waypoint18：红色小三角形七巧板放置点 V_D_rz：物料旋转角度（脚本赋值） tool_1：新建工具坐标系，位于吸盘中心处
程序	Set 参数说明	注释
Set	输出接口：U_DO_03 状态：Low	吸盘停止吸气
程序	Move 参数说明	注释
Move Waypoint19	直线 相对偏移： X：0　RX：0 Y：0　RY：0 Z：0　RZ：V_D_rz 坐标系：tool_1 最大速度：5% 最大加速度：10%	Waypoint19：红色小三角形七巧板放置点上方 50mm 处 V_D_rz：物料旋转角度（脚本赋值） tool_1：新建工具坐标系，位于吸盘中心处
程序	Case 参数说明	注释
Case	条件：7	V_I_qqb 等于 7，代表抓取物料为粉色三角形七巧板
程序	Move 参数说明	注释
Move Waypoint20	轴动 相对偏移： X：0　RX：0 Y：0　RY：0 Z：0　RZ：V_D_rz 坐标系：tool_1 最大速度：30% 最大加速度：50%	Waypoint20：粉色三角形七巧板放置点上方 50mm 处 V_D_rz：物料旋转角度（脚本赋值） tool_1：新建工具坐标系，位于吸盘中心处

（续）

程序	Move 参数说明	注释
Move Waypoint21	直线 相对偏移： X:0　RX:0 Y:0　RY:0 Z:0.05　RZ:V_D_rz 坐标系：tool_1 最大速度：5% 最大加速度：10%	Waypoint21：粉色三角形七巧板放置点 V_D_rz：物料旋转角度（脚本赋值） tool_1：新建工具坐标系，位于吸盘中心处
程序	Set 参数说明	注释
Set	输出接口：U_DO_03 状态：Low	吸盘停止吸气
程序	Move 参数说明	注释
Move Waypoint22	直线 相对偏移： X：0　RX：0 Y：0　RY：0 Z：0　RZ：V_D_rz 坐标系：tool_1 最大速度：5% 最大加速度：10%	Waypoint22：粉色三角形七巧板放置点上方 50mm 处 V_D_rz：物料旋转角度（脚本赋值） tool_1：新建工具坐标系，位于吸盘中心处
…	…	…
Else_If	条件：V_I_pic == 2、3、4、5、6	参考上述鹅图形的拼接程序，创建其他 5 个样图程序

七巧板拼接实训中，机器人需要安装吸盘工具对七巧板物料进行抓取摆放，这里我们可以建立过程文件，进行吸盘工具的自动安装。在完成这个实训的过程中，我们需要控制导轨移动来保证机器人在整个实训中的可达性和机器人姿态。在导轨上记录两个位置点，一个为初始位置，用来安装工具，一个为拼图位置，用来样图拍照和七巧板拼接。示例中过程文件名称分别为“zhuang_xi_pan”“xie_xi_pan”“an_quan_wei_zhi”和“pin_tu_wei_zhi”。

最后创建一个工程文件，命名为“project_3”，调用 5 个过程文件（“an_quan_wei_zhi”“pin_tu_wei_zhi”“pin_tu”“zhuang_xi_pan”和“xie_xi_pan”）来完成整个项目，工程文件介绍见表 8-10。

表 8-10　机器人程序（project_3）注释表

程序	Loop 参数说明	注释
Loop	Loop 条件:U_DI_02 == 1	判断料仓中是否有样图物料
程序	Set 参数说明	注释
Set	输出接口：U_DO_05 状态：Low	上料机构退回
程序	Wait 参数说明	注释
Wait	等待时间：2s	

（续）

程序	Set 参数说明	注释
Set	输出接口：U_DO_05 状态：High	上料机构推料
程序	Wait 参数说明	注释
Wait	等待时间：0.5s	
程序	Procedure 参数说明	注释
Procedure	过程文件：an_quan_wei_zhi	导轨处于安装末端工具位置
程序	Procedure 参数说明	注释
Procedure	过程文件：zhuang_xi_pan	机器人安装吸盘工具
程序	Procedure 参数说明	注释
Procedure	过程文件：pin_tu_wei_zhi	导轨移动到拼图工作位置
程序	Move 参数说明	注释
Move Waypoint01	轴动 最大速度：30% 最大加速度：50%	Waypoint01：样图拍照识别位置
程序	Script 参数说明	注释
Script	脚本文件：yang_tu_shi_bie	进行样图识别
程序	Move 参数说明	注释
Move Waypoint02	轴动 最大速度：30% 最大加速度：50%	Waypoint02：拼图等待位置
程序	Wait 参数说明	注释
Wait	等待时间：10s	等待相机程序切换完成
程序	Loop 参数说明	注释
Loop	循环 7 次	共取 7 次，代表 7 个七巧板物料
程序	Script 参数说明	注释
Script	脚本文件：pin_tu	进行物料定位抓取
程序	Procedure 参数说明	注释
Procedure	过程文件：an_quan_wei_zhi	导轨处于安装末端工具位置
程序	Procedure 参数说明	注释
Procedure	过程文件：xie_xi_pan	机器人拆除吸盘工具

如图 8-38 所示，创建工程文件“project_3”，保存程序，并低速运行，检验程序结果。

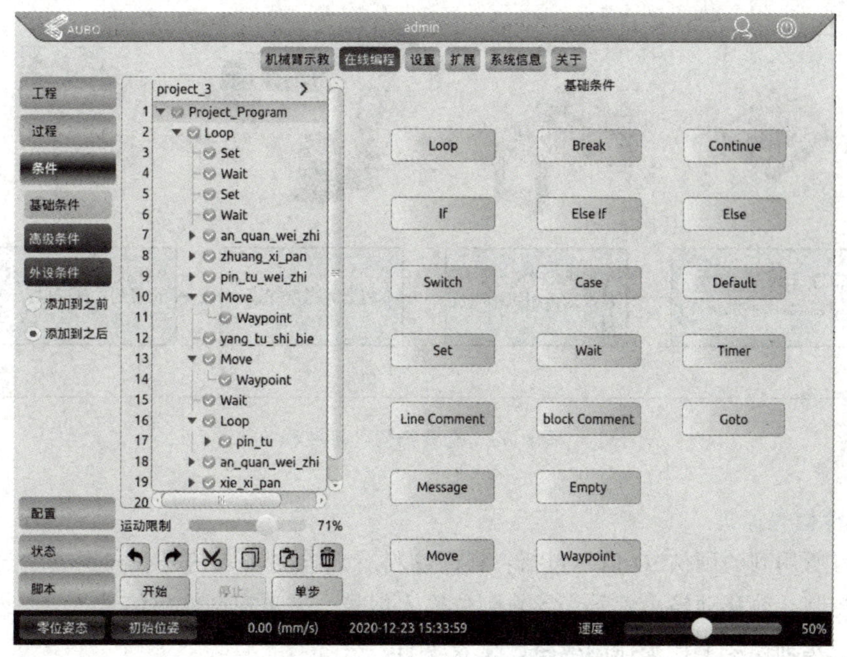

图 8-38 “project_3”程序截图

8.5　视觉扫码入库项目实训

8.5.1　项目目标

1. 了解二维码信息识别技术的行业应用
2. 掌握机器人与视觉系统的应用编程
3. 掌握工业机器人的入库控制过程

8.5.2　实训环境

1. AUBO-E5 机器人 1 套
2. 末端视觉系统 1 套
3. 样图货架 1 套
4. 气动夹爪 1 套
5. 七巧板样图物料 6 个

8.5.3　原理与实操

1. 整体流程

在本项目中，自动托盘上料机构将样图移至样图识别位置，移动相机识别样图图形。机器人抓取托盘，并通过相机扫描仓储模块上的二维码信息，当二维码信息与样图信息一致时，机器人将托盘放在相应的仓储货位位置。任务处理总体流程如图 8-39 所示。

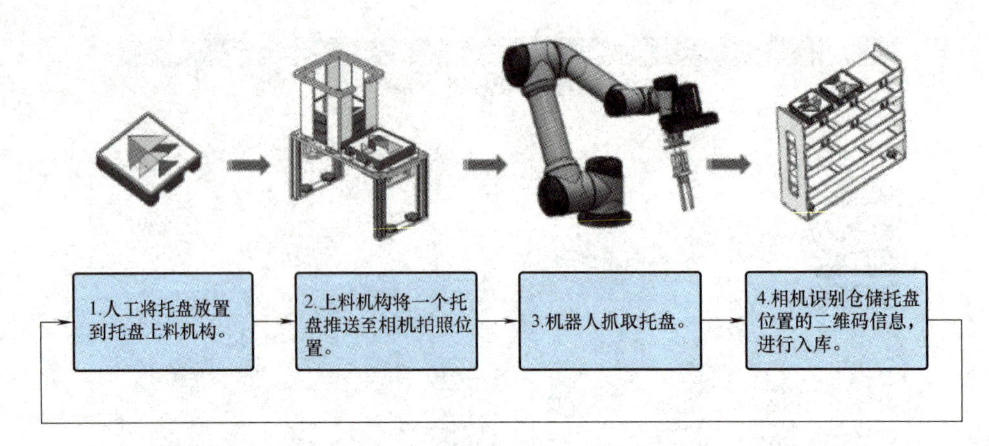

图 8-39 视觉扫码入库流程

2. 硬件信号原理

本项目所用到的硬件IO信号包括：样图物料有无检测输入信号，样图物料送料控制输出信号，控制导轨移动输出信号，导轨到位输入信号，夹爪控制输出信号。

在电控实训模块上连接控制线路，见表8-11。

表 8-11 机器人与外设信号连接表

序号	连接线颜色	A端连接		B端连接	
		功能模块	端口	功能模块	端口
1	黄色	机器人输入信号	DI02	外设信号	样图检测开关
2	红色	机器人电源	24V	外设信号	样图检测开关
3	黑色	机器人电源	0V	外设信号	样图检测开关
检测上料机构有无料					
4	绿色	机器人输出信号	DO05	外设信号	电磁阀6
5	红色	机器人电源	24V	外设信号	电磁阀6
样图上料					
6	蓝色	机器人输出信号	DO15	PLC输入信号	I125.5
移动导轨					
7	蓝色	机器人输入信号	DI17	PLC输出信号	Q127.7
导轨到达拼图位置					
8	蓝色	机器人输入信号	DI16	PLC输出信号	Q127.6
导轨到达初始位置					
9	绿色	机器人输出	DO00	外设信号	电磁阀1
10	红色	机器人电源	24V	外设信号	电磁阀1
气爪闭合					
11	绿色	机器人输出信号	DO01	外设信号	电磁阀2
12	红色	机器人电源	24V	外设信号	电磁阀2
气爪张开					

3. 软件程序设计

（1）机器人与视觉系统的通信　本项目中，相机与机器人之间通信任务有两个。一是相机对样图进行拍照，向机器人回传样图信息；二是相机对仓储库位上的二维码进行扫描，并将二维码信息发送给机器人。机器人与相机进行样图识别的程序与七巧板自动拼图实训中相同（参见 8.4.3 中“yang_tu_shi_bie”）。机器人与相机实现扫码的脚本程序“er_wei_ma”示例如下：

```
ip="192.168.1.99"
port=6000
tcp.client.connect(ip,port)
len_num=0
while len_num==0 do
      tcp.client.send_str_data（ip，port,"f"）
      sleep（2）
      pic=tcp.client.recv_str_data（ip，port）
      len_num=string.len（pic）
end
print（pic）
if pic=="e" then
   set_global_variable（"V_I_ewm"，1）
elseif pic=="fangwu" then
   set_global_variable（"V_I_ewm"，2）
elseif pic=="songshu" then
   set_global_variable（"V_I_ewm"，3）
elseif pic=="yu" then
   set_global_variable（"V_I_ewm"，4）
elseif pic=="yifu" then
   set_global_variable（"V_I_ewm"，5）
elseif pic=="jiangbei" then
   set_global_variable（"V_I_ewm"，6）
else
   set_global_variable（"V_I_ewm"，0）
end
```

（2）视觉系统程序设计　相机识别样图的程序如图 8-33 所示。相机扫描二维码的流程如图 8-40 所示。

（3）机器人程序设计　机器人工作流程如图 8-41 所示。

首先，我们创建机器人程序中所需要使用到的变量及过程文件，机器人程序变量的创建见表 8-12。

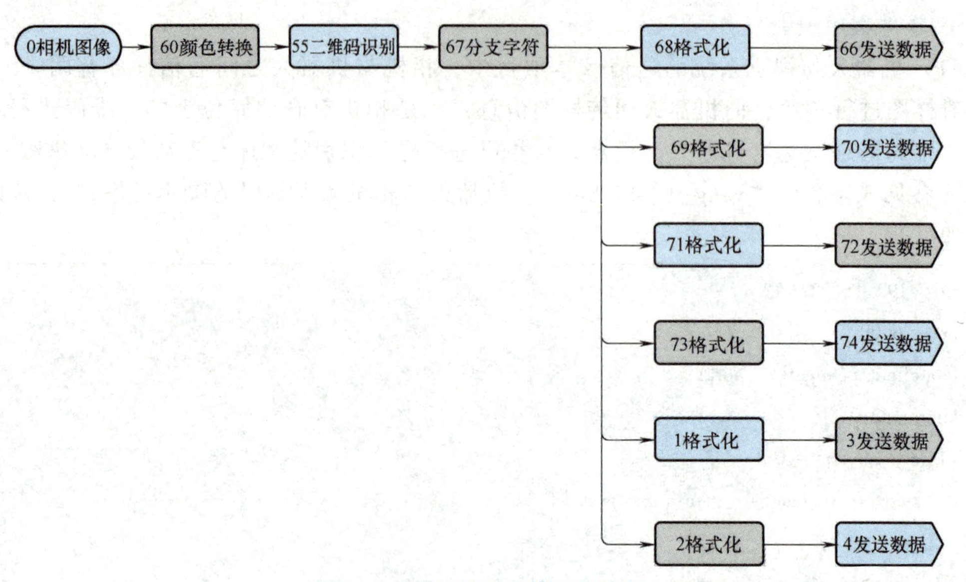

图 8-40　相机识别二维码的流程

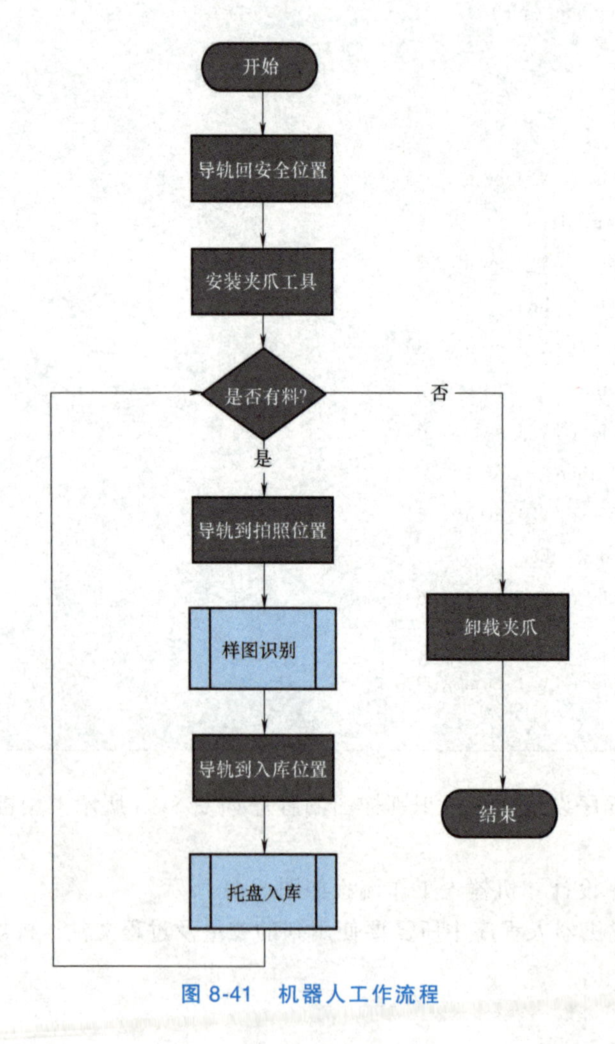

图 8-41　机器人工作流程

表 8-12　机器人程序变量表

序号	变量名	变量类型	全局保持	初始值	功能
1	V_I_pic	Int	false	0	区分样图
2	V_I_ewm	Int	false	0	二维码信息编号

在示教器上创建一个过程文件并编辑程序，见表 8-13，示例中创建的过程文件名称为“ru_ku”。

如图 8-42 所示，创建过程文件“ru_ku”，并保存过程文件。

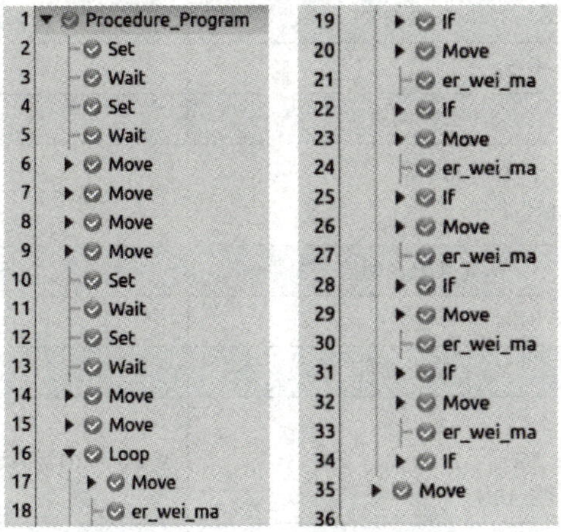

图 8-42　机器人程序（ru_ku）

表 8-13　机器人程序（ru_ku）注释表

程序	Set 参数说明	注释
Set	输出接口：U_DO_00 状态：Low	
程序	Wait 参数说明	注释
Wait	等待时间：0.5s	
程序	Set 参数说明	注释
Set	输出接口：U_DO_01 状态：High	气动夹爪打开
程序	Wait 参数说明	注释
Wait	等待时间：0.5s	
程序	Move 参数说明	注释
Move Waypoint01	轴动 最大速度：30% 最大加速度：50%	Waypoint01：夹取样图，过程点
程序	Move 参数说明	注释
Move Waypoint02	轴动 最大速度：10% 最大加速度：20%	Waypoint02：夹取样图，准备位置

（续）

程序	Move 参数说明	注释
Move Waypoint03	直线 最大速度:3% 最大加速度:5%	Waypoint03:样图夹取位置
程序	Set 参数说明	注释
Set	输出接口:U_DO_01 状态：Low	
程序	Wait 参数说明	注释
Wait	等待时间：0.5s	
程序	Set 参数说明	注释
Set	输出接口：U_DO_00 状态：High	气动夹爪闭合
程序	Wait 参数说明	注释
Wait	等待时间：0.5s	
程序	Move 参数说明	注释
Move Waypoint04	直线 最大速度：5% 最大加速度：10%	Waypoint04：夹取样图向上抬起
程序	Move 参数说明	注释
Move Waypoint05 Waypoint06	轴动 最大速度：20% 最大加速度：30%	Waypoint05、Waypoint06：退出上料位置
程序	Loop 参数说明	注释
Loop	无限循环	
程序	Move 参数说明	注释
Move Waypoint07	直线 最大速度：3% 最大加速度：5%	Waypoint07：库位 1 的二维码拍照位置
程序	Script 参数说明	注释
Script	脚本文件：er_wei_ma	进行二维码识别
程序	If 参数说明	注释
If	条件：V_I_ewm == V_I_pic	判断该库位二维码是否与样图匹配
程序	Move 参数说明	注释
Move Waypoint08	轴动 最大速度：15% 最大加速度：20%	Waypoint08：库位 1 位置，入库准备点
程序	Move 参数说明	注释
Move Waypoint09	直线 最大速度：7% 最大加速度：15%	Waypoint09：样图送至库位 1 货位内部

（续）

程序	Move 参数说明	注释
Move Waypoint10	直线 最大速度:5% 最大加速度:10%	Waypoint10:样图送至库位 1 放料位置
程序	Set 参数说明	注释
Set	输出接口:U_DO_00 状态：Low	
程序	Wait 参数说明	注释
Wait	等待时间：0.5s	
程序	Set 参数说明	注释
Set	输出接口：U_DO_01 状态：High	气动夹爪打开
程序	Wait 参数说明	注释
Wait	等待时间：0.5s	
程序	Move 参数说明	注释
Move Waypoint11	直线 最大速度：10% 最大加速度：20%	Waypoint11：夹爪退出库位 1
程序	Move 参数说明	注释
Move Waypoint12	轴动 最大速度：20% 最大加速度：30%	Waypoint12：机器人退出货位区
程序	Break 参数说明	注释
Break		退出 Loop 循环
...	...	...
If	条件：V_I_ewm == V_I_pic	参考上述库位 1 的程序，创建其他 5 个库位程序

物料入库应用实训中，机器人需要安装夹爪工具对托盘进行夹取和搬运，这里我们可以建立过程文件，进行夹爪工具的自动安装，以及配合机器人工作位置时导轨的移动。示例中过程文件名称分别为“zhuang_jia_zhua”“xie_jia_zhua”“an_quan_wei_zhi”和“pin_tu_wei_zhi”。

最后创建一个工程文件，命名为“project_4”，见表 8-14。调用已经编写完成的过程文件（“an_quan_wei_zhi”“pin_tu_wei_zhi”“ru_ku”“zhuang_jia_zhua”和“xie_jia_zhua”）。

表 8-14　机器人程序（project_4）注释表

程序	Procedure 参数说明	注释
Procedure	过程文件:an_quan_wei_zhi	导轨处于安装末端工具位置
程序	Procedure 参数说明	注释
Procedure	过程文件：zhuang_jia_zhua	机器人安装气动夹爪工具
程序	Loop 参数说明	注释
Loop	Loop 条件：U_DI_02 == 1	判断料仓中是否有样图物料
程序	Set 参数说明	注释
Set	输出接口：U_DO_05 状态：Low	上料机构退回
程序	Wait 参数说明	注释
Wait	等待时间：2s	
程序	Set 参数说明	注释
Set	输出接口：U_DO_05 状态：High	上料机构推料
程序	Wait 参数说明	注释
Wait	等待时间：0.5s	
程序	Procedure 参数说明	注释
Procedure	过程文件：pin_tu_wei_zhi	导轨移动到工作位置
程序	Move 参数说明	注释
Move Waypoint01	轴动 最大速度：30% 最大加速度：50%	Waypoint01：样图拍照识别位置
程序	Script 参数说明	注释
Script	脚本文件：yang_tu_shi_bie	进行样图识别
程序	Procedure 参数说明	注释
Procedure	过程文件：an_quan_wei_zhi	导轨处于安装末端工具位置
程序	Procedure 参数说明	注释
Procedure	过程文件：ru_ku	调用样图扫码入库过程程序
程序	Procedure 参数说明	注释
Procedure	过程文件：xie_jia_zhua	机器人拆除气动夹爪工具

如图 8-43 所示，创建工程文件“project_4”，保存程序，并低速运行，检验程序结果，如图 8-43 所示。

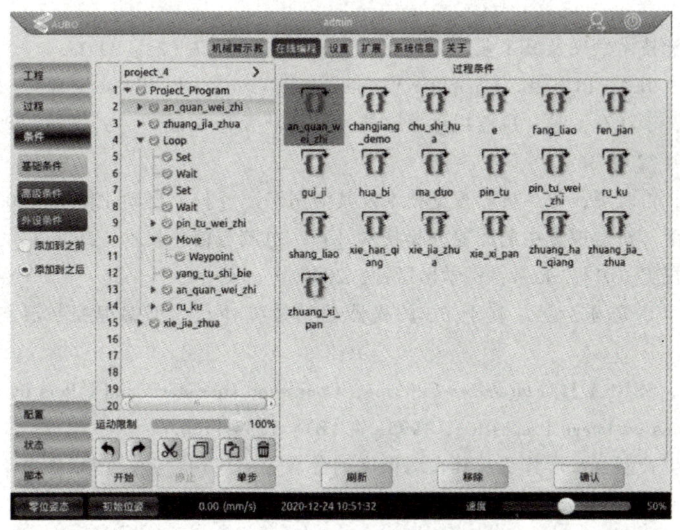

图 8-43　“project_4”程序界面

思考与练习

1. 机器人视觉系统实训平台由哪些模块组成？可以进行哪些视觉应用实训？

2. 在该视觉系统实训平台上装有两套视觉系统，各采用哪种安装方式？如何进行相机标定？相机标定的意义是什么？

3. 在颜色抽取工具中，包含 3 种方式，各代表什么含义？

4. 简述本章 4 个项目实训中机器人与相机之间是如何配合应用的？

参考文献

[1] 章炜. 机器视觉技术发展及其工业应用 [J]. 红外, 2005, 27 (2): 11-17.

[2] FORSYTH D A, JEAN PONCE. Computer Vision [M]. New York: Prentice Hall, 2003.

[3] 唐向阳, 张勇, 李江有, 等. 机器视觉关键技术的现状及应用展望 [J]. 昆明理工大学学报 (理工版), 2004, 29 (2): 36.

[4] 段峰, 王耀南, 雷晓峰, 等. 机器视觉技术及其应用综述 [J]. 自动化博览, 2002 (3): 59-62.

[5] 刘焕军, 王耀南. 机器视觉中的图像采集技术 [J]. 电脑与信息技术, 2004 (1): 18-21.

[6] 贾云得. 机器视觉 [M]. 北京: 科学出版社, 2000.

[7] 颜发根, 丁少华, 陈乐, 等. 基于 PC 的机器视觉系统 [J]. 可编程控制器与工厂自动化, 2004 (7): 129-131.

[8] SALEMBIER P, SERRA J. Flat Zones Filtering, Connected Operator, and Filters by Reconst ruction [J]. IEEE Transactions on Image Processing, 1995, 4 (8): 1153-1160.

[9] 卢官明. 区域生长型分水岭算法及其在图像序列分割中的应用 [J]. 南京邮电学院学报 (自然科学版), 2000, 20 (3): 51-54.

[10] 夏德深, 傅德胜. 现代图像处理技术与应用 [M]. 南京: 东南大学出版社, 2001.